JN162203

紙と人との歴史

世界を動かしたメディアの物語

アレクサンダー・モンロー
御船由美子　加藤晶［訳］

BY ALEXANDER MONRO

THE PAPER TRAIL

AN UNEXPECTED HISTORY OF A REVOLUTIONARY INVENTION

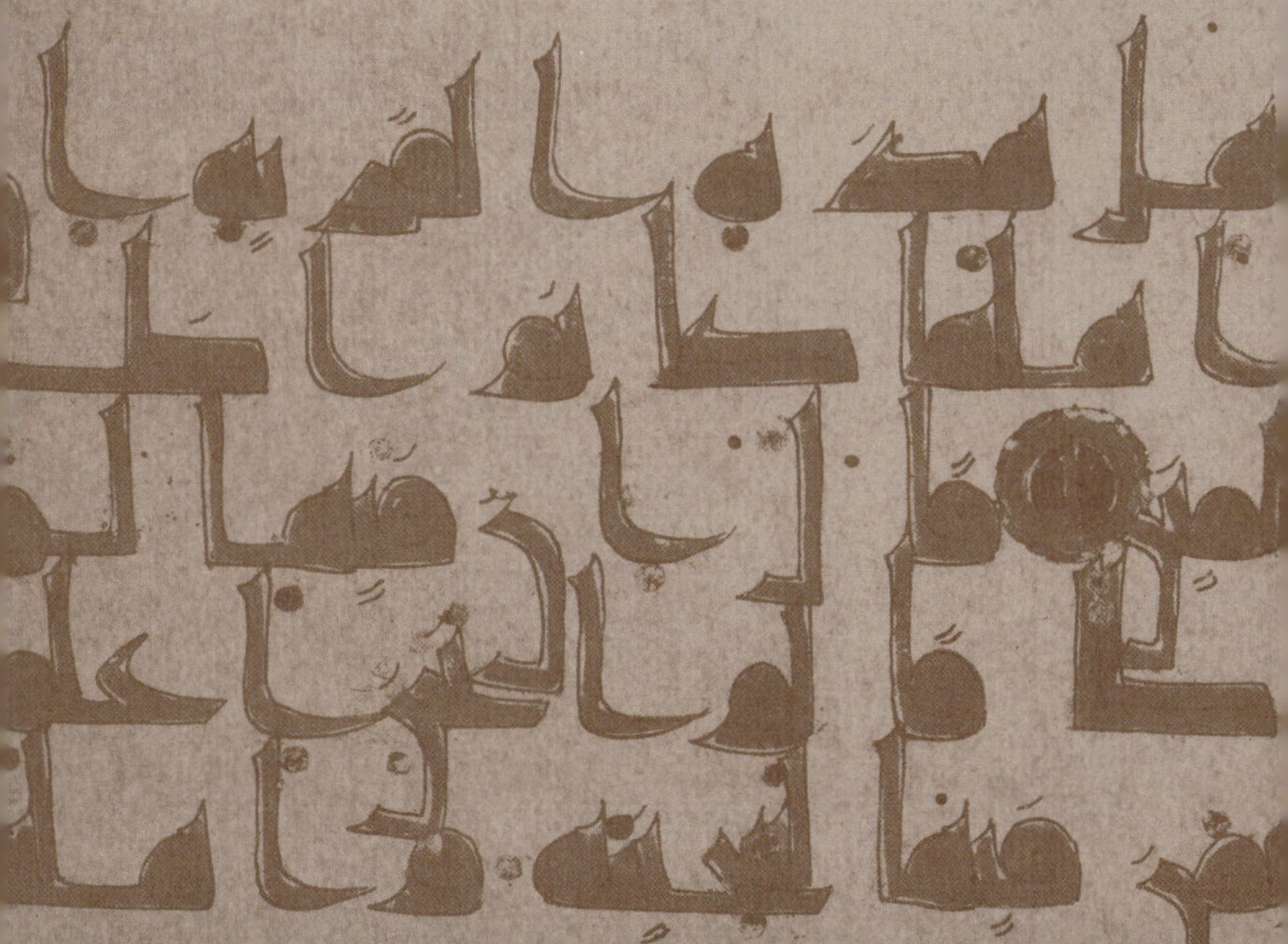

紙と人との歴史

目次

第一章　紙の来た道をたどる　マルコポーロが見た紙

カンバルックの都には無数の住居がひしめき合い、城壁の内も外も人で溢れかえり、その様子は目を疑うほどである。

マルコ・ポーロ「東方見聞録」（ヘンリー・ユールによる英訳版より）

一二七五年、マルコ・ポーロは、世界が知るなかで最も広大で、およそこの世のどこにもありそうもない帝国の首都にたどり着いた。祖国に戻ると、マルコはその都をフビライ・ハンの都という意味の〝ハンバリク Khanbaliq〟（前述のヘンリー・ユール訳では〝カンバルック Cambaluc〟）と呼んだ。しかしその地は、六〇年前にモンゴル人が攻め入って根こそぎ破壊し尽くすまで、中国語の名を冠した中国王朝の都だった。モンゴル人が再建に着手したときも、着々と領土を拡大していた帝国「大元」が支配する一都市に過ぎなかった。しかしマルコ・ポーロが訪れた頃には、朝鮮半島から東ヨーロッパまで、ユーラシア大陸のほぼ全域にまたがる巨大帝国の首都へと成長を遂げていたのである。今日、北京と呼ばれている都市だ。

マルコは、ハンバリクの規模と壮麗さを目の当たりにして驚愕した。彼の旅行記では、数ページを割いてその様子が語られている。その記述によれば、宮殿のいちばん内側の方形の城壁は一辺が一マイル（約一・六キロメートル）で、都を取り囲む外郭は一辺が八マイル（約一二・九キロメートル）であったという。内側の城壁の四隅とその間には武器庫として全部で八つの城楼が設えられ、さらにその内側の城壁にも同様に武具を収める城楼が八つ備えられていた。そして、城壁に守られた中央に、大理石の歩廊をめぐらせたハンの宮殿があった。宮殿の内壁は金銀で覆い尽くされ、金箔をほどこした竜や鳥獣の絵画があしらわれていた。大広間は六〇〇〇人の宴ができるほどの広さだったという。

マルコ・ポーロはヴェネツィアの商人だったので、贅を凝らした宝物類は見慣れていたが、そんな彼でさえハンバリクの豪華さや壮麗さには圧倒されたようだ。周囲二四マイル（三八・六キロメートル）の城郭や一六の武器庫、それぞれに一〇〇〇人の衛兵が配備された一二の城門など、細かい数字を散りばめながら、この都がいかに桁外れであるかを伝えている。旅行記の記述によると、ハンバリクは大勢の商人でにぎわい、「チェス盤の目のような通りは、筆舌に尽くしがたいほどの正確さをもって設計されていた」という。また都には二万人の娼婦がおり、毎日一〇〇〇台以上もの荷車が絹糸を運び込んでいたとも記されている。年頭の祝祭には一〇万頭を超える白馬がハンに献上され、五〇〇〇頭の象が彼の前を行進したとの記述もある。こういった数そのものは旅人が誇張して語るほら話の域を出ないが、マルコ・ポーロがハンバリクに深く感銘を受けたことは間違いない。

その一方で彼は、宮殿の荘厳さとはまったく趣の異なるものにも興味を引かれている。帝国発行の紙幣だ。この発見について、旅行記には次のように記されている。

（前略）彼［皇帝］は錬金術の秘法に精通しているといってもいい（中略）次のような手順で樹皮から——正確にいえばクワの木（葉が蚕の飼料になる、あのクワと同種のものだ）から——通貨をつくらせているからだ。まず樹皮と樹幹のあいだの、ごく薄い靭皮を剝く。それを砕いて粉々にし、膠を加えて平らに引き延ばすと、木綿でつくる紙と同じようなものができる。だが、色はことごとく黒ずんでいる。でき上がった紙は、縦の長さが横幅よりも長い何種類もの寸法の長方形に裁断され（中略）これらの紙には、すべて大ハンの印璽（いんじ）が押印される。こうして発行されたものは、純金や純銀と等しく正式かつ権威あるものとして扱われ（中略）ハンは、この紙幣を世界中のあらゆる財宝が買えるほど大量に発行し（中略）このような紙きれで、彼らはどんなものでも買えた。いかなる種類の支払いにも使えたのである。[1]

この記述は中国の製紙術や印刷術の説明としては不十分であり、正確でもなかったものの、ルネサンス期以前のヨーロッパ中にまたたく間に知れわたった。マルコ・ポーロの旅行記は、出版されてから二〇年のうちに、少なくとも五か国語に翻訳された。著者の存命中にそれだけの数の翻訳版が出るというのは、活版印刷の技術がまだ発明されていなかったヨーロッパにおいては目覚ましい成功だったに違いない。なにしろ『東方見聞録』の翻訳版は、どれも手書きの写本によるものだったのだ。

モンゴル帝国支配下の北京を訪れた世界一有名なヨーロッパ人旅行者は、中国の製紙術を見て驚嘆した。紙が中国で発明されたのと同様に、紙幣もまた中国の発明品である。マルコ・ポーロが訪れる数百年前の一〇世紀末頃、中国紙幣の総発行額はすでに緡銭（さしぜに）一一三万条分に達していた（一条の緡銭には、銭貨一〇〇〇枚が通してあった）。ここから考えると、中国では、製紙術がキリスト教ヨーロッパ社会に到達する以前から、紙幣が何百万枚も流通していたことになる。元朝時代には、マルコ・ポーロが訪れた時代の皇帝の権力により、発行数が大幅に増加した。だが紙幣の過剰供給は、結果的に超インフレーションを招くことになる。

イタリア半島で紙づくりが本格的に行なわれていたことを示す最古の記録は、マルコ・ポーロが北京に到着した一、二年後の一二七六年のものだ。[2] それ以前のヨーロッパで製紙所が存在したのは、イスラム教国の支配下にあったイベリア半島のみだった。富裕なヴェネツィアの商人にとっても、一三世紀の北京と、そこでつくられた品物の数々は、きわめて独創的で、思わず目を見張ったに違いない。

中国の元王朝時代に交鈔提挙司（造幣局）が発行した紙幣は、遠く離れた（現代の国名でいうと）ミャンマーやタイ、ベトナムでも使われた。つまりこの紙幣が、社会的かつ経済的な障壁をも乗り越えたということだ。紙幣の額面は、一〇文から二貫文まで、一二種類あった。現存する紙幣のひとつは、表に中統元寶交鈔と記されており、「紙幣を偽造した者はすべて斬首刑に処され、通報者には報償金として二〇〇銀両（テール）（およそ17ポンド50ペンス）の銀を取らせる」という注意書きも添えられていた。

モンゴル帝国は、紙によって国を統治する術を知っていた。マルコ・ポーロが到着するほんの数十年前までは字も読めなかったと思われる侵略者、モンゴル人は、ハンバリクを国都として、現在は天安門広場と呼ばれる場所にたちどころに三マイル（四・八キロメートル）四方もの都市を築き上げ、大規模な官僚政治を確立し、およそ一万人もの職人（主に漢民族）を雇用した。この職人集団がつくる印章や巻物、毛筆、墨、石材、そして紙が、人類史上第二の規模を誇る巨大な帝国（これを超えるのはその七〇〇年後に現れた大英帝国のみ）を支えた。そして通貨から外交文書、歴史書、財務書類、宮廷内の勘定書、皇帝の勅書に至るまで、この帝国で使用された筆写媒体はすべて紙だったのだ。

本書で描くのは、世界のあらゆる場所で歴史を動かし、時代を変える大事件や民衆運動の〝パイプ役〟を果たしてきた、なめらかでしなやかな物質の物語だ。二〇〇〇年にわたり、紙はほかに代わるもののない媒体として、政策や思想、宗教、プロパガンダ、哲学を伝播してきた。その時代の最も重要な文明のなかで生まれたアイデアを、国内はもとより他の文化圏にも伝える役割を果たしたのだ。そして、この役割が紙の未来を決定した。通貨（数千年のあいだは土や金属でできていた）が物品やサービスのやりとりを可能にしたように、紙が、思想や宗教の活発な往来を促したのである。

紙は二〇〇〇年前に中国漢王朝で生まれ、八世紀に唐王朝で隆盛を極めた。その後イスラム帝国に入って広がったのち、科学と芸術の発信地であった首都バグダードを経由してヨーロッパにたどり着き、大陸のルネサンスと宗教改革のツールとなった。やがて近代に至ると、この東アジア生まれのなめらかな物質は、ものを書いたり印刷したりするための媒体になる。

紙のおかげで、書き手はそれまでには考えられなかったほど大勢の多種多様な読者にみずからの言葉を届けることが可能になった。そういった書き手のなかには、紀元前二〇六年の漢王朝建国まで何世紀も続いた政治的空白に取り組んだ哲学者たちもおり、彼らの言葉は紙の時代を迎えて広く世に届けられた。また、二世紀から三世紀にかけて、インドや中央アジアの宗教を中国に伝えた訳経僧もいた。その教えは中国の皇太子や学者のみならず、商人や貧しい人々、女性たちにも浸透していった。

さらに、中央アジアからマグレブ［アフリカ北西部、チュニジア、アルジェリア、モロッコの総称。西方のアラブ諸国を意味する］まで広がっていたイスラム帝国第二の王朝、アッバース朝の官僚たち、クルアーン（コーラン）を通してイスラム教国としてのアイデンティティを確立しようとした神学者たちも紙を用いた。八世紀末に新たに建設されたバグダードが王都として定められたのちに、そこから続々と生まれた科学者や芸術家たちもそうだ。デシデリウス・エラスムスやマルティン・ルターといった学者や翻訳者も、ヘブライ語やギリシア語やラテン語の聖書を発掘、再生、翻訳する過程で、安く手に入るイタリア製の紙を活用し、机上から文芸復興と宗教改革を起こした。一八世紀のフランス革命の思想家たちもそこに加えられるだろう。彼らの著作物は検閲によりフランス国内では発禁となったが、オランダのプロテスタントの印刷業者を通して世に送り出されていった。そのほかヨハン・ヴォルフガング・フォン・ゲーテやレフ・ニコラエヴィチ・トルストイといった、紙の時代が輩出した並外れた個性の持ち主もいる。両者の全集は、それぞれ一五六巻と一〇〇巻に及ぶ。[3] ウラジーミル・イリイチ・レーニンもまた、そういった書き手のひとりだ。彼が一九〇二年にロンドンのクラーケンウェルの小さな書斎で編纂したロシア社会民主労働党の機関誌「イスクラ」（火花の意）は、秘密裏にロシアに持ち込まれて共産主義革命を燃え上がらせる火種となった。

　紙発祥の地である当の中国はといえば、一九六六年の文化大革命を引き起こす大きな引きがねとなったのが、やはり紙だった。学生たちは、北京大学の掲示板を「大字報」という壁新聞で埋め尽くして学長らの保守主義を非難した。それに続き近くの精華大学にも、学生たちが調達できる限りの紙に刷った六万五〇〇〇枚の壁新聞が貼られた。その後、国中の町という町に何万枚もの壁新聞が貼られた。それから数週間のうちに、革命の気運をさらに燃え上がらせるべく、さまざまな格言を載せた赤い小冊子が刷られ、国内に氾濫した。売られたか、配布された冊子は少なくとも七億冊。総発行部数は一〇億を超えたという。この冊子は「毛首席語録（リトル・レッド・ブック）」の名で知られ、印刷部数は歴史上、四、あるいは五番目に多いとされている。

コンピューターの到来を目前に控えた時代に普通教育と普通選挙権の実現を促したのも、やはり紙だった。世界各地に科学者や作曲家、小説家、哲学者、技術者、政治活動家など、同じ書物や論文を読む人々の思想的なコミュニティが現れたのも、紙あればこそといえるだろう。紙によって文壇が生まれ、国境を越えて、思想と見識を共通の財産とする強い絆で結ばれた組織（当時はメンバーの大半が男性だった）が形成されたのだ。紙は安価で、持ち運ぶことができ、印刷もできる書写材であったため、書物や小冊子が大量に世に送り出されて広く行き渡った。紙の普及は、高価な羊皮紙やベラム、入手しづらいパピルス、かさ張る甲骨や粘土板、木簡からの解放をも意味していた。紙は知識と思想をあまねく広め、人々を革命へと駆り立てていった。

紙には確かに群衆を鼓舞し、議論を巻き起こし、知識を深める力がある。だが今日、私たちは紙の時代から、あるいは少なくとも紙に対抗するものがなかった時代から緩やかに脱却しつつある。紙はすでに日常的な通信や雑事、百科事典、年鑑、情報リファレンス、非個人的な情報交換網、日記などの分野において、バーチャル世界のライバルとの闘いに破れてしまった。新聞や雑誌、お役所仕事、広告、宗教上または政治上の討論、鉄道や航空機やバスの乗車券、オフィスの業務管理、パーティの招待状などが次々にデジタル化されたが、それは以前とは異なる生活様式の発見でもあった。ひとつの時代が終わったということだ。

とはいえ紙の時代から脱却したからといって、紙をそのまま捨て去ってしまうわけではない。私たちがいまでも石や鉄、銅を使っていることと同じように、紙の用途はほかにもあり、決して消えてなくなったりはしないのだ。実際に、ペーパーレス化したオフィスや行政部門には、めったにお目にかかることはない。現在、大手通販サイトのアマゾンは紙の書籍と同じ点数の電子書籍を販売しているが、電子書籍への移行はすでに大幅に失速している。読者はいまだに、実際に本を手に取り、ざっと目を通してから購入し、自宅の本棚に並べ、ときにページを繰る、というやり方を好むのだ。肉体的な感覚を通して本を読みたいという思いは依然として私たちを支配し、自分の知識や見解、好みを書棚に並べて誇示したいという欲望も、やはり消えはしない。

これまで紙は、「優雅な貴族」としてではなく、あくまで「一労働者」として、歴史を形づくってきた。だがいまは引退への花道か、はなやかな贅沢品へとその価値を高め、費用をかけた招待状やカタログ、版画作品や、内容のみならず美しい表紙を尊び、手に触れて所有する喜びを求める消費者のための書物の素材となっている。これからも紙は、さまざまな専門家の役割を担いながら、フリーランスで働き続けるだろうが、もはや額に汗して超過勤務に励むことはない。そういった、手のかかる言語や画像を扱う仕事は、インターネットや無数のデジタル用品、マイクロソフト、アップル、グーグル、アマゾンにそっくり引き継がれていくことだろう。

書写材としての役割はさておき、紙はいまだに日常生活には欠かすことのできない素材だ。あなたの一日が滞りなく円滑に進んでいることが、紙の活躍の何よりの証だろう。かたわらで紙のシェード越しにほんのりと明かりを投げかけるランプ。自宅の廊下に飾られた絵画は紙に描かれたもので、それが貼られている台座もまた紙だ。バスルームの便座の脇にはトイレットペーパーが備えられ、シャンプーの容器には紙のラベルが貼られている。キッチンのシリアルとジュースのカートンは紙製で、郵便物もやはり紙、その郵送料は紙の切手で支払われている。財布には紙幣が入っている。職場に向かうまでに通り過ぎる掲示板には紙の広告が貼られ、公園では子どもたちが紙の凧を揚げている。

工場やオフィスのコーヒーメーカーに備えられたコップは紙でできているし、仕事中にも必ずいくらか紙の書類を扱うだろう。昼時には新聞を買い、紙で包装されたサンドイッチを買う。友人への贈り物を買えば、ギフト用のラッピング用紙で包んでもらう。夕方になるとティーンエイジャーたちが段ボール箱（これもまた紙だ）に詰め込まれた紙のチラシを配っているし、あなたが選ぶレストランのランタンもメニューもすべて紙でできている。食事が済むと友人が勧めてくる煙草を包んでいるのもやはり紙だ。

ライスペーパーのように食べられる紙もあれば、旅客機に備えられたエチケット袋のように小さく折りたためる紙もある。紙は傷を覆うこともできるが、逆に指を切ってしまうこともある。紙が重過ぎて航空会社の荷物制限を超過することも珍しくないが、そよ風に飛ばされて、あっという間に何十メートルも舞い上がることだってある。子どもたちは紙飛行機を折って教室で飛ばし、デモ隊は紙に刷られた肖像画を燃やす。紙は何百年も保存できるが、湿気にやられれば数週間で失われ、虫に喰われれば数日のうちになくなってしまう。バスの乗車券のようにありふれた実用品にもなれば、世界で最も愛される名画のように貴重で高額なものにもなる。

何世紀ものあいだに、紙はさまざまな形、用途で用いられるようになった。だが、紙の優れた点は、段ボールやトイレットペーパー、凧や屛風にまで姿を変えられる点よりも、やはり、二〇〇〇年にわたって、手書き、印刷を問わず「文字を伝搬してきた」ことだろう。それ以外の役割は、紙の物語においては本題から外れたサブ・プロットに過ぎない。文字を伝えるという役割こそ、いまも続く壮大な「紙物語」における、正真正銘の主役なのだ。これから、その物語をお話ししたい。

世界では毎年、四億トン以上もの紙やボール紙が生産されている。これは複数の客車を連結した列車百万台、あるいは最も巨大なエジプトのオベリスク、およそ百万本分の重さに相当する（それだけの量の紙をつくるには何億本という木が必要になる。とはいえ製紙メーカーも最近は生木や麻のぼろ布以外に、古紙や木材の削りくずを原料として使用するようになってきている）。四億トンというのは、オフィスに積まれたA4のコピー用紙に換算すると八〇兆枚分になる。製紙産業は、地球環境を大きく変えてしまった。インドネシアやブラジルに単一種の森を生み出し、生物の多様性を脅かしているのだ。また、ヴァージンパルプから紙を大量生産するには何万ガロンという水が必要なため、製紙は、生態系に及ぼす悪影響が最も深刻な産業のひとつに数えられる。製紙を行なうと、地下水位は低下する（だが、国際リサイクリング協会によれば、一トンの古紙をリサイクルすると、新たに紙をつくるのに比べて二万六〇〇〇ガロンの水を節約できるという）。また、米国情報庁の調査によると、アメリカ国内におけるパルプ・製紙産業は、温室効果ガス排出量が全業種のなかで四位である。ここ数世紀の製紙産業の成功は、機械による大量生産でコストが削減されたことによるところが大きいが、そのコストを背負っているのは、いまのところ市場ではなく自然界なのだ。

紙には、包む、そして文字を書かれるという用途がある。何世紀にもわたり、紙はこの二つの役割を独占してきた。包むことに関しては、近年になって数種のライバルが加わったが、文字を書かれることについていえば、テレビやコンピューター・ディスプレイが登場するまで、たとえどんな新参者が現れようと紙は圧倒的に優位だった。こと小さなサイズで使うとなると、初期のライバル（竹簡、パピルス、羊皮紙など）をやすやすと打ち負かした。ただし、なかには、すぐに紙を取り入れようとはしない文化圏もあった。たとえばヨーロッパとインドの大半がそうだ。これには文化的な背景もからんでいた。ヨーロッパの場合は紙をイスラムの生み出したものと考えて恐れたため、またインドの正統派のヒンドゥー教社会においては依然として口承文化が優勢だったためだ（仏教徒やジャイナ教徒は、この限りではなかった）。とはいえ、たいがいの場合、紙はまたたく間にそれまでの習慣を変えていった。

紙は竹簡や木簡、石、陶器片、獣骨、亀甲よりも持ち運びしやすい。そしてエジプトやシチリア島など限られた地域にしか自生しない植物でつくるパピルスより、はるかに大量に生産できる。コストの面でも、獣皮を原料とした羊皮紙やベラム［子牛や子羊などの皮でつくった上質の製本材］より安価だ。紙はしなやかで軽く、吸湿性に富んでいるが、その割には丈夫でもある。繰り返し折っても、そう簡単には破れない。主な成分は植物繊維だが、ぼろ布やリンネル、亜麻や大麻、クワの樹皮、苧麻（からむし）、また錬金術師の買物リストに並ぶような植物や野菜、マロウブルーやセントジョーンズワート（セイヨウオトギリソウ）、エニシダからもつくることができる。

中国の伝統的な紙は、クワの樹皮、苧麻、リンネルのぼろ布、漁網を原料としている。その製造工程は単純ながらも才知にあふれていた。昔から、紙は社会階層や男女を問わず、さまざまな人によって使われていた。おかげで、歴史学者や僧侶、詩人、思想家だけでなく、商人や易者、露天商、怪しげな薬の調剤師までもが使う書写媒体となったのである。七五〇年前にマルコ・ポーロが訪れた街の通りには、いまでも至るところに紙が貼られている。

天安門広場から数本ほど通りを隔てた静かな路地裏の舗道の片隅で、ひとりの物乞いが膝をついている。くしゃくしゃにもつれた黒髪のあいだからは、赤銅色に焼け、木の枝のように骨張った顔がのぞいている。彼の前には四隅に重石を載せた紙が一枚置かれ、不運な身の上を語る文字が書き連ねられている。黒い曲線的な文字は、灰色の街並みと白い紙を背景にして、くっきりと力強い。物乞いにも紙は買えるのだ。おそらく墨か絵の具、そして筆の一本も。彼はそれで生計を立てている。

古都の北西部、有名大学に囲まれた旧ソ連式の集合住宅が立ち並ぶ界隈のとあるアパートメントに、いまや八〇歳を超える元大学教授が暮らしている。楊辛（ヤンシン）というその男性もまた、件（くだん）の物乞いのように紙と墨を使い、名声と収入を得ている。画仙紙に筆を滑らせるときは、呼吸法と七〇年にわたって実践してきた書法（中国書道）の経験を駆使して、彼ならではの個性的な文字を描く。仕事場の壁には書棚が並び、中央にはどっしりとしたテーブルが鎮座し、その上に巻子本（かんすぼん）（巻物）や冊子類、毛筆、墨が置かれている。飾り気はなく、勤勉な人柄が滲み出るような部屋だ。楊氏はひと文字ごとに決然とした面持ちで筆を運んでいくが、その動きは決して機械的ではない。筆が画仙紙から離れるとき、太い線はかすれて幾筋かの細い線に減じていく。古代の竹簡や木簡のような材料では、このような簡素な表現はまず不可能だっただろう。それに比べて紙は安価なため、気軽に練習や下書き、また冒険的な試みもできる。なめらかな紙の上で、書法家は思いのままにみずからの表現力を発揮できるのだ。

楊氏の作品のなかでも特に目を引くのが、「春」という漢字だ。彼の友人たちはこの書を見て、若い娘が踊る姿のようだと評した。楊氏の書は軽やかで勢いがあり、それでいて優雅で、見る者によってまったく違ったイメージをそこに見出すといわれている。楊氏が極める書法とは、何世紀にもわたって標準化と多様化を繰り返して完成された、いわば書くという行為を超越した芸術形式だ。彼の書いた文字を見ても原形となる漢字を読み取ることはできないだろうが、そこに表現されたニュアンスは感じ取れるはずだ。ちょうど、ジェイムズ・ジョイスが著書『フィネガンズ・ウェイク』のなかで言葉の響きによって試みたものを、視覚的な方法で実践したといえばいいだろうか。たいていの読者はジョイスが使用した言葉を理解できないだろうが、それでも言葉のもつ響きで意味は伝わってくる。それと同様に、大学教育を受けた中国人でも、そう簡単に楊氏の書いた漢字を読むことはできないが、文字のもつニュアンスだけは明確に受け取ることができる。楊氏の書く文字はきわめて個性的なので、人々はそれを文字というよりも芸術に近いものとして受け止めている。このような表現方法は、毛筆と画仙紙の組み合わせによってこそ可能となったのだ。

中国の書法家は何世紀にもわたって文字を独自のスタイルでしたためてきたが、楊氏の書は、多くの漢字の起源である象形文字から逸脱し、単なる太い線を越え、豊かな表現力を獲得している。さらに文字のひとつひとつはもはや、いくつもの線の連続ではない。楊氏は、筆を画仙紙から離すことなく、

1 ⊙楊辛（ヤンシン）の書作品「春」（二〇〇四年）

ひと筆の流れるような動きによって描くのである。一般的な手書きの文字は、ただ型どおりに書かれるに過ぎないが、書の文字は創作者の内面とつながっている。彼らは文字を通して個人的な感応を発信しているのだ。書法において筆を画仙紙から一度も離さず、ひと筆で書き上げる傾向は、二〇〇〇年あまり前に始まった。書は文字を伝統的な領域から解き放ち、判読不能になる危険を冒しながらも、表現法の新たな道を切り開いたのである。

中国の首都で、日々の暮らしや生計を紙に頼ってきた多くの思想家や労働者たちにとって、物乞いと書法家は両端に位置するブックエンドのようなものだ。書法は、中国の究極の古典芸術だ。そして物乞いは、中国では最も軽蔑すべき時間の過ごし方とされている。しかし、両者はともに紙によって生計を立て、その書写材の普遍性を証明している。北京で暮らす人々は、何世紀にもわたり、書法家と物乞いという社会的に両極端に位置する人間のあいだで、仕事でも余暇でも紙を使ってきた。扇職人や旗職人、提灯売り、賭博師、屋台の露天商たちは、娯楽のため、そして収入を得るために盛んに紙を使った。六世紀になると、中国では軍隊の信号や距離の計測、風向きを調べるために紙の凧が使われていた。歴史書『隋書』には、六世紀に北斉を治めた文宣帝（高洋）が、死刑囚の男を凧に縛りつけて飛ばすよう命じたとの逸話が記されているが、このように紙を処刑の道具として利用することもあったようだ。もっと平和な使い道としては、祭りのときに飾られる紙の灯籠がある。なかでも中国の正月を締めくくる日に行なわれる元宵節は、提灯祭りという名で知られている。また古代中国の宮廷では歴史学者が紙に正史を記録し、巨大な官僚政治においても、やはり紙が使われ続けた。

布教や宣伝にたずさわる翻訳者たち——仏教徒、キリスト教徒、無政府主義者、共産主義者、資本主義者たち——は、安価な紙を通して自分たちの理念を街で売りさばいた。紙が中国全土に行き渡った時期は、宗教や政治思想が民衆に広まり始めた時代と一致している。また紙は、二世紀から三世紀にかけて、仏教の伝道師が信仰と経典を中国に伝播することをも容易にした。それから何百年もの時を経た一九世紀の終わりになると、紙は新聞や雑誌、ビラという形で活用され、中国最後の王朝、清のイデオロギーの土台を揺るがした。また紙は、中国共産党の誕生を決定づけるアイテムともなった。一九二一年に上海でわずか五〇人ほどから始まったこの組織は、次第に成長し、一九四九年から中華人民共和国の指導政党となった。

紙の文明社会の最下層では、何世紀ものあいだ、道路清掃人やくず拾い、再資源業者が古紙を回収して再利用してきた。街頭に再生紙を売る店ができ始めると、貧しい人々も紙に手が届くようになる。都市部に暮らす誰もが読み書きができるようになるのは二〇世紀に入ってからで、読み書きができない客のための手紙の代筆屋が、紙や筆、あるいはペンを手にして街角で客待ちをしている姿は、少し前までごく当たり前の風景だった（二〇〇二年にも、中国北西部の国境付近の町、伊寧（イーニン）の街角で客を待つ代筆屋に出くわしたことがある）。八〇〇年前にマルコ・ポーロが紙をつくる工程を見た北京は紙発祥の地ではないが、何世紀にもわたって紙の文化に支配されてきた街だ。いまや地球規模となった紙の文化も、もとをたどれば個人レベルのささやかな営みであり、物乞いや書法家の日々の暮らしもまた、そこにあることすら忘れてしまうほど控えめな媒体によって形づくられてきたのである。

物乞いや書法家の使う紙がどこから来たのか、その経路をたどると、まずは製紙所にたどり着く。

そこには職人頭がいるはずだ。さらにさかのぼると、職人頭に技能を伝えた人物を突き止めることもできるかもしれない。この方法で、専門知識と熟練技能が世代から世代へと何世紀にもわたって引き継がれた紙の軌跡をたどってみるとしよう。中国王朝が衰退した時代、さらに、中国王朝が建国された時代までやって来る。それから、ヨーロッパが中国と出会う以前の時代に、そして北京という街が存在しない時代にたどり着き、さらに過去へとさかのぼって中国に仏教が伝来した時代にやって来る。このように製紙の技術が受け継がれてきた経路をたどりながら二〇〇〇年以上前、おそらく紀元前二二一年に秦が中国を統一した時代にまでやって来ると、そこで職人や庭師、洗濯女によって、まったくの偶然に紙ができた瞬間を目撃できる。

その男は、いや女でもいいが、きっと、麻のような布を長いあいだ屋外に干しっぱなしにしてしまったか、あるいは何かの布きれを桶のなかに入れたまま忘れてしまったのだろう。布は風化してぼろぼろになってしまった。そこで、その人物は平らな敷石の上にそれを放置した。すると、繊維がもつれ合ったまま乾燥して薄膜か端切れのようなものができた。あとは誰かが、ちょっとそこに筆で文字を書いてみるだけだ。絹や木、竹、石、酒場の壁、屏風、扇など、さまざまなものに文字を書く、読み書きのできる誰かがいたはずだ。なにしろ今日でさえ、中国では大勢の人が筆に水を含ませて、文字を舗道に書いて書の練習に励んでいるのだから、誰かが麻布やぼろ布に文字を書いたとしても、何ら不思議はない。

あるいは、アメリカの偉大なる紙史研究家ダード・ハンターが指摘したように、紙はもっぱら書物のために発明されたのかもしれない。創意工夫に長けた職人が織布で「書物」をこしらえるとき、刈り込んで余った繊維を再利用する方法を思いついたとも考えられる。余った繊維をフェルトのように絡ませれば、物を書きつける素材として使えたことだろう。

これはどちらも、あくまでも想像の話だ。紙誕生の公式の物語は、蔡倫（さいりん）に始まる。二世紀の中国王朝の公式の記録によると、紙が発明されたのは西暦一〇五年とされている。実際のところは、少なくともその三〇〇年前にはつくられていたようだが、初めて膨大な種類の原料を試し、より広い用途で使えるよう紙を改良した人物は、蔡倫だった。

一一〇年代、蔡倫が宮殿の仕事場に立つ姿を想像してみよう。代わる代わる原料を試してはパルプ状にして乾燥させ、さまざまな石で磨きをかけ、あらゆる墨や顔料で書き心地を確かめ、色合いや手触り、厚み、柔軟性、耐久性、光沢の違いを比べていく。満足のいくものができ上がると、今度は後ろ盾の鄧（とう）太后が指揮者よろしく合図を出し、蔡倫が入念に改良した新たな媒体を外の世界へと送り出し、帝国の隅々まで行き渡らせる。

かくして旅は始まり、紙はさまざまな国や大陸を駆け巡った。まずは宮中の廷臣たちがそこに手紙や覚書きを書きつけ、儒学者は理念や政治思想をそこに記した。想像してみてほしい。まるで紅葉が山々を染め上げていくように、二世紀から三世紀の頃の中国を紙が駆け巡る様子を。それは蔡倫と鄧太后のもとから旅立ち、やがて大衆の手に渡って勢いを増していく。太后が近代化し、完成させた〝熱意の賜物〟に、人々が政治、世界、民族についての思想を書き記す。二世紀以降になると、仏教の伝道師もその媒体を利用し始めた。無数の巻物を祈りと経文で埋め尽くし、仏教の教えを宮廷や官僚のみならず、それを読むすべての人に伝えていく。紙は、多くの人に「書く」という体験だけでなく、「読み物」をもたらしたのである。

僧侶や詩人、儒学者がみずからの言葉をそこに書きつけ、教養ある者は手紙や詩を書き、大衆は僧侶が書いた経典を買い、護符や薬瓶には紙の札が貼られる。そうして紙の重要性が高まるのと同時に漢字もまた中国の辺境にまで入り込んでいった。やがて隣国もこの風変わりな現象に気づき、書くという熱病に罹患する。六世紀になると、朝鮮半島でも紙漉きが行なわれようになり、七世紀には、朝鮮の僧侶が日本にその技術を紹介した。その頃には古参の木簡、貝殻、竹簡はもはや骨董品となり、中国じゅうが紙であふれかえっていた。

紙はすでに河西回廊を抜けて北西にも足を延ばし、砂漠のオアシスの町に分け入っていた。時を同じくして、仏教も信者を獲得し、共同体を形成した。一方、七世紀の中頃にペルシアを征服したイスラム勢力は、中国辺境の地にイスラム文化を持ち込み、九世紀の中頃になると政治に紙を取り入れた。イスラムの法学者や科学者、哲学者たちは、それぞれ神学や政治学、芸術、詩をそこに記し、おびただしい量の紙を西方にもたらした。幾何学から天文学、イスラム世界の歴史、料理法にいたるまでが紙に記され、ユーモアとエロティカも出現した。性的な隠喩と誇張による味付けで生き生きと描写された物語が、九世紀から一五世紀のあいだに少しずつ追加されてまとめられ、やがては野卑で滑稽な『千夜一夜物語』が誕生する。

アラビアの紙はヨーロッパにも着々と歩を進め、まずはスペイン、次にイタリアとギリシアに入り込んだ。イスラム文明下のスペインもまた、一一世紀には紙をつくり出していた。一二世紀までにその生産量は大幅に増し、一三世紀の終わりには飛躍的な進歩を遂げる。地中海沿岸では水が豊富なおかげもあり、イタリア半島の都市でつくられた紙がアラビア製の紙よりも安く売られ始めた。

一四世紀後期になると、製紙術はアルプス山脈の北へと広がりを見せ始める。一五世紀の中頃に筆耕人がペンを置き、紙は印刷機にかけられるようになったのが、まさにこの地だ。活版印刷機は安価で厚みのある印刷物を次から次へと世に送り出し、著作物はヨーロッパ全土を飲み込むほどの勢いで増えた。そのなかには、ローマカトリック教、とりわけ文芸復興と宗教改革の思想の影響で送り込まれたものも数多く含まれていた。ヨーロッパでは、新たな関心事が生まれるとともに、新たな執筆形式も生まれた。ジョルジョ・ヴァザーリが著した一五五〇年初版の『美術家列伝』は、一三世紀末から一六世紀中頃の時代に生きたフィレンツェの偉大なるルネサンスの巨匠たちの評伝だが、この作品にも当時の人々の大きな関心事が反映されている。それは、「芸術作品制作の過程」と、「画家の人生」だ。

やがて紙は極東の島国、日本や、はるか西のモロッコやアイルランドの岸辺にまでたどり着いた。その表面には無数の希望や信念、発見、考察がしたためられてきた。何百年ものあいだ、文化と人類について記録した百科事典、膨大な数の概念の目録、インクで記された思考の博物館を、陸地という陸地にもたらしてきたのである。だが紙の物語はそこで終わらない。一六世紀の製紙術は、スペインから大西洋を越えてメキシコにたどり着き、マヤ族が発明してアステカ族が使った「アマテ」という紙に似た素材にほぼ取って代わり、その後、北と南に広がってアメリカ大陸全土に行き渡った。そしてアメリカの先住民たちは、人間が言葉をつむぐ助けとなる、この魔法のような物質を、「言語を語る葉（talking leaves）」と呼んだ。

これが世界中に紙が残した偉大なる軌跡である。もちろん、旅はさらに続く。製紙術は（一〇世紀にエジプトが、また一一世紀にマグレブの大都市が紙を導入したのちに）サハラ砂漠以南のアフリカを通って広がり、一三世紀にインド亜大陸で広く受け入れられ[4]、ヨーロッパの帝国主義に伴い海を渡った。だが、ユーラシア大陸やマグレブを駆け巡った旅こそが、最も重要な旅だったといえるだろう。なぜなら、それは世界で最も強力な文明社会を紙の文明社会にならしめる旅だったからだ。その文明の拡大と征服の歴史が、その後の製紙術の伝搬において大きな役割を果たすことになる。

紙は、まるで伝道者のように無数の信念を運び、歴史を形づくってきた。さまざまな思想や考え方を、遠く離れた場所へ――紙がなければそういったものに触れることなどできなかったであろう人々のもとへと運んだ。紙は、伝道者、専制君主、民主化運動の指導者、道具、発明家、魔術師、技術者……その役割をすべて演じることができる。いちばんの個性は「個性がない」ところといえよう。静かに、そして費用をかけず、ときとして緩やかに、紙は世界のあらゆる場所に拡散した。また、きわめて刺激的な思想の数々も、ヒッチハイクで紙の上に載って移動を遂げた。

今日、紙の軌跡は無数に存在する。本や新聞、社内報告書、チラシやラベルを読む人はみな、みずからの軌跡によって新たな分岐点をつくりだしているのだ。この世に生きるすべての読者は、二〇〇〇年にわたって旅をしてきた紙にとっては〝最新の目的地〟に過ぎない。中国を起点とする旅は、今のところ、一〇億人の両手のあいだで完結している。

本書は、いまこうしてあなたがこの本を手に取っている理由を語る物語だ。そしてあなたが竹簡でも絹でもなく、羊皮紙でもパピルスでもない（いずれにせよ買うことはできないだろうが）、紙の表面に刷られた言葉を目で追っている理由を語る物語でもある。紙はあなたの静かなる指導者であり、あなたの内なる情報の書庫にとって、両親やコンピューター・ディスプレイと同じくらい重要なものなのだ。あなたも、やはり紙でできている。

第二章　文字・粘土板・パピルス

ページはいまだ空白のままである、が、言葉はすべてそこに揃っていて、目に見えないインクで書かれ、早く目に見えるものになりたいと叫んでいるといった奇蹟のような感情がちらめいている。

ウラジーミル・ナボコフ〝文学芸術と常識〟
(『ナボコフの文学講義』より抜粋)
[野島秀勝訳、河出書房新社、二〇一三年]

紙のいちばんの用途は、文字を記すことである。二〇〇〇年にわたる紙の歴史において、文字を運ぶ媒体となるまでは、いわば紙の壮大な物語の序文といえるだろう。書写材として使われる前にも紙が存在した証としては、紀元前二世紀末に中国でつくられた大麻(ヘンプ)の包装紙が現存している。また、古代中国の首都、長安(現在では西安市と呼ばれている)から三〇〇キロメートルほど西の放馬灘(ほうばたん)で発見された古代中国の地図も紀元前二世紀頃のものであり、紙がまた別の用途で使われていたことを指し示している。文字が書きつけられた紙としては紀元前一世紀末のものが最古だが、そういった紙が出土するのは非常に珍しく、見つかってもごく小さな断片ばかりだ。
マルコ・ポーロの旅行記によれば、紙がまだ書写材として普及していなかった頃、中国では紙鳶（しえん）（鳥をかたどった紙凧）や軍隊の通信手段、襖や障子、装飾に紙が使われていたという。文字が記されず、たとえ華々しく活躍しなかったとしても、やはり紙は有益なものだったに違いない。しかし、そのような用途で紙が使われ始めた時代、人々はちょうど机に向かうナボコフのような心境だったのではないだろうか。真っ白な紙を前にして、いままさに文字にならんとする言葉がそこに潜んでいることを確信していたのだ。このように文字の誕生は紙の前史の一部であり、文字は紙に書かれることで社会を変容させてきた。文字は、私たち人類の最も不思議で最も巧妙な発明といえるだろう。なぜなら、何より儚いもの、言葉を保存するからだ。

煎じ詰めれば、言葉とは私たちの思考と経験を共通の認識としてまとめた上げたものといえよう。もちろん、コミュニケーションの道具としては弱点もある。ギュスターヴ・フローベール曰く、人間の言葉はひび割れた鍋のようなもので、夜空の星の感涙を誘おうとして打ち鳴らしても、せいぜいクマが踊る程度の音しか奏でられない。[5] だが、たとえお粗末な響きしか奏でられないとしても、私たちがもつなかでは言葉がほかの何より万能な道具であることに変わりはない。言葉は依然としてコミュニケーションの大切な手段であり、私たち人間の思考と経験を歴史からすくい上げ、少しだけ生きながらえさせてくれるものなのだ。

だが言葉の最大の弱点は、正確さに欠けるという点ではなく、すぐに消えてしまうというところにある。往々にして言葉は、最初にそれを運ぶ吐息のように、またたく間に消えてしまう。なかには何十年も変わらず使われ続け、世代から世代へと受け継がれる言葉もあるが、それでも男から女へ、女から男へと渡される過程で少しずつ形は変わる。口づてによる言葉の受け渡しは、まるで伝えられるたびに内容が変わっていく伝言ゲームのようなものだ。

とはいえ五〇〇〇年前、言葉が彫りつけられたり刻みつけられたりして物質的な形をなしたとき、すべてが変わり始めた。突如として言葉は、たとえ誰の記憶に残らなくとも、何年、何十年、何世紀と生き長らえることが可能になったのだ。

文字は、メソポタミア（現代のイラク南部）のシュメールで誕生した。シュメール人の都市国家は、人間が定住したことからものづくりが始まった実例ともいうべき社会であり、車輪や灌漑、鋤、アーチ型の建造物が普及した最古の地とされている。八〇〇〇年前、みずからを「黒い頭の民族」と呼んだシュメール人（彼らの起源はいまでも議論が絶えない）は、紀元前四〇〇〇年頃に放浪も南下もやめて都市国家を築いた。その都市のひとつウルクにおいて、彼らは言葉を保存するために記号を刻み始めた。

壁に刻まれたバイソンと狩人のひと続きの絵は、ことによると何かの物語を語っているのかもしれない。こういった絵は、三万年以上前から描かれてきた。しかし人口が増えるにつれて、シュメールの支配者は資産や商取引、神殿の収支決算を記録する必要に迫られる。複雑な社会ゆえに記号をつくることを余儀なくされ、記号はやがて象形文字となった。象形文字は単に意味を表すだけでなく、発音も示していた。そして徐々に形容詞や動詞、接続詞が加わり、文字の萌芽の段階ともいえるものができ上がった。これが表音文字の起源といわれる。象形文字から音を表す抽象的な記号に変化した、いわゆる判じ絵（リーバス）方式である。たとえば目の絵であれば通常は「イ（i）」の音を示す言葉になり、目の意味とは何ら関係がない。このように文字と音価が初めて結びついたのは紀元前三世紀よりも前のことで、おそらくシュメール文明の主要国家ウルクにおいてだと考えられている。「文字」をどう定義するかという論争はいまだに決着がつかず、この記号を文字の一種と考える者もいれば、ある種の音価（あるいは音素）を表すものに過ぎないと主張する者もいる。しかし、コミュニケーションの歴史という観点で、象形文字から音声記号へと転換したことがいかに画期的な出来事だったかを論じる者はほとんどいない[6]。

文字は発明されてすぐに広まったわけではなかった。シュメールの書記官は文字を記録するために、粘土板の表面に楔形の跡を刻みつけることのできる尖筆を使っていた。そのため、この文字は「楔形」を意味する「クネイフォーム」と呼ばれる。シュメール文字は、あたかもゴルフのティーセットが直角に交わったかのように見えるが、元はたとえば人間の頭部のようなごくありふれた物や形のイメージから発展した。

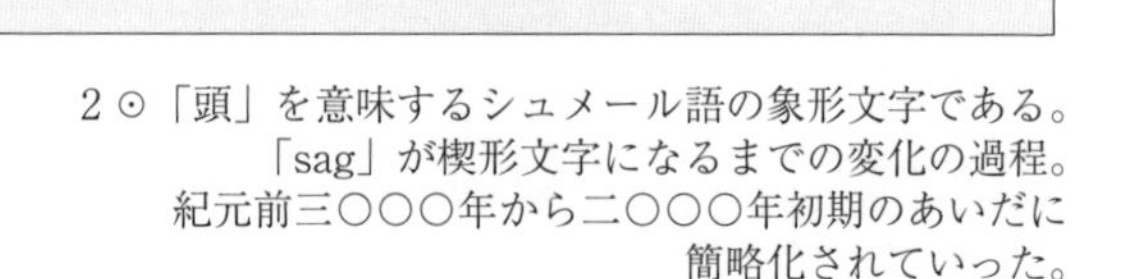

2⊙「頭」を意味するシュメール語の象形文字である。「sag」が楔形文字になるまでの変化の過程。紀元前三〇〇〇年から二〇〇〇年初期のあいだに簡略化されていった。

粘土板は重く、長方形のものが多かったが、樽型や六角柱、八角柱のものもあり、その全面に文字が刻まれた。またクレジットカードより小さなサイズもあり、そういったものは通常、受取書——たとえば羊や土地を購入したとき、また税金の支払いの領収証として使われた。このタイプは、少なくとも持ち運ぶことはできた。紀元前一二一年、一頭の子羊の受領書（現在は大英博物館に所蔵されている）は、縦が約二・五センチメートル、横が約四センチメートルよりひと回り大きなサイズで、重さは三〇グラム弱だった。

詩や物語を刻む場合には、もっと大きな粘土板が必要だった。歴史的に重要な出来事の記録や政治文書を記す場合は、厚みが一・二五センチメートルで縦三〇センチメートル、横四五センチメートルのものがよく使われた。これはA４用紙のほぼ二倍の面積に相当する。粘土板は、耐久性の面で優れた書写材だった。いったん乾燥すれば、刻まれた文字が消えることはない。しかし寸法や重量、またこわれやすさが災いし、幅広く流通したわけではなかった。小ぶりの受取書は扱いやすかったものの、たいていの文書は宮殿から持ち出されることはめったになく、粘土板を入手することができたのも、重要な文書を作成するごく少数の高官のみだった。

たとえシュメール人が文字を存分に活用できなかったとしても、それが画期的な発明だったことに変わりはない。文字はさまざまな習慣を変えた。国を治める方法、コミュニケーションの手段、物語を伝える方法、重要な出来事を記憶にとどめる方法、信頼性を保証する方法、仕事に適応する方法、みずからを表現する方法、異なる集団に共通点を見出す方法。文字の発明や発見は、まさに魔法のような体験だったため、どの文明もそれを神話によって説明しようとした。季節や農耕、繁殖、太陽を説明するために神話が必要だったのと同じである。北欧やエジプト、中国では、文字の軌跡を説明するための神話が山ほど生まれている。

北欧神話において、文字（北欧のゲルマン諸語では「ルーン文字」が用いられていた）を書く力は、最高神オーディンによって人間に授けられたとされている。オーディンは何日ものあいだ、木に我が身をつるして生け贄とし、その代償として文字の秘密を見出した。W・H・オーデンは神話を題材にした詩により、知恵を求めて旅したオーディンの軌跡を追っている。

私はルーン文字を手に入れ
そして木から落ちた

ユダヤ教から生まれた神秘思想主義、カバラの教典においても文字は神からもたらされたものとされている。神は三つの子音（Y、H、W）を選んでヤハウェ（Yahaweh）と名乗り、二二の文字の秘法から宇宙を創造し、のちにその文字をアブラハムの舌にとどめたという。古代エジプトの場合は、文字を人間に授けたトトという書記の守護神が、冥界でファラオの審判を記録するといわれていた。また、神殿に設えられた王国最大の文書保管庫は「生命の家」と呼ばれ、そこで書記官が「舌の上にしっかり留め付けるためのかぎ爪」と呼ぶアシの尖筆や小刀で文書を作成、複写していた。

エジプト人は、紀元前三二〇〇年代の末頃には文字を導入していた。これはシュメールの手法を借りて改良したものだという説もある。とはいえ彼らはシュメールの楔形（たっけい）文字をそっくり採用はせず、鳥や太陽など自然物の絵に染色をほどこしたものも用いた。太い線で帯状に書き連ねたその象形文字は、ヒエログリフ（聖刻文字）と呼ばれている。青や赤、黄色の顔料で塗り分けた文字には、とりわけ目を奪われる。細長い人間の身体や刀剣、コウノトリ、神々、波、目、カモ、家、アシ、山などの象形文字が一列に描かれ、それを続き漫画のように縦方向に読んでいくのだ。石壁に描かれた物語には人間と動物の絵が入り交じっているが、「死の舞踏」の絵画［中世末期のヨーロッパで流行した寓話をもとに描かれた絵画］のようにアニメ絵本じみた滑稽さはない。また、その多くは棺や玄室の壁面に描かれていた。主に石の霊廟や壁、ピラミッドにびっしりと刻まれたこの文字は、紀元前三〇〇〇年紀の末頃になると、ほぼエジプトでしか産出されない貴重なアシでつくられたパピルスにも書かれるようになった。

パピルスは、茎の粘り気のある髄を細く裂いて格子状に並べ、圧力をかけてシート状にしたのち、文字を書きやすくするために木槌で何度も叩いて表面をなめらかにして仕上げる。何世紀ものあいだ、地中海沿岸の国々で書写材として使われ、主に哲学や神話、戯曲、詩を書き記すために用いられていたが、西洋の初期の聖書正典を伝搬する役割も果たした。実際に、ギリシア語の植物の液汁を表す言葉「bubloi」から「パピルスに書かれた文字」という意味の「ビブロス（biblos）」という言葉が生まれている。これは「バイブル（Bible）」（聖書）という英語の語源だ。「バイブル」という言葉はもともと、新約聖書が初めて記された材料を示していたのである。ローマ教皇の勅書も一〇五七年までパピルスに書かれていたが、それ以外のパピルスの文書は紀元後数百年のあいだにほぼ姿を消した。

だがパピルスは、西アジアとヨーロッパの文字文化の単なる遺産ではない。今日に至るまで――多くの場合は誤解に基づき――紙と密接なつながりがあるとされている。まず「紙（paper）」という名称は「パピルス（papyrus）」に由来するが、そこからして誤解だ。パピルスを書写材に加工するには、ただ繊維を押し固めて叩けばいいが、紙をつくるには離解（水に浸して繊維を分解すること）という工程を経なくてはならない。長らくヨーロッパでは、紙はギリシア人かアラブ人が発明したと考えられていた。そして製紙の秘術もまた、そのどちらかが発明し、そこから東方の中国に伝わったのだと信じられていた。そのために「paper」と「papyrus」という言葉は、しばしば混同されて使われたのである。

地理学と年代学においても、紙の起源は混沌としている。二〇〇八年に出版された英語標準訳の聖書では、「使徒ヨハネの手紙二」の結びの言葉は次のように訳されている。「あなたがたに書くことはまだいろいろありますが、紙とインクで書こうとは思いません」。一六一一年のジェームズ王欽定訳から二〇一一年の新アメリカ聖書に至るまで、あらゆる一流の英訳者が原典の言葉に「紙とインク（paper abd ink）」という訳語を当てている。しかし当時、ヨハネが手紙を書いていた現在のトルコに当たる場所で「紙」が使われ始めたのは、ヨハネの時代からおよそ七〇〇年後だ。一方、英語標準訳では、パウロがテモテに宛てた手紙で頼みごとをしている部分が次のように訳されている。「……外套をもってきてください。また書物、特に羊皮紙のものをもってきてください」（テモテへの手紙二　第四章一三節）。こちらは、古代の書物史を正確に伝えている描写だ。獣皮でつくる羊皮紙は、紀元前三世紀からトルコ西部で使われていたが、つくるのに手間がかかるため非常に高価だった。そのため羊皮紙には通常、特に重要性の高い内容が記された。パウロがテモテに手紙で指示した「羊皮紙のもの」とはおそらくヘブライ語の聖書であり、そのほかの「書物」というのは間違いなくパピルスに書かれたものであろう。パピルスは、ちょっとした覚書きや領収書にも使われていた。三九〇年の終わり頃、聖アウグスティヌスが羊皮紙ではなくパピルスで手紙を書いたことを謝罪している記録もある。

五〇〇〇年前にシュメール人がつくっていた粘土板に比べると、パピルスははるかに安価で、つくるのも簡単であり、持ち運びもたやすかった。パピルスは古代ギリシアと古代ローマのどちらにおいても、書写および書物のための素材となり、古代ギリシアにおいては、文字文化を飛躍させた。銀行や商取引、戸籍、リストの作成に使用され、上層階級のあいだでは哲学や詩、政治の分野で使われた。紀元前五世紀になると、アテナイではアゴラ（agora）と呼ばれる市場にオルケストラ（半円形の土間）が設けられ、露天商がそこで書物を売った。紀元前五世紀から紀元前四世紀にかけて民主制が広まると、読み書きの能力は政府の役人にとっていよいよ欠かせないものとなった。現代の歴史学者は、アテナイで陶片追放制（オストラキスモス）という制度が実施されていたことから、紀元前五世紀から紀元前四世紀のアッティカ［古代ギリシアのアテナイを中心とする国家］における識字率は五～一〇パーセントだったと考えている。陶片追放制とは、国家に害を及ぼすと見なされた人物が投票によって国外に追放される制度だが、実施するためには市民が文字を書けなければならなかった。とはいえ、あくまでも基本的かつ実用的な読み書きの能力のことで、現代の「リテラシー」という言葉が示す広義な能力とはかなり異なる。アレクサンドロス大王の帝国も、ヘレニズム文化のもとで教育水準を（結果的に識字率も）高めるために、地中海沿岸東部のあらゆる都市に図書館を設立した。なかでもエジプトのアレクサンドリア図書館は特に有名だ。

古代ローマにおいて、書物は上流社会や教育の現場だけでなく、軍隊や日常生活のなかでも読まれていた。ギリシア人が輸出した知識をローマ人が輸入し、遠征地から戦利品として持ち帰った山のような書物が個人の書庫を埋め尽くした。書庫の蔵書は膨らみ、写本や翻訳の事業が推進され、評論の文化も盛んになった。ローマ市内の特定の地域には書店が集中し、都市は地中海沿岸における書物取引の中心地になった。そして文芸の文化は、階層社会の変革を促した。一世紀の終わり頃になると、ローマの書店では巻子本（巻物）に加えてコデックスという冊子状の写本も並び、ギリシア語やラテン語のタイトルのなかから、古書でも新刊でも好きなものが選べるようになった。

しかし書写材として偉大なる勝利を収めたのは紙であり、パピルスの巻子本ではない。古代のギリシア人とローマ人の読み書きの能力が発達していたとはいえ、民衆の誰もが文字を読めるという状態にはほど遠く、またパピルスは、手が出ないほど高価ではないにしても、決して安価とはいえなかったのである。古代ギリシアのテキストは通常――リストの場合はこの限りではないが――単語間のスペースがない。それは、あたかも黙読はするなというようなもので、黙読しやすいように記号が付加されることは稀だった。またリストの作成以上のことができたのも、上層階級の人々ぐらいだった。

古代のローマ市内において書物の売買が盛んだったのは確かだが、ローマ帝国のほかの都市でも同様の商取引が行なわれていたという証拠は限られている。写本の文章の誤りを指摘するクレームが蔓延し、キケロ自身が書物の入手の規制に言及する一方で、詩人たちの多くもまた、たとえみずからの作品が世間に広く知れ渡る可能性があろうとも、それを書物という物質的な形式に委ねることに懐疑的だった。アウグストゥス帝時代のローマが、主として口頭を基本とした文化だったのか、あるいは書物を基本とした文化だったのかという点については、いまもって論争が続いている。しかし署名やリスト、広告以上のものを読めたのは、少数の有力な知識人だけだった。一世紀から五世紀にかけて、ローマ帝国であらかじめ記名された投票用紙が使用されていたことも、識字率が一〇パーセント以下だったことを示している。[7]

　加えてギリシアの都市国家とローマ帝国では、新たな作品を出版するときには、まず聴衆の前で朗読し、それが好まれた場合にのみ、口述により写本がつくられていた。黙読されるのは私的な作品だけだったのである。またパピルスの巻子本は、長いテキストの出版物には向いていなかった。巻子本には読み進めたり、読み直したりするためにいちいち巻き直すという労苦がともなうからだ。通常、テキストが十メートルを超すことはなかったが、それでも二四巻からなる『イーリアス』だと二、三巻分にしかならない。ギリシア、ローマとも一般大衆に「自分で書物を読む」という概念はなかったといっていい。だからどちらの文化でも、「母音のない単語間にスペースを配置する」「母音を挿入する」という、読者の黙読を助ける手段が（片方だけ採用されることはあったが）同時に用いられることはなかったのである（中世盛期になると、単語間にスペースが置かれて黙読がたやすくなり、読書が不得手な読者にも読みやすくなった。おかげで大衆は徐々に難解な文章を理解できるようになっていった）[8]。

　要するに古代ギリシアと古代ローマの文明における物質的テキストは、朗読や弁論の場でのみ利用されていたというわけだ。パピルスの巻子本という形態は、気軽に参照することや携帯すること、長いテキストを読むことの足かせとなったのである。またパピルスは破れやすいために折り曲げたり糸で綴じたりすることもできず、テキストも片面にしか書けなかった。そのうえ、文字を書きやすくするために表面をなめらかに仕上げる作業にもかなり手間がかかった。何より湿気に弱かったため、保管も容易ではなかった。加えてパピルス草は、エジプト以外の土地でも取れたものの、豊富な収穫量が見込めるのはナイル川河口付近の三角州（デルタ）とその河畔のみだった。

パピルスがギリシアとローマの文明を大きく花開かせるための一助となったことは間違いない。だが書物――読書や写本にコストがかからず、長編の作品を扱いやすく、保管も容易なもの――の文化を提供するにはいたらなかった。また、口述の文化を覆すこともできなかった。読み書きの歴史におけるパピルスの地位は確かに不動といえた。だが、やがてそれも根こそぎ奪われることになるのだ。

紀元前二〇〇〇年紀のあいだに、文字はイラン高原のエラム王国や古代インダス（現在のパキスタン）の都市国家ハラッパ、また華北平原の民族に広まった。エラムとハラッパの民族は粘土板や石碑に文字を刻んだ。同時期の中国人は、亀の甲羅に文字を刻んだ。おそらく竹簡や木簡も使われたであろうが、当時の書写材で現存しているのは亀甲のみである。亀甲に刻まれた象形文字は、通常は王族の誕生や戦争、干ばつなどの重大事を示し、専門的な知識がなくとも赤ん坊や木、家の形だとわかるものもある。亀甲は頑丈でさほど扱いづらくはないが、刻まれるテキストの内容は限られていた。亀甲が使われていたのは情報を広範囲に届けるためでも遠隔地に届けるためでもなく、亀が宿すと思われていた超自然的な力のためだった。

新たな文字は、まず別の文明から借用され、そこに改良を加えることでできあがった。紀元前二〇〇〇年紀の初頭に、エジプトの象形文字を借りて、シリア周辺で使われた原カナン文字をつくりだしたのは、おそらく奴隷たちだったのだろう。カナン文字からフェニキア文字が生まれたが、それぞれの子音に異なる記号が当てられたことから（母音のほとんどは表記されない）、それが最古のアルファベットだと主張する学者もいる。そしてフェニキア文字からアラム文字やヘブライ文字、そのほかさまざまな文字が生まれ、西アジア圏は、さながらアルファベットのパッチワークキルトになった。フェニキア人は商船で地中海沿岸の国々を頻繁に行き来していたため、ギリシアはもちろん、シチリアやキプロスといった島々でも新たなアルファベットが誕生した。

紀元前四世紀にアレクサンドロス大王が地中海沿岸東部を征服すると、この一帯はまるごとギリシア文明に飲み込まれた。それにともないギリシア語のアルファベットが広まり、物語や思想、詩に、新開地を提供した。ギリシア文字から派生したエトルリア文字はラテン文字への掛け橋となり、やがてラテン文字によってキリスト教の精神がヨーロッパ中に広がっていった。

文字は中国とメソポタミアを起源として次々に産声を上げ、アジアとヨーロッパ全土に広がった。そしてシュメールと古代中国の文字の子孫は、大陸各地で新たなアイデンティティを獲得した。中国の漢字から韓国や日本、ベトナムの文字が生まれ、ヨーロッパではギリシア文字とラテン文字から新たなアルファベットが生まれた。四世紀からブルガリアで使われたゴシック文字はヨーロッパの隅々まで行き渡った。

そして五世紀になると、文字生誕の地に近いアラビア半島でアラム文字を起源とする新たな文字が生まれ、またたく間にあらゆる方角に――東はペルシアや中国国境付近、南はオマーンやイエメンの港、西はエジプトやマグレブ、北はトルコやアルメニアまで——運ばれていく。その文字はあらゆる場所を駆け巡り、五線紙に並ぶ音符や休符を思わせる勢いのある筆致は、行く先々であらゆる書物のページを埋め尽くし、政治や経済、文化、宗教などを鼓舞した。その文字こそ、潑剌とした青年期のアラビア文字である。

とはいえ、アラビア文字が記されたのは、甲骨や樹皮、石、羊皮紙だった。その熱意に存分に応えてくれる媒体には、まだ出会えていなかったのである。

世界のいたるところで新しい文字が出現し、書写の文化が生まれたが、その地球規模の文化の未来は、やがて紙に委ねられることになる。この紙を生んだのが、中国文明である。二〇世紀後半までヨーロッパでは一般的に、あらゆる文字の軌跡をさかのぼれば、たったひとつの起源にたどり着くと考えられていた。全世界の文明がメソポタミアを起点とすると考えられていたように、古代中国の文字を含むあらゆる文字の起源もまた、メソポタミアに違いないと考えられていたのだ。だが、地球上の文字はただひとりの母から生まれたとするこの理論には、問題がある。古代の中東地域の文字——特にシュメール文字やアッカド文字、エジプトの聖刻文字（ヒエログリフ）と、古代東アジアの文字——すなわち漢字とのあいだには、地理的な隔たりが存在する。学者のなかには、ロマンあふれる物語をつくり上げてその隔たりを埋めようとする者もいた。なにしろ、文字の誕生は、人類の歴史の始まりとはいえないものの、人類の自叙伝の巻頭を飾るほどの重大事なのである。

文字は少なくとも三つの独立した古代文明で誕生している。シュメール、中国、そして紀元前三世紀の中央アメリカである。はっきりとした経緯はわからないものの、エジプトやハラッパ、エラムの民族もゼロから独自の文字をつくりだしたのかもしれない。前述したように、おそらく初めて粘土板に尖筆で文字を刻んだのはシュメール人だったのだろう。彼らは、放浪生活をやめて生じたさまざまな問題（農産物の生産量、土地の所有権、税収などの管理）に対処するために、文字を生み出したに違いない。一方、中国の場合、文字はより大きな規模で社会体制を整える手段とみなされていた。文字は、第二の創世神話をつくるとまではいかなくとも、少なくとも原始の調和を復活させて黄金の時代に立ち返る探求の手段にはなりうると考えられていた。そして、文字の力は神秘術の実践と歴史の研究によって発揮され、歴史を正しく読み取れば、政治的かつ社会的な調和をもたらす方法を知ることができるとされていたのである。

中国の先史を記した古い書物でも、文字に執心する中国人の姿が明確に描かれている。たとえば、紀元前三千年紀に漢族の国家を統一したといわれる伝説上の帝王、黄帝にまつわる伝説が、紀元前二世紀に記されている。その物語によれば——いくつか異なるバージョンがあるが——ある日、黄帝に仕える蒼頡（そうけつ）という四つの目をもつ史官が狩に出かけて亀を見つけ、その甲羅に目を留めた。蒼頡は、その網目状の模様に強い興味を抱いて森羅万象の研究に取組み、自然界の現象をシンボルで表す方法をあみだしたとされる。表音文字の前身ともいうべきその記号は、「甲骨文字」として知られることとなったという。鳥や獣の足跡から気づいたとする説もある。

二〇〇三年、中国中央部の賈湖（かこ）遺跡で、アメリカと中国の考古学者が三四九か所の墳墓を発掘し、先史時代の亀甲と獣骨を多数掘り当てた。八五〇〇年前の甲羅と骨には一一種類の異なる記号が刻まれ、そのなかには目や太陽を表す漢字を思わせるものもあった。一一種類のうちの九つが、亀の腹甲と背甲に記されていた。また、ある墳墓からは斬首された一体の人骨（頭蓋骨はどこにも見つからなかった）と八枚の亀甲が発見された。亀甲に記された文字は表音式ではなかった。要するにその記号は文字としては未完成だったわけである。漢字の起源となる文字は別の書写材の上で完成されたのかもしれないが、中国最古の書写材として現存するのは亀甲と獣骨のみだ。

完成された文字は、それから数世紀のちに生まれた。それは一九世紀になって無数に見つかるが、その出土品は博物館や研究所に手渡されず、漢方薬として利用されていた。この意外な事実は北京の文献学者、王懿栄（おういえい）が一八九九年に薬を買い求めたときに発覚した。ある日、王は、「竜骨」と称する骨片を購入した。すりつぶして粉末にし、切り傷や打ち身に効く膏薬として使われていたものだ（亀甲の破片も、すりつぶされてマラリアの治療薬として使われていた）。王は、その骨片に記号のようなものが彫りつけてあることに気づいた。しかも、いくつかの記号を自分でも読めることに気づいたのである。そこで王は仲間の研究者の劉鶚（りゅうがく）とともに、古代中国の金文［殷、周の時代に青銅器に鋳込まれたり刻まれたりした銘文］の知識を利用して、その記号を解読した。王は一九〇〇年、義和団の乱において北京が八か国連合軍に占領されたときに自害して果てるが、劉は北京市内の漢方薬店をめぐり、ありったけの亀甲と獣骨を買い占めた。そして一九〇三年、集めたうちの一〇五八点の甲骨の拓本を載せた『鉄雲蔵亀（てつうんぞうき）』を出版した。王と劉の発見は、中国の漢字の成り立ちを示唆するものだった。それは、亀卜という占いの習慣を通して生まれたのである。

紀元前二〇〇〇年紀の中国最古の書物のひとつとされる『易経』は、卜占の手引書だ。そこでは八つの卦——天、地、火、水、風、雷、山、沢を表す三本の線の図形が解説されている。この占いは、偶然に大きく左右される。占者が筮竹（ぜいちく）の束から、片手である程度まとまった量を無作為につかみ取り、その数を手引書に照らし合わせ、対応する卦の意味を読むのだ。卦は自分が選ぶべき道を指し示している。紀元前六世紀を生きた孔子は、竹簡の『易経』を熱心に読むあまり、竹の綴じ紐が三度も切れてしまったという逸話も残っている。

啓示を求める者は、別の方法でも未来を占った。亀の甲羅の内側に小さな穴をいくつか穿ち、その穴に火であぶった棒を差し込む。占者は、それぞれの穴から生じたひびの入り方で結果を読んでいた。河南省の安陽にある紀元前一二〇〇年頃の遺跡（王懿栄が買い求めた薬の出所が、まさにここだった）から出土したいくつかの亀甲には、占う内容と神託、実際の結果がすべて記されている。

三旬又一日甲寅（干支紀日法によると五一日）に娩せば、嘉ならず。惟れ女なり。

卜辞の問い自体は形式的な文句が多かったが、結果はバリエーションに富んでいた。安陽の出土品には、完成された文字が記されている。種類は三〇〇〇字にもなり、すべての破片に何かしらの文字が刻まれていた。要するに中国で完成された文字が書かれる数千年前から記号が使われていたのだ。音価を完璧に表せる文字はない。たとえば英語は「£」や「%」、「&」、また0から9までの算用数字など、記号の宝庫だ。しかし完璧な表音文字は、意味と音価の両方を表すことができなければならない。そして安陽から出土した殷代の甲骨文字こそが、まさにそれだった。

安陽の出土品は、殷王朝の誉れある祖先たちが未来を占い、神々を懐柔していたことを示している。しかし、そこに刻まれた文字は人間の欲望や充足、拒絶の目録でもある。線画のような形で始まった中国の漢字は、砕けやすい媒体の上に書き取られ、刻みつけられながら成熟していった。そして、中国において漢字ほど長く使われ続けているものはほかにない。中国のアイデンティティと文化を象徴するものは、漢字以外にもあった。孔子、古き時代から続いた皇帝専制、一夫多妻制、宦官制度、仏教、親や教師の権威。だが、そのすべてが二〇世紀になると法による庇護と恩恵を奪われ、攻撃された。一方、漢字は毛沢東政権のもとである程度簡略化されたものの、共産主義の時代に突入してもなお、時代と時代を結びつけながら中国文明に確固たる地位を与えてきた。二〇一〇年には毛沢東自身の書が中国南部、湖南省の生家で展示されている。漢字のない中国の未来を想像することは難しい。

中国において、文字は未来と過去を裁定する占者と歴史家の道具だった。ほかの古代文明では文字が「使われた」が、中国人は文字を崇めて神秘術の代行者、歴史の解釈者、権威の証へと変えた。その結果、漢字が中国文化の中心に定着し、新たな時代が幕を開けたのである。三〇〇〇年前に、これほどの高みにまでに昇りつめた文字は、地球上のどこを探しても存在しなかった。

第三章　古代中国の文書

思うに文章は国を治める大業に通じ、その功績は決して朽ち果てることがない。人の命は時が来れば尽き、もはや誇りや悦楽がその身を満たすことはない。命と肉体には限りがあり、無限の時を永らえる文章にはおよばない。ゆえに古の文人は、その身を墨と筆に委ね、みずからの思考を書物という形に変えた。彼らの名声は、史家の讃辞や力ある者の後押しなどなくとも、おのずと後世に伝わったのである。

曹丕『典論』（三世紀）

人類が文章を綴り始めたのは、ほぼ必然の流れであったといえるだろう。これまで三つの文字生誕の地を見てきたが、そのシュメール、中国、メソポタミアの民族は、みな試行錯誤の末に独力で文字を開発した。古代における文字の用途は、中国の占術やシュメールの数の計算のように、それぞれの文化で異なっていた。神秘術、測定、未来の予測、過去の出来事の記録に至るまで幅広い分野で活用されていたことが、文字の汎用性を示している。文字は、もはや口頭では用を足せないところまで文明が複雑化、強大化することで生み出されたのだ。

一方、紙は偶然の産物だった。紀元前一一世紀の中頃、殷（商）王朝が戦いに破れて滅亡すると、中国の文字文化は堰を切ったように国中に広がり始めた。その結果、文字を書きつける素材が重要視されるようになった。獣骨や亀甲、石板も依然として使われていたものの、当時の文人たちの要求に応えることができた唯一の素材は竹だった。そして、この竹簡に文字を書きつける習慣があったからこそ、数世紀のちに紙が生まれるのである。文字は必要に迫られて発明されたが、紙は必要性のみでつくられたわけではない。紙が生まれなければ、中国人はさらに一〇〇〇年のあいだ、竹簡を使い続けたかもしれない。とはいえ、ひとたび紙がもたらされると、言葉を運ぶ媒体としては間違いなく紙のほうが優れていることが明らかになるのだ。

しかし、利便性だけでは文字の最良のパートナーにはなれない。古代中国において、孔子に代表される哲学者たちの崇高な英知はもっぱら竹簡に記され、両者は切っても切れない仲にあった。孔子自身も紙が現れるよりもはるか昔、竹簡に文字を綴っていた。竹簡は、そこに書かれた言葉に品格を与える、いわば美術工芸品ともいえる素材だった。紙が書写材として使われ始めた頃、実用性では紙のほうが勝っていたが、高級感という点では竹簡の足元にもおよばなかった。それでも、のちのち紙が使われるようになるのは、竹簡の愛好者たちが作品を書き続けたからであり、その先に紙があるのだ。紀元前八世紀初頭に政治的な混迷が始まると、人々は軍備や空に揚げる合図を考案するだけでなく、宇宙の調和や政治、社会のつながり、平和の原理といった新しい思想を探し求めるようになった。この、いわば言葉の戦争は、もっぱら竹簡の上で繰り広げられた。

中国では主に三つの王朝が、権力と政治のツールとして文章を利用した。周（紀元前一〇四六～紀元前二五六年）、秦（紀元前二二一～紀元前二〇七年）、漢（紀元前二〇六～紀元後二二〇年）である。のちの紙の隆盛は、文章を綴る文化が竹簡の上で発展したおかげといえる。作家の馬建は、文化大革命後に中国を放浪し、その体験を綴った『レッドダスト』（集英社刊、二〇〇三年）を出版した。そのなかでは、地中の奥深くまで根を下ろした中国という国を掘り起こしたがために、身体じゅう泥まみれになった作者の姿が描かれている。中国の先史時代までも深く掘り進めば、やはり無事には済まないかもしれないが、たとえわずかでも掘らずして紙の物語を語ることはできまい。

紀元前二〇〇〇年紀の後期、古代殷王朝の時代において、中国の文字は亀甲や牛の肩甲骨などの獣骨に刻まれたり、神に供物を捧げる祭祀用の高価な青銅器に鋳刻されたりしていた。殷王朝は華北平原の安陽に都を置いていたが、支配領域を正確に見極めるのは難しい。それでも、北西に何百キロメートルも離れた地域——ちょうど現代の北京のあたりにまで影響を及ぼしていたようだ。殷は象形文字を利用し、神秘術にもそれを使っていた。

続く周王朝は、殷よりも広大な領土を支配していたこともあって中国に文字文化を波及させるという点で非常に重要な役割を演じた。紀元前一一世紀の初期、周は黄河流域の鎬京に首都を置き、明確な階級制と強力な軍隊によって国家を統治した。領土の広さもさることながら、その治世も殷王朝の倍の長さにおよんだ。また徹底した封建制度を取り入れて、中国の帝国制の基礎を築いた。王は都市国家の連合体の盟主となり、各国の諸侯たちに忠誠を誓わせ、定期的な貢納と引き換えに自国の領土をある程度は自由に統治することを認めた。諸侯たちは王から与えられた領土、いわゆる封土を管理した。国家間の盟約は、誓約文を記した竹簡を生け贄の牛に添えて埋めるという儀式によって成立していた。

諸侯国家のネットワークを統括するために王が敷いた大規模な封建制は、中央集権制による皇帝専制の始まりでもあった。官僚は、政治や外交はもちろん、歴史や詩歌にも精通した知識人ばかりが登用された。周代の漢詩は武勇を讃えるものや儀式を祝うものが多く、宮廷生活が政治と儀式を中心に回っていたことがうかがえる。また神話における漢民族の始祖や、四季を通じた農耕の営みも詩歌のなかで謳われた。周はさらに鉄や青銅の製錬を行ない、灌漑農法を取り入れて農作物の収穫を増やし、生産量の九分の一を備蓄にまわすという政策も採った。有り余るほどの武器と農作物が、結果的に平和な治世をもたらしたのである。

周の王たちは歴代続いた習慣を踏襲しながら、治世の重要な出来事を竹簡や文様をほどこした青銅器に記録して公文書とし、政治的な正当性を証明して、のちの世まで伝えようとした。今日、銘文が鋳刻されたおよそ六〇〇〇点の周代の青銅器が現存し、そういった金文が中国の文字文化にいかに大きな影響をおよぼしたかを明らかにしている。特に精巧なものは、祖先を祀るための生け贄の礼器として使われ、ときには臣下の功績が記録されることもあった。青銅器の金文は、卜占の際に刻まれた甲骨文よりもはるかに体裁が整っており、縦書きで記されていた（甲骨文も縦書きのものがあった）。なかには王家や神話にまつわる長文が鋳刻されたもの、また法的な文書の役割を果たしたものもあったが、現存する周代の青銅器のうち、七〇点ほどには詩歌が刻まれていた。装飾的な書体、とくに「鳥

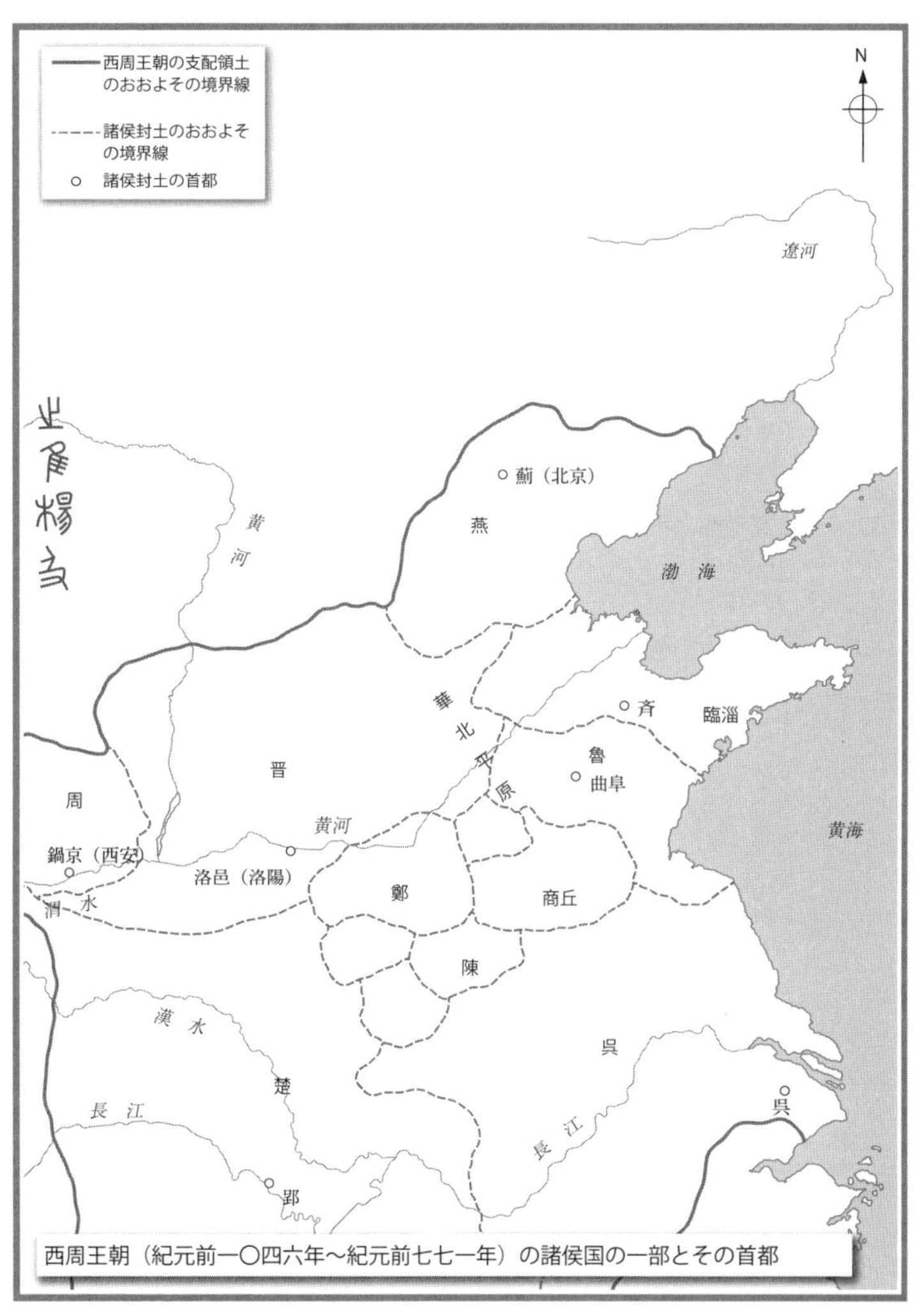

西周王朝（紀元前一〇四六年～紀元前七七一年）の諸侯国の一部とその首都

3 ⊙西周王朝（紀元前一〇四六～紀元前七七一年）は、周王朝が封建制によって庇護する多くの諸侯国家からなり、鎬京を首都としていた。上の地図に示された諸侯国は、ほんの一部であり、そのほかの国は地図外にある。この地図は、ジョングオ Zhongguo（「中央王国の意」）の様子を伝えるものとして現存する最古の文献に記されたものだ。今日、その国名は単に「中国」と訳されている。この国名の由来は、華北平原における周の支配区域を表したもの、あるいは周の文明国家としての優位性を表した言葉であるとも考えられる。その領土の中央に横たわる黄河は、中国の文明のゆりかごとして、また人類史上最も破壊力のある河川としても知られている。

書」が使われたものもわずかにある。中国の史官（書記官）が芸術性の高い書体を刻み始めた媒体がこの青銅器だったのかもしれない。

しかし宮廷内では、さらに大量の文書を作成する必要があった。紀元前一一世紀の周において、王の遺言は史官によって書き取られ、公文書の写しが守蔵室［宮中の公文図書館。蔵書室］に収められていた。周代の初期、史官の職は大史、小史、内史、御史などに分かれていた。文字は王朝の、いわば〝防腐剤〟の役割を果たしていたのである。書体はさらに標準化され、王室と諸侯国家は文書によって固く結びついていた。周代に生まれた文字は学識豊かな上級官吏の道具となり、中国文明を華北平原にしっかりと根づかせた。

文書の作成は長らく上級官吏の仕事とされていたが、西周の時代（紀元前一〇四六～紀元前七七一年）になると文書の種類が増えた。青銅器には古代の「辞令」や、王が文書作成者に授ける恩賞なども鋳刻された。行政に関わるものも儀礼的なものも扱うとなれば、文才のある高級官僚を増員する必要がある。文書管理の業務は地方の行政機関でも行なわれていたようだ。史官たちが扱う文書には交易、訴訟事件、軍政、土地の権利など、基本的なものがすべて含まれていた。[9] 中国語で「書物」を意味する tushu は、漢字で「図書」と書くが、その言葉はこの周代に生まれている。

五〇〇〇年の歳月をかけて、周王朝は氷が溶けるがごとく緩やかに衰退し、紀元前七七一年に異民族の侵略を受けると遷都を余儀なくされた。それと同時に平和の後ろ盾としての立場も徐々に崩れていった。王朝崩壊の足音が近づくにつれて、王たちはみずからの命に加えて守蔵室の公文書も守られるよう願うようになった。そしてついに紀元前五一七年、王の息子が従者たちとともに城を追われることになる。王朝の歴史書は重要な記録であったため、彼らは守蔵室の蔵書をもって城を出た。その後の西周時代に王朝の支配のもとで読み書きの文化が中国文明の中心にしっかりと根づき、東周時代（紀元前七七一～紀元前二五六年）には王朝の衰退に伴う混乱が探求の時代をもたらした。それにより文人の役割は、周の王たちが意図したよりもはるかに重要なものとなる。

周代の書物は、現代の私たちが買い求める本とは似ても似つかない。横幅の広い紙葉ではなく短冊型の竹の札でつくられ、今日の本が一方だけ綴じられているのに対し、当時のものは竹の札をすだれのように紐で結んでつなげたものだ。だが複数のページを綴じて連続したひとつの形を形成しているからには、やはりそれも書物といえるだろう。竹は、当時のほかの書写材（主に獣骨や青銅器、石）より安く、用途も広く、表面に文字を記すのもたやすかった。獣骨と青銅器の用途は特殊で、限られていたが、竹は書物を愛する時代にうってつけの素材として重宝された。紀元前一一世紀から紀元後四世紀にかけて、竹簡は書写材として使われ続け、中国文明の一五〇〇年間を保存したのである。

そしてこの時代、ふたりの人物の存在が世の中を大きく変えた。神格化された彼らの人となりと生涯はベールに包まれている。何世紀もの時を経たいまでは、それを必死になって調べるより、彼らがもたらしたもの、彼らの人徳を讃えるにとどめたい。私たちは、このふたりの人物、老子（「老先生」の意）と孔子（「孔先生」の意）に近づくことはできても、決して実体に触れることはできないのだ。事実、老子は伝説的な人物で、本当に実在したのかという論争にさえも決着がついていない。紀元前二世紀の偉大なる中国史家の始祖、司馬遷によれば、六世紀、周王朝の守蔵室担当の史官だった老子は、王朝の歴史書にも通じていた。老子は孔子と出会ったときに、傲りを捨てて欲望を制御せよと説いたといわれているが、孔子は弟子たちに、老子はまるで雲のあいだを通り抜けて天に舞い上がる竜のようにつかみどころがないと語ったという。

深い謎に包まれてはいるが、このふたりはまったく新しい学問分野を開拓した。しかし双方とも革命は求めなかった。孔子など、自分の社会的および政治的な哲学を取り入れてくれる実在の王を探すことに長い年月を費やしたぐらいだ。だが結局、ふたりとも政治的な庇護に頼らず、史実を編集して記録していた歴史書編纂組織の影響も受けずに、その思想を思いのままに文書で残した。古代の中国王朝において正史の記録は、その治世の王の意向に沿って行なわれていた。周王朝が成立した当初から、史官は宮廷の書記官として、また王朝のプロパガンダを行なう秘書の役目も負いながら、歴史書を編纂していた。しかし老子と孔子は意図せずして、編纂者を王の縛りから解放し、彼らに新たな力を指し示した。それが、未来の中国において教養ある人々を生み出す原動力となったのだ。

中国の古いことわざに、中国の男子は公の場では儒教の信者になり、私的な場では道教の信者になるというものがある（死の床では仏教徒になる、という節が加えられることもあった）。このことわざは、かつて中国が向かっていた場所をそのまま表している。当時の中国は、書記と書物――とりわけ老子と孔子が説いた道教と儒教、のちには仏教の書物――の帝国へと歩を進めていた。書記を基本とした官僚政治はすでにしっかりと根づいていたが、老子と孔子の出現が、書物という新しい時代の幕を開けたのである。

王朝の歴史書によると、老子は二五〇〇年前、西安の西に広がる丘陵地帯で初めてみずからの思想を書き上げたという。今日、その場所は国立楼観台森林公園内で道教の寺院となっており、丘の上には屋根の低い祠廟（しびょう）が立ち並んでいる。寺院からは、秦嶺山脈の山並みが一望できる。あたりの丘陵地には竹林が生い茂り、桃の花が咲き乱れ、眼下の谷間は黄色い花々に彩られている。中国の長い歴史のなかで、この山あいの地域一帯は悩みを抱える廷臣や隠遁者、詩人、放浪者たちが好んで隠れ住んだ場所でもあった。

紀元前六世紀を生きた老子は、ほかの官吏たちとは異なり、周王朝の行く末に悲観的だった。宮廷が王朝の黄金時代を取り戻そうとして典例や儀式ばかりに目を向ける一方で、老子は儀礼的な慣習と制約で人間を縛りつければ、世の中の美徳は失われるばかりだと嘆いた。司馬遷の歴史書によれば、老子はとうとう水牛に引き具をつけて都を離れ、国境を目指して都から八〇キロメートルほど南西にある山岳地帯に向かったという。そして彼は国境に設けられた西の関所にたどり着く。関所を出て、凝り固まった文明社会から抜け出した老子は、西方の地に極楽を見出したのかもしれない――極楽というのは、単に天国という言葉の婉曲表現だったのかもしれないが。当時の官吏にとって、王朝を去ることは、人生を放棄することと同じだった。関所の官吏は、すぐに彼が老子だと気づき、その英知をすべて書き記してくれれば、関所の門戸を開くと申し出た。こうして、彼の言葉が収められた『老子道徳教（五千言）』が誕生したといわれている。

無為自然の道が廃れると、無為自然の徳が説かれ、
無為自然の徳が廃れると、人為的な仁の道徳が説かれ、

人為的な仁の道徳が廃れると、人為的な義の道徳が説かれ、
人為的な義の道徳が廃れると、人為的な礼の道徳が説かれるのだ、と。
この言葉からも知られるように、
いったい礼の道徳というものは、
人間の忠信(まごころ)の薄くなったもので、
世の乱れの首(はじ)まりである。

［福永光司訳、『老子』朝日選書、1997年より］

『老子道徳経』は、格言や教訓を集めたもので、知識だけに頼らず直観と経験に従いながら、大自然の秩序に身を委ねて生きるよう諭したものだ。弟子たちはその言葉に従うことで自然との調和を見出し、それを拠り所として生きていく。老子とはいったい何者なのか、そしていつ頃の人間なのかについての論争は絶えないが、世界中でこれほど多くの言語に翻訳されている本は、聖書を除いてほかに例がない。[10] 道教の思想、ダオイズム（Daoism）の「ダオ（dao）」（またはタオ（tao））は、「道」を意味しており、老子は自分がその「道」を見出したと考えていた。だが、彼が「道」を見つけるために書き残した記述は、曖昧で難解なものが多い。道教は宮廷生活の規律や型にはまった様式から離れることを勧めているが、その教えは、中国で何世紀にもわたり、都市生活における心の処方箋として役立てられてきた。一方、孔子の弟子たちは、老子が逃れたいと望んだ儀礼的なしきたりのなかにこそ価値を見出した。孔子は、王朝の思想と書写文化に多大な影響をもたらした老子と肩を並べる唯一

4 ⊙秦嶺山脈のふもとの丘陵地帯にある楼観台の道観（道教の寺院）の修行中の道士たち（二〇〇九年撮影）。古来の言い伝えでは、老子はその地で『老子道徳経（五千言）』を書き上げたという。二〇〇九年には、七〇歳を超える高齢の道士が、近くの丘の頂上付近にある寺院で暮らすことを許されていた。

の人間といえるだろう。

伝説によれば、孔子は背丈が九尺六寸［二一六センチメートル。春秋時代の一尺＝二二・五センチメートル］もあり、妻とは離縁しており、しばしば世間の風潮とは逆の言動を取る人であったそうだ。人道主義を実践し、みずからの道徳観にそぐわない王に失望を覚えていた。忠義心や伝統、礼節、公の場での謙虚な振る舞い、不変の社会構造を愛した彼は、まさに筋金入りの保守派といえる。彼が説いたのは、各人が己の立場をわきまえ、決して出しゃばることのない理想郷——神話と歴史を手本とした理想郷だった。この教えは、一九六六年に文化大革命が勃発する要因にもなった。民衆は古き伝統に対する不満を爆発させ、あらゆる文化を攻撃した。そして学生は孔子の墓を暴き、彼（とその思想）が死んだことを世に知らしめたのである。

孔子は神話と歴史を重んじたものの、政治思想では、単に過去をなぞりはしなかった。彼は、国家の統治者は血統ではなく人徳と能力によって選ばれるべきであり、良き施政とは国民の幸福のためになされるべきだと考えた。そして徳や慈悲心に欠ける統治者は、天命——天より授けられた統治権を失うであろうと説いた。統治者は国民の利益のために存在すると考えたからだ。

もともと、孔子は魯の国で刑罰をつかさどる大司寇という官職についていた。軽微な罪であれば刑も軽くする方針を取り入れ、軽い窃盗罪に対して鼻を切り落とす刑罰を廃止した。しかし紀元前四九八年、家と官職を捨てて出奔してしまう。理由は、王が儀式の習慣をないがしろにしたことに憤ったからだとされている。それから一四年のあいだ、弟子たちを連れて中国の東部を放浪した。孔子は、周王朝で道徳観念が失われていくことに憤り、最も偉大な皇帝のみが王朝に道徳を蘇らせることができると信じていた。道徳と国家の統一は、本来は両立するものだと考えたのである。また彼は、周王朝に待っているのは滅亡のみであることも知っていた。

孔子は中国の古典「四書」のうちの『論語』、そして「五経」のうちの『春秋』にたずさわったと伝えられている。当時、九書のなかでは『春秋』が最も優れた文献だと見なされ、この本『春秋』のみが不道徳と戦い、幸福の在り方を示し、誤りを正すことができるとされていた。『春秋』は孔子の思想系統の基本であり、儒教のいわばバイブルだった。ゆえに孔子の生きた時代は、この文献の名を取り、「春秋時代」と呼ばれるようになった。

大きな影響力をもっていたにもかかわらず、『春秋』は延々と一本調子で綴られた年代記にほかならない。まさに味も素っ気もない文章だ。二四二年間の国内の出来事——外交、洪水、祭祀、婚儀、軍功、城壁の建築計画、王の崩御、イナゴの大襲来といったものが、一切の叙情的な表現を排して淡々と書き連ねられている。二世紀半の出来事が年代順、月日順に、肉太の筆文字と一万六七七一字の漢字による散文体で、ひたすら記録されているのだ。紀元前七一五年の最も短い記述は、次のようにたった一字でメイガの幼虫による作物の被害を表している。

螟

しかしながら、『春秋』は非常に訓話的で孔子の才知が透けて見えるため、のちの世の学者たちのあいだでは、それをどう解釈するかという論争があとを絶たなかった。論争は、最終的に五つの注釈書にまとめられた。そのなかには、『春秋』の一一倍の長さのものもある。すべての注釈書に共通する見解は、『春秋』が周王朝の失態の目録であるということだ。となれば孔子と老子の周王朝に対する認識は、全面的に一致していたことになる。それ以外にも、ふたりの意見が一致していた可能性を示唆するものとして、一九九三年に中国北部で出土した竹簡が挙げられる。

およそ一万三〇〇〇字が記された八〇四枚の竹簡は、発掘にたずさわった研究者をして「中国版死海文書」と言わしめた。そのなかには老子の道徳経と孔子の経典もいくらか混じっていた。竹簡は、当時の宗教と書写文化が成熟していたことに加え、道教と儒教に共通点があること、すなわち老子と孔子のあいだで何らかの会話が交わされていた可能性までをも示していた。竹簡が書かれた年代は紀元前四世紀とされているが、ふたりの会話はそこでは終わらなかった。老子と孔子の継承者たちは、竹簡を学術的な討論の場に転じ、帝国のいたるところで意見を交わし、政治学や哲学、人間関係、宗教における新たな思想に磨きをかけたのである。

これは大きな変化だった。国家が歴史をつくる様子をただ傍観するだけの学問に代わり、古典にもとづいて解説するという新たな権威が現れたのだ。もはや歴史学者は、ただ国に仕えるだけの官吏ではなくなった。彼らの政治的な影響力と独立心が育ち始めたのだ。孔子の偉大な継承者のひとりは、孔子が何の後ろ盾もない立場で『春秋』を書くことで改革の必要性を説き、歴史を我がもの顔で操る国家権力に挑んだと記している。紀元前三二〇年代には、春秋時代の斉の都、臨淄（りんし）に設けられた稷下学堂において、上級官吏や解釈学者たちが儒教の思想について自由に討論を行なった。そこで話し合われたのは、人間が内省したり自己を批判したりする能力は人間の善良さの証といえるのか、また道徳心は実際には人間の本質と相反するものなのか、といったことだった。そのような議論のなかで、宇宙の秩序と国家そのものが綿密に分析されたのである。

中国の政治的な崩壊が進むなか、常に原理から取り組もうとする古い道徳観をテーマとした討論になり代わり、より現実的な政策研究が行なわれるようになった。人々は、経験にもとづいたより実用的な立場から、政治を語るようになったのだ（一九一〇年代から一九二〇年代にかけて、上海で中国共産党を立ち上げた者たちが無政府主義の高い理想を棄て、実力行使による共産主義の道を選んだときにも同じような変化が見られる）。こうして優先順位が変化した煽りを受けて、臨淄の稷下学宮は紀元前三世紀半ばに消失したが、その頃にはすでに書物に書かれた言葉の権威は格段に高まっていた。書物が思想家の戦場となり、未来の政治のあり方を語り合う場となったのである。しかし、そういった議論は常に経典の解釈を通して行なわれていた。

それらの議論から導き出された究極の思想は、三世紀半ばに中国中央部に建国された秦国の丞相（じょうしょう）［皇帝を補佐する政務の最高責任者］のもとで、百科全書として編纂された。歴史書によれば、丞相は三〇〇〇人の学者を屋敷に招いて、作業を手伝わせたという。彼はさまざまな学派の諸説を融合してひとつの真理――帝国とは統治する者のためではなく、統治される者のためにこそ存在するという真理を記すために「竹簡や筆、墨をすべて使い果たした」といわれている。それは、紀元前五世紀から紀元前三世紀まで続いた中国の「諸子百家」時代の思想の集大成といえた。「諸子百家」という名称は、まさにその時代が斬新な哲学を数限りなく生みだしたことを示している。そして彼らの哲学はすべて竹簡に筆記されたのである。

しかし、丞相の死からちょうど二〇年後、その仕事は未完のままに終わる。紀元前二二一年、彼が仕えた国家は周辺の国々を征服し、中国を真の帝国として統一し、法家（ほうか）の思想に従うよう求めた（法家の教義は、法律を基本とする政治手法を説いたが、国民のための行政という観点は欠けていた）。心なき破壊者が支配権を握った立法にもとづく政府は、孔子の教えを忌み嫌い、国家は統治される者のためではなく統治者のためにこそ存在するという信念のもと、大いなる中央集権体制国家を目指していく。漢字や度量衡を統一し、官僚制度も改新した。その名は秦王朝だ。

秦の新たな丞相、李斯（りし）は、文化や芸術を破壊し、激しく弾圧したことで知られている。司馬遷によれば、李斯は宮中の書物をことごとく焼き払い、書物を隠しもっていた者は墨刑（周王朝時代から罪人や盗賊は墨刑に処され、入墨を入れられていた）に処すよう始皇帝に建言したという。立法主義の哲学は結果的に階層を重んじる社会と学問の規制を招き、とりわけ孔子が説いた儒教は厳しく禁じられた。孔子が編纂した『書経』や『詩経』について論じた者はみな処刑され、その亡骸は見せしめのために晒された。また過去を持ち出して現政府を批判した者はみな、家族もろとも極刑に処された。司馬遷の記録によれば、皇帝は、焚書を行なった一年後に、四六〇人の学者を生き埋めにしたという。こうして秦は見事に中央集権制国家を樹立した。だが、中国はそうやすやすと書物に背を向けはしなかった。この王朝に対する敵意をつのらせた学者の伝説が、実際に残っている。

儒学者の伏生（ふくせい）は、主に『書経』を研究していた。焚書坑儒が行なわれると、伏生はみずから目を潰し、気がふれたふりをして屋敷から逃亡した。秦が滅亡して漢が国家を引き継ぎ、経典の学問が復活

5 ⊙老博士が書物の内容を伝える様子を描いた中国画。盲目の学者、伏生はそらんじていた『書経』を口述し、同じく学者である彼の娘がその言葉を標準語に改め、机の前に座る史官に伝えている（経典が紙に記されるのはこれより何世紀ものちのことで、この時代に史官が紙に書きつけているのは不自然だ）。この作品は実際の年代からおよそ1700年後の、15世紀後半に描かれたものとされている。明王朝時代の画家、杜堇（ときん）による形式主義的な画風が故事の一場面を生き生きと描きだし、中国で最も尊敬される教養、すなわち経典の暗唱の文化をも伝えている。（©2014, Image copyright The Metropolitan Museum of Art/Art Resource/Scala, Florence）

すると、漢の文帝は年老いた伏生のもとに史官を使いにやり、伏生が暗唱した『書経』を、史官が当時の言葉に直して書き取った。伏生の言葉がわからないときは、土地の人間に通訳してくれるよう頼んだという。秦の崩壊後は、このように前王朝を非難する物語がさまざま語られた。

実際のところ、秦王朝はかなり多くの古典文献を所蔵していたが、利用していたのはたいてい宮廷の博士たちだった。秦は巨大な帝国を統制するために漢字を合理化し、統一し、国有化して強力な武器につくり上げ、それを帝国中にばらまいた。その結果、文書が蔓延した。国土は三六の郡に分けられ、派遣された地方官が報告書を書いて都に送った。こうしてあらゆる方角に何百キロメートルも広がり、四〇〇〇万もの人口を支配する中央集権体制国家が生まれた。そして、この広大な国家をまとめる役割を果たしたのが、文書である。

秦は竹簡上の学問を奨励はしたが、それはあくまでも厳しい規制を敷いた上でのことだった。それでも当時の兵士が名簿を読めた（おそらくは書くこともできた）ことを考えれば読み書きの文化は、しずくのように社会の低層まで滴り落ちていったと思われる。それを示す紀元前三世紀に書かれた二通の木簡の手紙が残っている。南方に出征した秦の兵士が書いたものだ。一通は、母親に金と衣服を何枚か前線まで届けてほしいと頼んだもので、もう一通は母親の健康を気遣い、妻が父親の世話を怠っていないかどうかを尋ねるものだ。この二通は、すべての民衆とまでいかなくとも、少なくとも兵士は何らかの郵便システムを利用できたこと、そして読み書きの文化がかなり身分の低い層にまで浸透していたことを示している。さらには女性たちのあいだにも――上層階級はもちろん、一般人の妻、またもっと低い身分の女たちのあいだにも――読み書きの文化が浸透していたことを示す証も残っている。たとえば、帝国時代の中国の歴史書のなかで最も読まれている『漢書』は、班昭という女性の学者が兄の班固亡きあとにその仕事を引き継いで完成したといわれている[11]。

だが、秦王朝は長くは続かなかった。始皇帝の死後、農民の反乱が発端となって急速に衰退し、王朝としては、わずか一五年しかもたなかった。その後、反乱軍のひとりの農夫が漢王朝を開く。新たな王朝は、秦の悪政によるたくさんの恐ろしい物語をすくい上げると、それを学者に分析させ、悪政がもたらす結果への警鐘として保存した。これは書物と紙の未来にとって重要な流れでもあった。その結果、漢は秦の官僚や国土、大部分の法律をそのまま継承しながらも、まったく新しい帝国に生まれ変わった。大量の古書は、教育や政治、哲学の格好の手引書となった。当初、漢王朝創始者の劉邦は、帝国に書物の文化を蘇らせようなどという気概など、ほぼ持ち合わせていなかった。当時の劉邦の心情をはっきりと描きだすものとして、『漢書』には初代皇帝に即位したばかりの彼と、顧問役の陸賈との会話が記されている。

劉邦：わしは馬上で天下を取ったのじゃ。詩経だの書経だの、なにゆえ読まねばならぬ。

陸賈：馬上で天下をお取りになられましても、馬上で天下をお治めになることはできませぬ。

劉邦は優れた統治者となったが、同時に良き生徒でもあったという。実力を備え、田舎育ちの大らかさを忘れず、儒学の教えも実践した。そして農夫のような弱者を搾取から守り、秦代の法律を次々に廃して、三か条のみの明解で基本的な法律を定めた。また官僚の登用においても、初めて、氏素性や縁故に頼らず、人格を重視して選抜するという全国的な登用制度を導入した。

劉邦の後継者は、新たに国政に儒教の教えを取り入れ、儒学に関するあらゆる文献を集めたため、書物（大半は竹簡だったが、木簡もあり、厳選された少数のものは絹帛（けんぱく）［絹布。文字の書かれたものを帛書という］に記されていた）が「山のように積み上げられた」という。宮中には王室図書館が設けられ、蔵書の概要をまとめる作業が命じられた。やがて系統ごとの分類法が必要となり、いくつもの項目がつくられた。陰陽の研究（万物における二つの原理を極める研究）の書物だけでも一六項目あり、写本も含めれば全部で二四九章にものぼった。図書館には、章数にすると二六九〇にものぼる七〇種の異なる分野の書物が所蔵され、分野は大きく六項目に分けられた。目録に書目として記された六六七点の蔵書の三分の二がのちに散逸してしまったが、近年出土した漢代の書物数点は、どれも、目録に記されてすらいないという。

目録学が発達するとともに、分類の項目も増えていった。六経（りくけい）［儒教の基本的な六種類の経典。易経、書経、詩経、春秋、礼記、楽経］、諸学者の思想文献、詩歌や韻文、兵書、数術、医学。目録のひとつには、一万三〇〇〇巻を超える六〇〇点もの書物が記されていた（ひとたび編纂が終わると目録の内容は絹帛――当時は破格といえるほど高価な書写材だった――に写し取られて図書館に収められた）。宮廷や役所以外では、富裕層が自宅の書棚に並べるために書物を買い求め、収集した。

読書の習慣が一般に広まるにつれ、身分は低いながらも能力を備えた官僚志願者たちが、宮廷を目指して出世の階段を上り始める（官僚の数は、紀元前五年には一三万二八五人に達し、そのほとんどが実務的な読み書きの能力を備えていた。地方では、その倍の数の官吏が働いていたと思われる）。

紀元前一四〇年、武帝みずからが、推挙された一〇〇人以上もの若い学者の試験を行なった。大半は貧しい家の出の若者だ。皇帝には、あらかじめ試験の前に、政策に関する設問が書かれた数枚ほどの竹簡が渡されていた。その年の受験生のなかに、現在の北京南部河岸の平野部からやって来た、董仲舒という非常に貧しい家庭出身の若者がいた。董は皇帝の設問にすらすらと答え、儒教の実情をテーマとした小論文も高く評価されて合格し、上級官吏に取り立てられた。

紀元前一三六年に五経博士という官職が設けられ、その一二年後に太学［官吏を養成するための最高学府］が設立されたが、そのどちらも董の建言によるものだった。太学の生徒数は、はじめこそ一〇〇人ほどだったが、紀元後一四〇年には三万人に膨れ上がっていた。この時代、帝国の専用「席」（経典に与えられる国教としての地位）にふさわしい教義を決めるため、討論に次ぐ討論が行なわれていた。書物を著すこと、それを研究すること、そして収集することは、国家の重大な関心事であった。董の時代、『春秋』研究には五つの学派があり、それぞれが独自の解釈を行なっていた。だが竹簡の上で発展した書物文化は、物流の問題を抱えていた。紀元後二五年の遷都のときには、宮廷の蔵書を運ぶために二〇〇〇台以上もの荷車が必要となり、輸送の途中で数えきれないほどの竹簡の書物が失われたという。

董自身は、経典を神秘思想的なものとしてとらえていた。そして未来は亀甲や獣骨、筮竹が告げるのではなく、過去を正しく読めば、おのずと知ることができると主張した。彼は秦王朝を嫌悪していた。「秦は統治法を刷新すべきだったか」と問われたとき、董は腐った木片に文字を刻むことや、乾いた家畜の糞の塗り壁をならすことはできないと答えたという。さらに薫は儒学の経典を五つに絞るべきだと考え、紀元前一三〇年代の中頃にそれを実現する。漢代の歴史学者によれば、このときより紀元後一年までの時代、ひとつの経典の注釈が一〇〇万語におよぶのはさほど珍しくはなかったという。

それでも、おびただしい文字数による解説を冗長だと考える者もいた。紀元後一世紀、都で生まれた偉大な哲学者、王充（おうじゅう）は、露店で売られている書物を立ち読みして経典を暗記せねばならないほど貧しかった。晩年、王充は、古いやり方で研究を続けるばかりの学者たちを批判した。この頃、孔子が編纂したとされる『書経』の最初の一文に対する注釈は、二万語にもおよんでいたのである。『易経』と『書経』の注釈は、それぞれ三〇万語を有していた（一八世紀になると経典の注釈は、原典の一〇〇倍の長さにおよび、巻子本五万巻を要した）。紀元後一世紀の中国でさえ、この過剰な文字数は批判を浴びた。宮廷に仕える著名な歴史学者であった班固は、注釈書の作者たちがまるで重箱の隅をつつくように細かく原典を分析する傾向を嘆き、次のような言葉を残している。

しかし、彼らは単にみずからを欺いただけであった。これは学問の悲劇といえよう。

西安から十六キロメートルほど北の太古の農園を思わせる平野に、高さ三十メートルほどの台地がある。幅八十メートルほどの草地が続くその丘からは、遠くブドウ畑やリンゴ畑、松林を見渡すことができる。こずえに囲まれ薄霧が立ちこめるその場所で、老人たちが凧を揚げている。南の斜面には階段状の足場が設けられ、林を通る車道に続いている。羊が二頭、木に繋がれている。人里離れたその小高い丘は、かつて未央宮（びおうきゅう）があった場所だ。ここに学者たちが集い、未来の正典を定めるために、あらゆる経典を題材にして議論を戦わせた。議論はすぐ近くの石渠閣で始まり、二年続いた。それから五〇年代を通して、さらに議論は続いた。そして七九年、学者たちは最後の会議を開き、彼らの伝統の中心に位置していた経典について論じ合った。

学者たちは生け贄や祭祀、婚姻制度、古代の伝説、歴代の皇帝、神々について意見を交わした。文化の向上や超自然的な象徴主義、処刑、八風（鍼治療のツボとしても知られる）、三種の暦法（年始をどの月にするかの違いによる）などのテーマも探求した。また直観と感情、祭式と音楽、三綱（さんこう）と呼ばれる三つの人間関係（君臣、夫婦、父子）、六紀（りくき）と呼ばれる六つの人間関係、封建制における封土の問題も深く掘り下げた。彼らはそれぞれの解釈を通し、中国という宇宙における人間の営みの一切を、小さなひと揃いの経典に注ぎ込もうとしたのである。政策も、儒教の経典を議論することで立案された。二世紀から三世紀初期の後漢の時代、私欲にかられた女や宦官が宮廷で権勢を振るうようになると、みずからの権利を主張して宮廷側と対立する知識人も現れた。

周代の思想家や秦代の統一者、漢代の学者の手で、中国はひと握りの難解な経典を中心とする国家に生まれ変わった。読書、学問、書写の文化が花開き、知識人の本拠地、政府で働く官僚は何万もの数にのぼった。このような変化は、中国史のみならず人類史上、まったく類を見ないものだ。書物をつくる道具の必要性が、これほどまでに高まった時代もなかった。道具とはすなわち、墨と筆、そして竹簡である。

竹を皮切りに植物は知識を運ぶ媒体に変わったが、デジタルの時代を迎えるまでその優位性に異議を唱える者はいなかった。漢字を書き記す場合、墨を下ろす場所だけでなく空白の部分もまた重要であり、少なくとも一五〇〇年にわたって竹はその大半を占めていたのである。竹簡はその表面に記された文字を通して、事務的な文書のみならず歴史の流れをも見つめてきた。紀元前八世紀後半からの最後の中国王朝が滅亡する西暦一九一一年まで、中国の歴史はほぼ毎年、公式の記録として編纂されてきた。これは周王朝と竹簡そのものの遺産といえるだろう。

竹簡は、東アジアにおいて新たな帝国主義による権力が生まれる瞬間を目撃した。この新たな帝国の強みは軍備や資金だけでなく、書物と文字の文化であり、その両者が支配者の権威を支え、際立たせた。竹簡は詩人たちから尊ばれた。三〇〇〇年前のある詩歌のなかでは竹を貴公子になぞらえ、「我が貴公子は才芸豊かで優雅にあらせられ……その姿の何と厳かで気高いことか」と謳われている。しかし竹簡が文明に変化をもたらしたことを最もよく表しているものは、ひと握りの漢字の成り立ちだ。

竹の成長は早く、中国の亜熱帯地方では特に成育が盛んで、周代においてその収穫量はかなりのものだった。当時は家屋や吊り橋、馬車、弓矢をつくるための材料として利用されていたが、書写材として利用するには丹念な下準備を要した。まず短冊型に断裁し、腐敗や虫喰いの原因となる「新しい竹に含まれる汁」を蒸発させるために火であぶって乾燥させるのである。一般的な寸法は幅が三センチメートル弱、長さは二十五センチメートルほど。その大きさが、あぐらをかいて左手で支えながら文字を書きつけるにはちょうどよかったのだろう。横書きではなく縦書きが好まれ、中国では一九五〇年代までその書き方は変わらなかった（左からではなく右側から書き始めることが標準となったのも、一枚書き終えるたびに左側に並べたためと思われる）。次に記した漢字は「部」や「巻」を意味するもので、複数の竹簡を紐で結んでつなぎ合わせたものに由来する。

冊

途中で書き損じると、すでに書いた竹簡をすべて破棄し、それまでの時間がすっかり無駄になることもあった。その対策としてつくられたのが書刀と呼ばれる小刀だ。二世紀の詩人、李尤（りゆう）の詩によれば、書刀のなかには「工人の名」が刻銘されるほど精巧なものもあったようだ。漢字二文字を組み合わせた删除という言葉は「削除」を意味し、その成り立ちが文字に反映されている。「删」の旁（つくり）は、この漢字の意味を表している。シンプルな二本の縦の線は一方が長く、もう一方は短いが、これは「刀」を表しているという。また偏（へん）は、竹簡を表している。

删

竹簡には重さや形態、寸法という面で弱点があった。竹簡の書物は、調べものをしたり運んだりするには不便だったため、広く市場に出回るよりも高級官吏たちの書庫に収められるほうが適していた。一枚ずつ横に並べて紐で綴じた竹簡は、経典なら一八〇メートル以上もの長さになり、それを運ぶとなれば荷車が必要だった。この時代に知識人の能力を表すときは、たとえば「五台分の荷車の知識」などという表現でいい表していた。竹簡の書物で学ぶことは、なかなか重労働だったのだ。

書き損じた文字は書刀で削ることができたが、常にそうした処置が行なわれていたわけではない。公文書、特に宮廷内の文書の作成を任された官僚は、まず頭のなかで文章を組み立て、それがどれほ

6⦿楊辛（ヤンシン）の書作品「樂」（拼音（ピンイン）は「le」）。
この漢字は「楽しみ」や
「歓び」を意味している。
「春」の書では余白のほうが
多かったが、
この作品は画仙紙の中央を
塗りつぶすかのように太く、
のびのびとした筆の運びにより、
あふれんばかりの歓びを
表現している。

どの長さになるかを見極めてから、誤りなく書きつけねばならなかったと思われる。著名な詩人、楊雄（ようゆう）（紀元前五三～紀元後一八年）は、皇帝に命じられて詩歌をつくったときの苦悩を次のように記している。

> 私は苦労して詩句をひねりだし、それがひとたび完成すると、たちまち眠りに落ちた。夢のなかではありとあらゆる臓物が腹から引き抜かれており、私はそれを両手でかき集めて腹に詰め込まねばならなかった。目が覚めてから一年のあいだ、私は喘息に悩まされた。その経験から、考え過ぎると人間は心に支障を来すことを学んだのである。

もちろん、すべてが竹簡のせいではないだろう。竹簡を用いた作品の多くは、何万字にもおよぶ漢字が記されていた。しかし楊雄のように、皇帝じきじきの依頼で誤りのない完璧なものを仕上げねばならないとなれば、竹簡は明らかに不便な書写材だったに違いない。

一八三年、中国の首都、洛陽で交通渋滞が起こった。何千台もの馬車が太学に押し寄せたためだ。太学の前庭には儒教の経典を刻んだ四〇基以上もの石碑がコの字型に並べられていた。それは、何世紀も続いた正典を定める議論の終わりを告げるものでもあった。その石碑には、学者たちの同意によって決定した経典の二万字以上もの漢字が刻まれていたのである。まさに中国の歴史に残る画期的な出来事だった。それまで石刻といえば、墓石や軍功を讃えるための碑文ぐらいのものだったからだ。徒歩、または馬車や馬に乗って集まった人々は、その石碑の文字をただ読んだり暗記しようとしたりするのではなく、文字を書き写した。

それから一〇年と経たないうちに洛陽は戦火に焼かれ、略奪が横行し、図書館も破壊された。図書館に収められていた竹簡の書物は、何台もの荷馬車に積まれて西へと運ばれたが、歴史書によれば、その途中で竹簡は散逸し、絹帛は天幕や袋に転用された。やはり、当時の書物は持ち運びには不向きだったのだ。

だが書物に運び出すだけの価値があると見なされていたというのは、周や秦、漢王朝のもとでその価値が大いに高まっていた証といえるだろう。周王朝の統治下で文書が行政のなかに組み込まれ、王朝の衰退が国政はどうあるべきかという問題を提起した。その問いに答えようとした学者という学者が、みずからの意見を竹簡や木簡にしたためた。その結果、周は中国に多くの賢人を生んだ。そして秦王朝が、権力を駆使して文書による行政を推進し、膨大な数の竹簡の文書を生み、漢字を統一して統一国家をつくり上げた。最後に漢が、編集者や図書館司書、注釈者を生み出した。漢字は、およそ一万字にまで増えた。そして、孔子の地位は不動のものとなった。以来、官僚はみな儒学の経典を学ぶようになったのである。

青銅器、そして何より竹簡こそが、文字にとっては、なくてはならないパートナーだった。しかし、そういったパートナーの力で発展した文字文化は、もはや彼らの手に負えないほどに成長し、いよいよ最強のパートナーと出会うことになる。

第四章　紙の起源

もし中国で生まれていたら、画家ではなく書法家になっていたでしょうね。
パブロ・ピカソ　書法家の張鼎(ちょうてい)との談話（一九五六年）より

漢王朝の滅亡から一五〇年が過ぎた四世紀の中頃、書法の大家、王羲之(おうぎし)は書斎に座り、一葉の白い書写材に筆を走らせていた。子どもの頃には口ごもりがちに話すのが常だった彼は、成長するにつれて自分のもつ発明と学問の才に気づく。作品のなかで同じ漢字を書くときには、当たり前のように同じ形を繰り返すのではなく、独特の筆の運びでそのたびごとに違った形を描こうとした。[12] 成人し、彼は官僚の職を得た。だが、侍中府の侍中［中国の官名。皇帝の側近で身辺の雑用などを司る］など、宮中の要職に召されても、そのたびごとに辞退し、やがては健康上の理由で官界を退こうと決意する。彼は、長江から少し南に下った浙江省北部の川沿いに広がる紹興の街で仕事を徐々に減らし、その地で隠居生活を送った。

屋敷ではガチョウを育てて観賞し、また七人の息子ももうけた。やがて、その息子たちも書の道に入ることになる。王羲之は伝説的な書家となり、人々は、「あの男はガチョウが首をかしげる姿を見て、筆を操るときの手首の返しを学んだのだ」と噂した。王は、漢王朝時代とは違い、ただ知識と記録を伝えるために文字を書いたのでなかった。文字そのもののために書いたのである。行書体を書くときには途中で筆を持ち上げることはなく、ひと筆で下へと書き綴っていく。その筆跡は潑剌とし、おどけているようにも見えた。王羲之は、紙の上でも日常生活でも、それまでの伝統からは大きく逸脱していた。

今日でも、中国で書聖として知られている王羲之は、みずからの情熱のために文字を書いた。彼の作品はやがて、「筆が舞い、墨が歌う、音のない音楽」として知られるようになる。書の目的は、単に大勢の人間に言葉を伝えることではない。単なる便宜性のためだけのものではないのだ。書の技法は、それ自体が価値あるものと見なされた。毛筆は、硬いペン先よりもはるかに自由に文字を表現できる道具だ。後漢の時代に「行書」体と「草書」体が興ったが、どちらも筆の運びが途切れることはほとんどない。これらの書体の登場により、それまでにはない自由な文字の表現が可能になった。文章をつくる大業とともに、文字そのものの地位も高まり、王自身も書の芸術を極めていった。一〇世紀になると宮廷の知識人たちは、さらに文字への探求を深めていく。王は、筆をもつ目的を（書だけでなく事務的な文書を書く際も筆が使われたため、ペンと絵筆を使い分ける西洋に比べると、芸術と筆記の線引きが難しい）、すでに在るものを再現することではなく、芸術家が自己を表現することだと論じた。中国において、視覚芸術を通して自己を表現するという概念は、書法によって始まったのだ。

おそらく王羲之の机には、当時の書道用具がずらりと並んでいたことだろう。彫刻がほどこされた象牙や竹の臂擱（ひかく）［筆で文字を書くときに紙や手を墨で汚さないように腕を乗せる道具。腕枕］、天然石の落款印、翡翠の筆洗い、カバ材あるいは磁器の筆掛け、翡翠の文鎮、彫刻細工の筆置き、四川の刀匠がつくった書刀。しかし、なかでも欠かせない道具が四つあった。王羲之は、それらの道具を人類最古の勝負事になぞらえて次のように表現した。

紙は軍隊の陣であり、筆は剣と矛である。墨は甲冑であり、硯は城壁と堀である。そして、書家は指揮官である。[13]

銭存訓『中国古代書籍史』

［宇都木章、沢谷昭次、竹之内信子、廣瀬洋子訳、法政大学出版局、一九八〇年］

王羲之は中国の知識人の誰もがそうであったように、この四つの宝――「文房四宝」を重んじた。二〇〇〇年前のものとされる、竹の筐に収められたひとそろいの道具が現存している。二世紀頃、高官には毎月、筆と墨が支給されていた。その一〇〇年後には、皇太子の即位の儀式において、この文房四宝が下賜されるようになった。中国において、書画の道具は官僚や統治者には欠くことのできない調度品だった。ちなみに、当時の官僚に「書」の能力と並んで求められたのは、優れた「話術」であった。ある漢代の学者は、宮中で役に立つ賢明で有能な男子とは、三インチの舌と一尺の筆を自在に操れる者であると記している。

王羲之が使っていた墨は、マツの木を燃やした煤（すす）でつくったものだった。五世紀に記された墨の製法によると、マツから採った純度の高い煤をついて、薄絹でふるうとある。そこに魚皮などから得た膠（にかわ）を加えるのだが、墨によく溶けるように、膠をトネリコの樹液に浸してから加えていたようだ。一〇世紀まで、墨の基本的な成分はマツの木と煤、膠だったが、やがて油煙墨（獣脂、植物油、鉱物油でつくる）のほうが一般的になった。良質の墨への需要は高く、卵白五個、辰砂およそ三〇グラム、それと同量の麝香（じゃこう）をふるって煤に混ぜ込むといったことも行なわれた。そのほかにも高価な原料が試され、墨文字に光沢を与えるために、真珠の粉やザクロの果皮、豚の胆汁などが加えられた。それらの材料を煤と一緒に鉄臼のなかでペースト状になるまで混ぜ合わせ、少なくとも三万回は杵でつき、型に入れて仕上げる。王羲之が使っていたであろう六〇グラムほどの棒状の墨は、翡翠のように固く、どこまでも深い漆黒の、芳香もかぐわしいものであったに違いない。

墨はとくに重視されていた。中国の研究者として名高いイギリスのジョセフ・ニーダム（彼は中国にいた西洋人のなかで、誰よりも大量の墨を使って文字を書いたに違いない）は、著書『中国の科学と文明』シリーズのなかで、次のように述べている。中国の文献には何百という墨師の名前が出てくるのに、王朝時代の紙漉き職人や印刷工の名前が表に出たことはほとんどない。西洋では、墨は「インドのインク（Indian Ink）」と呼ばれ、古代ローマの博物学者、大プリニウス［ガイウス・プリニウス・セクンドゥス］も墨を褒め讃える言葉を書き残している。しかし、墨はインドではなく中国の発明である可能性が高い。「インドのインク」で書かれたキリスト暦以前の文献が、中国において数多く見つかっているのだ。古代サンスクリット語など、古代インドの文字が記された文献だ。ヨーロッパでは中国もインドもいっしょくたにする（あるいは見下したともいうべき）傾向があったのだろう。だが、事実を鑑みるに、紀元前最後の数百年から紀元後一世紀までにたくさんの中国の道具がインドを経由してヨーロッパに渡っていたに違いない。

墨の寿命は短く、数カ月ほどでなくなってしまうが、文房四宝の三つ目の宝――硯は何代も受け継がれていく長命な品だ（文人たちは、装飾的な文様をほどこした硯に「桃の実を採る猿」や「太陽を見つめる凰」など趣のある名称をつけていた）[14]。王も、硯の窪みに澄んだ水を注ぎ入れて墨棒をすっていたのだろう。中央の墨堂で墨をするうちに、とろみのある墨液が少しずつ溜まっていく。充分に溜まったなめらかな液体を前に、王はおもむろに筆を取る。

竹を切って筆管とし、
絹糸を巻いて、漆で塗り固める[15]

紀元前四〇〇〇年紀の中国で、土器の文様を描くために使われていた筆はこのようにつくられていた。初期の穂の部分には、ニワトリやガチョウ、キジなどの羽根、羊毛（山羊）、豚毛、虎毛、また古い文献によれば男性の髭や赤ん坊の産毛（うぶげ）なども使われたようだ。紀元前三世紀には、穂先が長く弾力に富むウサギの硬い毛が好まれ、短い毛束の芯にさらに毛を巻きつけてつくるようになった。墨を硯ですり、筆に含ませる手順は、どの時代においても変わらない。王羲之がその五〇〇年前に生まれていたとしても、きっと同じことをしていただろう。しかし、彼の時代から著述家や書法家は次第に増え、その流れのなかで、文房具の製作にも新たな技術が用いられるようになった。かくして王羲之は筆に墨をふくませ、そのぴんと立った穂先を文房四宝の四つ目の宝へと下ろしていく。紙である。

この紙の軌跡の物語は、いくつかの紙片が、中国のそれぞれ遠く離れた場所で発見されたことから始まる。紀元前最後の数世紀、目のつんだ絹織物（絹帛）が書写材として使われていたが、その後、

7⊙中国の中部地方の製紙所で竹を蒸煮にしている様子。製紙工程においては蒸解といわれ、木桶に竹を入れて、かまどの火によって下から熱を加えている。この「蒸し風呂」効果（写真の撮影者であるローマカトリック教会の宣教師レオーネ・ナニ神父が日記のなかでそのように書いていた）によって、竹の組織がふやけて繊維が取り出しやすくなる。このほかにも当時の中国（一九〇四～一九一四年）の地方の暮らしを伝える貴重な写真がナニ神父によって残されている。ナニ神父が中国に赴任していた期間は、長らく続いた皇帝支配がついに終わりを告げる時代と重なっていたが、その支配こそ二〇〇〇年あまり前に紙が誕生したときからさほど遠くない時代に始まったのである。

同じ絹からできた別の書写材が使われるようになる。それは、くず繭を原料としたものだった。新たに誕生したくず繭の書写材はxiti（シーティー）と呼ばれた。xitiは動物性の繊維からできており、見た目は紙に似ているが紙とは呼べない。植物や野菜の繊維は使われず、叩解――繊維を水でふやかして粉砕する工程――もないからだ。本来、植物に由来するものを「紙」と呼ぶが、実のところ「紙」という漢字の成り立ちは、絹に由来している。左側の部首――偏は、絹を意味している。旁の「氏」には「平ら、滑らか」という意味もある。発音はzhi（ジィ）で、イントネーションは下がってから上がる。

紙

絹との区別が曖昧なために紙の起源は漠然としているが、zhiという言葉は「紙」のみを意味するものとして使われていたようだ。[16] xitiもzhiも王朝の歴史書に登場している。たとえば、紀元前一二世紀には、成帝の皇后で歌舞に秀でていた趙飛燕（踊り子の出でツバメのように身のこなしが軽やかであったことからそう呼ばれた）が、成帝の皇子を産んだ女官に宛ててxitiに一筆したためて送ったという記録が残っている（書面は女官に自害を求めるものだった。ちなみに皇子は殺害されている）。あるいは、さらにさかのぼって紀元前九三年、侍衛（監察官）の江充が、武帝を見舞う皇太子に「皇帝は大きな鼻を嫌っている」ため、zhiで鼻を覆うように忠告したという記述もある。紀元後一〇〇年頃には許慎という学者が、自身の編纂した辞書『説文解字』のなかで、zhiは「（くず絹の）繊維をからませて薄膜状にしたもの」だと記した。この記述を見る限り、zhi は絹というよりは、やはり紙と呼ぶべきだろう。その頃になると、この文房四宝は、公式の辞書にも登場するほどになっていたのだ。

一九七五年、中国中部にある睡虎地で墓石群が発見され、発掘調査が行なわれた。墓のひとつは紀元前二一七年のもので、副葬品には竹簡も含まれていた。出土した竹簡は埋葬された人物の日記で、そこには、史上初めて「紙」という言葉が記されていた。

> もし男子の頭髪が理由もなく毛虫、あるいは口髭や眉毛のように逆立ったら、悪霊に取り憑かれている。そのようなときは麻の靴を紙と一緒に煮れば、悪霊を祓うことができるだろう。[17]

これと同世紀、中国の南部においては、馬をかたどった塑像が副葬品として墓に納められた。その馬俑の背には紙片が載せられていた。独立した機関による年代の調査は行なわれなかったが、出土当時、この紙は世界最古だと考えられた。しかしその後、中国の北西部を中心に、さらに古い紀元前二世紀から紀元前一世紀のものとされる紙片が出土する。乾燥した気候が、いわば古代のごみの博物館をつくったのだ。ごみのなかには包装紙として使われていた紙もあった。しわの寄った表面には、包んでいた薬の名前が記されていた。

紙が初めて小さな断片となって姿を見せた場所が、黄河や長江流域の豊かな都市部ではなく、北西部の貧しい辺境の地だったことは決して偶然ではない。東部や中部で暮らしていた富裕層は、主に竹簡と絹帛を愛用していた。ふたつの書写材がもつ風雅な趣は、貴族や上級官吏、教養ある詩人や皇帝が筆を走らせるにふさわしかったからだ。ゆえに、東部と中部で、紙は、まだ学者にも身分の高い人々にも馴染んでいなかった。さらに、中国の広範囲に豊富に自生していた竹が、極東部や北西部などの地域では育たなかったことも関係している。また、紙を保存するのに最も適していたのは、湿度の高い南部ではなく空気の乾燥した北西部の気候だったこともあるだろう。

紙の発明は、偶然の産物だったのかもしれない。たとえば三世紀頃、年老いた洗濯女が粗悪な絹糸を川の水でもみ洗いする作業から生まれたという言い伝えがある。女たちは絹を、おそらく二、三〇日かけて洗うこともあっただろう。廃材のくず糸を川の水で洗うことは、紀元前四世紀から紀元前三世紀にかけてはごく普通に行われていたようだ。水洗いが済んでから平らな場所で乾かし、そのまま長時間放っておいたとすれば、文字を書きつけるのにおあつらえ向きのものができ上がったことだろう。中国の学者や身分の高い者の多くが、すでに絹帛に書画を書いていたのだから、それに文字を書いてみようと思っても不思議ではない。

とはいえ何かしらの証拠がなければ、どれもただの推測でしかない。商人が何か売れそうな目新しい商品を考え、装飾品や衣服、家具、障子や襖、凧、清掃用の道具、模型や玩具などをつくる材料として紙を開発したということも考えられる。さもなくば、宮廷の技術者や文学者たちの手で考案されたのかもしれない。紙が当初から書写材として発明されたと信じる歴史学者は、現在ひとりもいない。しかし紙が初めて書写材として使われた瞬間は、それが発明された瞬間よりはるかに意味があるといえよう。

歴史学者は、私たちが紙の歴史を振り返るときに注目すべき人物を一人挙げてくれている。蔡倫(さいりん)である。蔡倫は、そこに何かを書きつけるという発想から紙を発明したのではなかったかもしれない。しかし紙のもつ可能性を最初に見抜いたのは、蔡と彼が仕えた皇太后であった。このふたりは紛れもなく、紙が産声を上げたとき、その場に居合わせたといえるだろう。

一世紀末、蔡倫は長江の南岸のはずれ、湖南省の耒陽(らいよう)という町で育った。紀元前四世紀頃から、多くの漢民族が移住してきた土地である。彼らは続々と群をなしてその地に流れ着き、広大な森を開墾して稲作を始めた。

紀元後七五年、蔡は都、洛陽の宮廷に上がり、出世の階段をどんどん上っていった。初めは皇帝の勅旨を伝える小黄門という官職に登用された。小黄門の仕事には、皇后や皇太子の侍従の役目も含まれる。二年のうちに皇帝の政治顧問役となり、宮中の用度品を管理する部門の長官に任命され、やがて調度品や刀剣、そのほか宮中で使われるさまざまな器物の製造をつかさどる尚方令(しょうほうれい)に登用された。彼が効率的に紙をつくる方法を研究し始めたのが、ちょうどこの時期だった。

八九年、あるいは九〇年に、和帝が王室図書館の視察を行なった。前帝の治世が終わる頃に宦官として後宮に入った蔡倫は、ここで和帝と出会う。[18] 蔡が宦官に登用されて間もない頃、ある研究熱心な人物が宮中に召されていた。のちに紹介するこの人物は、「諸生」とあだ名されるほど書物に対して並々ならぬ情熱を持ち、属国に紙を献上させるよう皇帝に建言するほどだった。そのため蔡倫が皇帝と書写の技術について言葉を交わした可能性も充分に考えられる。視察を行なった和帝は、図書館が雑然としている光景を目の当たりにした。書棚が無造作に積み上げられ、そこに書物が乱雑に押し込まれている。和帝は、書物の内容を調べて整理するよう蔡に命じた。しかし、竹や絹帛以外に、書物の記録を取るにふさわしい素材はまだなかった。

　蔡倫が育った耒陽は温暖な街で、乾燥した北部とは違い、湿度が高かった。この点が何より紙づくりに適していた。とりわけ東アジアに自生する多年性のイラクサの一種、苧麻（からむし）は、湖南省の北部ではありふれた雑草だ（今日でも織物工場の製造工程で出るくずごみが、製紙の原料として使われている）。苧麻は蔡倫が生まれる前から織物の原料として使われていた。植物の繊維をフエルト状にする工程を見て、彼は紙づくりのヒントを得たのかもしれない（繊維をフエルト状にするには、砕いてどろどろの状態にしてから圧縮する）。蔡の時代、山岳部の人々は衣服や天幕、包装紙をつくるためにクワの樹皮でできた紙を使っていた。樹皮は水を加えてから叩いて伸ばせばもとの一〇倍の大きさになり、表面は紙とそっくりになる。その端切れを膠で継ぎ合わせるのである。だが、ひとりの職人が一日につくれる量は二、三枚が限度で、非常に骨の折れる仕事でもあった。

　蔡は、さまざまな材料を使い、繊維を叩いてフエルト状にする作業を繰り返した。クワの樹皮や大麻、ぼろ布を、亜麻や織物、漁網と混ぜて、植物繊維の紙をつくろうと試みたのである。最初は故郷の南部に成育していたクワの樹皮や靭皮、葉から始め、そのうち、のちに紙づくりの原料として使われるようになるあらゆる繊維を使い始めた。クワ、竹、苧麻、大麻、麦わら、キャベツの茎、アザミ、セイヨウオトギリ、芝、ゼニアオイ、菩提樹の樹皮、トウモロコシのさや、エニシダ、松かさ、じゃがいも、アシ、トチの葉、クルミの樹皮、黄麻などは、そのほんの一例だ。
蔡は、おそらく樹皮や大麻、ぼろ布、亜麻を水に浸し、それを叩いてどろどろのパルプ状にし、水気を絞ってから日に当てて乾かしたと考えられる。竹枠に織物の端切れをぴんと張れば漉き網になり、それで紙料液を漉いて乾かすこともできたはずだ。これは、すぐに叩解［79ページ参照］のごく一般的な製法になった。当時の紙づくりの特徴的な要素は、次のふたつだ。「原材料が植物か野菜の繊維であること」、そして「それを叩解すること」。

そのほかの手順は、おそらく数世紀前、少なくとも五世紀頃に中央アメリカで行なわれていた「紙づくり」に似ていなくもない。中央アメリカでも、原材料は同じように前もって水に浸されていたが、それは叩いて引き伸ばすためで、パルプ状にするためではなかった。この後者なしでは、叩解とは呼べないのだ。のちのポリネシアのものと同じく、メソアメリカ［現在のメキシコ中部からホンジュラス、ニカラグアにいたる、マヤ族などの文明が栄えた地域］の民族がつくった紙（アマテ）は表面がざらついていたため、文字を素早く詳細に長く書きつけるには不便だった。スペイン人の征服者（コンキスタドール）が新世界に到着したのちに、スペイン王の側近で宮廷医師のフランシスコ・エルナンデス・デ・トレド（一五一四～一五八七年）は、アマテが「なめらかな」ヨーロッパの紙には劣ると（正確に）書いた。

その一方で、蔡倫が考案した紙は文字が書きやすいだけでなく、できあがるのも早かった。樹皮を叩いて一日に二、三枚を献上するのがやっとだった職人が、蔡の製法でなら二〇〇〇枚も献上できたのである。このように、蔡は技術者として紙を実用的な書写材に仕立てあげた。しかし、それは一般大衆のためではなく、紙と文字を結びつけるという先見の明をもっていた鄧（とう）皇太后のためであった。

鄧綏（とうすい）は、後漢の丞相（「宰相」と訳されることもある。王朝の最高位の官職で、国家の財政をも管理していた）の孫娘だった。彼女は八一年に牧畜の盛んな北部の田舎町、南陽で生まれた。『後漢書』和熹鄧皇后紀によれば、六歳で孔子の『書経』を理解し、一二歳で『詩経』と『論語』を読破したという。婦女子のたしなむべきことを何もしないと母親がこぼしたため、昼には家事をこなし、夜になってから勉学に励み、「諸生」と呼ばれるようになった。父親は鄧がほかの兄弟よりもはるかに有能であることに気づき、しばしば自身の仕事の話をした。また、彼女は、人相見から殷王朝の伝説的な創始者、湯王（とうおう）と同じ相をしているという託宣も受けていた。

容姿に恵まれた鄧は、九五年に後宮に上がる。鄧の心酔者ともいうべき漢の歴史学者は、彼女の身長が七尺二寸［約一六二センチメートル］で、礼儀正しく慎みがあり、宴のときにも派手に着飾るようなことはしなかったと書き残している。和帝は、そんな鄧に心を惹かれた。そして一〇二年に皇后が亡くなると、帝国一の女性の鑑として新しい皇后に選んだ。

一〇六年、財政危機のまっただなかに和帝が崩御すると、鄧は摂政となって王政を引き継いだ。目覚ましい采配ぶりを発揮しながら、彼女は以後一五年にわたり帝国を統治する（中国王朝において女性が最高位の統治者となることは珍しかった）。鄧は飢えに苦しむ民衆のために宮廷の穀物倉を二度、開放した。また水路を補修し、宮中の祭祀や宴会の数も減らした。日に一度しか食事をせず、宮中の馬の飼料を節約し、小作料（豪族が小作人に農地を貸して受け取る使用料）を減免し、新たに調度品等を製造する費用も切り詰め、また財政を補うために官職や官位を売った。洪水や干ばつ、雹による作物の被害は言うにおよばず、西部や南部でたびたび起こった農民の反乱にも対処した。国を治める者としての政治戦略は並外れたものだったが、鄧の遺した偉業は何より芸術の分野にある。彼女は書物や学問を愛し、それまでの型にはまった凡庸な教育制度も改めた。また、「誠実で高潔な者」や、「質素で勤勉な者」、「寛容で人望ある者」など、高く評価されるべき資質を備えた学者のために新たな位を設けた。摂政太后という地位に昇りつめても、鄧は古典や歴史、数学、天文学への興味を失うことはなかった。自身の親族と皇帝の子女七〇人を集めて古典を学ばせ、じきじきに試験も行なっている。鄧がその治世において力を入れた一大事業は、五経の校定作業（校書）だった。そして、王室の図書館「東館閣」において、その業務をつかさどる責任者に蔡倫を登用したのである。

一一四年、鄧太后は蔡倫のそれまでの職務を免じ、領土を封じて官位を授けた。太后の「太僕（たいぼく）」（あるいは後宮の雑事を担当する上級官吏）を命じ、おそらく身の回りの世話もさせていたと思われる。一一世紀の学者が約一四〇〇年にわたる中国の歴史を三〇〇万字で綴った膨大な巻数の歴史書『資治通鑑（しじつがん）』によれば、鄧は属国（現代の中国西南部、ベトナム、韓国など）からの貢物をすべて辞退したという。代わりに年ごとの献上品として、紙と墨を要求した。これと同じ記録が『後漢書』にも残っている（三世紀の東南アジアの資料にも、鄧が紙を貢物として要求したことを裏付ける記録がある）[19]。

鄧太后は蔡倫に紙をつくる実験を命じ、進捗状況を注視し、資金を援助した。晴れて紙が完成すると、「紙祖、蔡倫」の功績を讃えて蔡倫の位を上げた。こうして紙は初めて、高い位の人々のもとへと届けられることになった。それまで紙は、上級官吏が使うにふさわしくないものと見なされていたからだ（事実、鄧太后が崩御してから数十年後に書かれた書簡には、それまで紙に文字を書かなかったことを悔いる文言が綴られている)。

蔡の紙は、注意深い分析と度重なる実験の賜物だ。それ以前には、これほど筆と墨に適応した書写材は存在しなかった。そして蔡倫と鄧太后が着手した事業は、九世紀、王室図書館が長安に製紙所を設立するという形で結実する。その製紙所は、四人の製紙業者による特権的な組織（これをヨーロッパの同業者組合(ギルド)になぞらえる歴史家もいる）の管理下に置かれた。

一二一年、鄧太后が崩御した年に、蔡倫の紙が公に認められ、同時に広く普及した。ただし官僚たちは、その後も数十年にわたって竹簡を併用し続けた。鄧太后の死後、鄧氏一族は政敵から反逆罪の告発を受けて粛清され、蔡倫は政治的な策略に加担した罪によって廷尉(ていい)［司法、処罰をつかさどる長官］のもとに出頭を命じられた。彼は身を清めたのち官衣で正装し、毒をあおったという。

蔡倫は、新しい種類の紙――中国のあらゆる場所に自生し、成長も早い植物によってつくれるもの――をこの世に残した。蔡の職人的な技能と鄧太后の先見の明のおかげで生まれた新しい紙は、その後三世紀に入るまでに少しずつ質を向上させ、価格を下げ、ようやく世の中に広く浸透していく。

それでも紙には、まだ竹簡というライバルがいた。竹簡の地位は依然として確かで、経典や歴史書、詩歌など、何より尊ばれた文学と容易に切り離すことはできなかったのだ。その背景には、紙が高尚なものを記すにふさわしくないという考え方もあったが、単純に竹簡の形状（文字を縦に綴るために短冊型に裁断される）が文字を書くのにぴったりだという認識のせいでもあった。同様に絹帛もその高級感から上層階級との結びつきが深く、紙や竹簡より品格のある書写材と見なされていた。蔡倫の紙が世に出てから二〇年後、崔瑗(さいえん)という文人が友人の葛元甫に宛てた手紙の中で（周代に整えられた郵便制度で配達された）次のように書いている。「『許子』一〇巻を送りました。貧しくて絹を買えないので紙巻です」

一九〇年、後漢の都が再び長安に遷都されてから滅びるまでの三〇年間は、先の読めない混迷の時代だった。だが政治的にも社会的にも崩壊が進んでいったことで、いよいよ紙の出番が訪れる。上層階級の知識人たちが儒教や王朝の基本構造について議論を戦わせるようになり、再び紙が着目されたのだ。無秩序な社会にあって、竹簡と絹帛に文字を書くという慣習を維持することは難しかった。この古き慣習は、伝統的な文章スタイル（簡潔であるがために時として意味が曖昧になる）や、古い政治システムと深く結びついていたのである。また、何世紀にもわたり文字を書きつけられてきた竹簡は、寸法が限られるため、そこに書ける文字の分量も限られていた。また社会的な動乱の時代、竹簡の蔵書は、資産には不向きだった。竹簡の運搬は非常に困難な作業なのだ。

一方、紙は竹簡よりもつくるのが簡単で、長い文章にも対応できた。このおかげで、それまでの限界がうち破られ、書くという営みがより自由になった。紙は、しかるべき面積を有した空白の一葉だった。そのため書き手は物理的な制約に縛られず文字をしたため、感情や思考を存分に表現することができた。何度でも草稿を修正できるという点も画期的だった。また折れば、一枚の紙に長い文章を区切りながら書くこともできた。この方法なら、最後まで論点や視点を逸らさずに書くことができる。もちろん以前もできなかったわけではないが、紙はたちまち眼の前に何もかもを提供してくれたのである。もはや書き手は、あらかじめ頭のなかで文章を練り上げる必要はなくなった。そして新たな余白を手に入れたことで、みずからの感性を豊かに表現し、新しい文学の形式を探求することも可能になった。紙のおかげで書き手は、文章を思いのままに操れるようになったのだ。

さらに紙は、距離を隔てた友人との対話をも可能にした。竹簡と紙が共存していた数十年のあいだ、文官たちは変わらず政務において竹簡を報告書として使い続けていたが、その一方で書簡をしたためて送るということもしていた。彼らは初めのうちは木簡か竹簡を使っていたが、二世紀の初頭あたりから紙を使うようになった（おそらく手紙は高尚な文化ではなかったためにスムースな移行が可能だったのだろう。ちなみに聖書の正典には二一の書簡が収められているが、儒教の正典にはひとつもない）。二世紀頃に知識人たちが書いた手紙のなかには、友人との距離が何里離れていても簡単に（そして費用をかけずに）交流できることへの驚嘆の言葉が綴られているものも少なくない。二世紀を生きた馬融（ばゆう）と竇章（とうしょう）も遠く離れて暮らす友人同士であったが、その距離を縮めていたのが紙だった。『後漢書』には、次のようなやり取りが記されている。

馬融は竇章に宛てた手紙のなかで、竇の手紙を読んだとき、あたかも彼が眼の前にいるような気がして非常に喜ばしく思ったとしたためている。

馬融や竇章のような文人たちは、紙を通じてほかの芸術家や学者たちと交流を深めた。新しい作品を読んだり、書いて互いに見せ合ったりすることも以前よりたやすくなった。紙のおかげで書き手はより個性的な作品を、より多くの文字を使って書けるようになり、それに対する人々の意見も、たとえ何百里の距離を隔てていようとも知ることが可能になった。晋王朝の歴史書『晋書』が伝えるところによると、偉大なる詩人、陸機（りくき）（二六五～三一六年）は、故郷の家族からしばらく便りがないことに寂しさを覚えていた。彼は黄耳（こうじ）という名前の飼犬を相手にして思いを語り、手紙を届けてくれないかと聞いた。すると犬は尻尾を振って吠え、それに答えた。手紙を竹筒に入れて犬の首に結びつけてやると、犬は家族の住む家に向かった。やがて犬が戻ってくると竹筒には家族からの返事の手紙が入っていた。以来、「常に」この方法で手紙のやり取りが行なわれるようになったと『晋書』には記されている。[20]

紙の書簡が一般的になると、そのうち散文詩も紙に書かれるようになった。どちらも、二二〇年に漢王朝が滅亡してから花開いた文化だ。いずれ経典までもが紙に記されるのだが、その前にいくらか高尚さに欠ける表現形式にも文学として光が当てられるようになったというわけだ。また伝統的な形式にとらわれない、より多彩な表現や遊び心のある詩歌も紙に記された。

二世紀のあいだに、紙による書物の人気はどんどん上がった。紙の生産量が増したためにコストは下がり、三世紀半ばになると社会的な地位を獲得した紙が、そろそろ竹簡の地位を脅かすようになってきた（とはいえ、もとより紙は竹簡に比べて驚くほど安価だったのだが）。二世紀の頃、すでに学者や官僚が紙を使っていたことは確かだが、それは主に個人的な用途のためだった。個人的な用途で使う書写材は自費で賄わなくてはならないという事情にもよるだろう。三世紀初頭に官僚が文房具として紙を使っていたことを示す文書も現存している。蔡倫と鄧太后がこの世を去ってから一〇〇年ほどで、中国は紙の時代に突入したのだ。

四世紀、王羲之が成人したときにはすでに、中国は紙の文明国となっていた。王はその文明のなかで、独自の技法を習得した。そして三五三年、かの書法家は五〇歳を迎えていた。彼は、四一人の友人を紹興の蘭亭（らんてい）に招いた。毎年恒例の行事であった曲水（きょくすい）の宴（えん）（病や不運などの穢れを清めるために催される禊の儀式）を催すためだ。その席には詩人やほかの書法家も招かれていた。客人たちは自身の穢れを清めるべく、庭園を流れる小川の岸に腰を下ろした。使用人が杯に酒をついで上流に浮かべると、杯が客人たちのほうに流れていく。杯が眼の前を通り過ぎるまで詩歌を作り、詩歌ができなければ杯の酒も飲み干さねばならなかった。宴が終わる頃には、王と友人たちがつくった三七篇の詩歌ができあがっていた。

王が詩をつくったときには、すでに酔いがまわっていたという。彼はウサギの被毛と髭でつくられた筆を手に取り、絹帛の表面に流れるような、そしてきびきびとした律動的な筆の運びによる「行書体」で、次々に漢字を綴った。『蘭亭序』と呼ばれる書である。彼の最高傑作であり、中国では歴史上で最も優れた作品とされているものだ。この作品は、何世紀にもわたり研究の対象となっている。七世紀半ばから、王羲之の書の研究は複写に頼っているが、それは原本がひとつとして残っていないためだ。王は『蘭亭序』を書いたのち、同じものを一〇〇回以上も清書しようとしたが、最初にしたためた優雅で躍動的な文字は二度と書けなかった。原本は何世紀ものあいだ、大切に守られていたが、七世紀にある皇帝が策を講じて我がものにし、六四九年の崩御の際に副葬品として埋められてしまった。

こうして文字と紙が出会って実を結び、知識を伝播するための準備は整った。四世紀になると、すでに巻子本は珍しいものどころか、手に入りやすく、ありふれたものにさえなっていた。そういった変化により、もはや知識は上級官僚のみが独占するものではなくなった。彼らから解放されて、紙は一般大衆のあいだに爆発的に広まっていった。言語学者のハーリー・クリールによれば、紀元前二〇〇〇年紀後半に漢字の大半が生まれてから一八世紀半ばまでのあいだに中国では書物が大量に出版され、その数は、全世界のほかの言語の書物を合わせても追いつかないほどだという。[21] その根底には帝国の広大さと書物を愛でる気質もあるだろうが、紙がどこよりも早くこの地で生まれたことも大きな要因といえるだろう。

王羲之は、自筆の書をしたためた多くの巻子本とともに埋葬された。王の筆による漢字は、その形と筆致の個性によって文字の意味を伝えるものであり、きわめて重要な遺産といえよう。王は、中国の書法が漢字のもつ意味とニュアンスを融合させるものであり、書法家が単なる筆写者以上の存在であることを世に知らしめた。そして紙が文字を頻繁に書くこと、何度も試すことをも可能にした。その筆に情熱と創造力と哀愁を込めて文字を綴った王もまた、新たな紙の時代をつくり上げた者のひとりなのである。

第五章　中央アジアの発掘から

くるくる巻いた原稿はきらいだ。
それらのあるものは重くて時間で油じみている。首天使のラッパのように。
オシップ・マンデリシュターム『エジプトのスタンプ』
〔『現代ロシア幻想小説』より、工藤正広訳、白水社、一九七一年[22]〕

一九〇七年、中国北西部の辺境の地で、ある道教の僧（道士）とハンガリー人の考古学者が、長らく封じられていた蓋を開けると、そこには何世紀も前の中国で繰り広げられた紙の時代がひっそりと息づいていた。

その七年前、王円籙（おうえんろく）という道士が偶然にも、封鎖された石窟に通じる入口を発見した。中に入ってみると、そこにはおびただしい数の古文書や書画が蓄えられていた。王はそのなかの紙片を数枚ほど地方官の嚴澤のもとに届けたが、嚴にはその価値がまったくわからなかった。三年後に新任の地方官がそこを訪れ、写本をいくつか持ち去った。だが、その地方官は王に石窟を見張るよう命じただけで、それ以上のことはしなかった。王は、その場所を保存するための経費を求めたが、それ以上の進展はなかった。

そして一九〇七年、考古学者のオーレル・スタインが通訳をともなって敦煌(とんこう)に到着し、王円籙に石窟の案内を依頼した。スタインは大学教授で、ほぼ二〇年にわたり南アジアや中央アジアの考古学と文献を研究していた。王がスタインと通訳に石窟の内部を見せたとき、スタインはあまりの驚きに我を忘れそうになった。

> 道士の掲げもつ小さなカンテラのおぼろげな光に照らしだされた光景は、思わず目を見張らせるものがあった。雑然とではあるが、幾重にも積み重ねられて、ぎっしりと固まった書巻の山は、床面から三メートルの高さに達し、あとで測ったところによれば、堆積は一四立方メートル近くあった。[23]
>
> オーレル・スタイン『中央アジア踏査記』［沢崎順之助訳、白水社、二〇〇四年］

スタインの目前には、四万二〇〇〇巻以上もの巻子本や巻紙が、岩壁に寄せて高々と積まれていた。その、ほぼすべてが紙だった。三万巻を超える仏典やアポクリファ、そして哲学者の著作物が数点、さらに道教や儒教の経典もあった（通常、アポクリファは正典以外の聖典を指すが、仏典の場合は真偽が不明のものもある。インドの原典からの翻訳ではない中国人の抄訳による漢語の経典は偽経とされ、アポクリファに分類される）。また、短編の文学作品や事業の契約書、詩歌、暦、公文書などもあった。スタインは時空を一気に飛び越えて、仏教と中国の初期千年紀の大いなる知識の時代に導かれたのだ。その石窟は、理由は判明していないものの、一〇五六年以来、封じられていた。スタインは紙が大量に移動したことを示す、山のような証拠を目の当たりにしたのである。

一八六二年、マルク・オーレル・スタインはハンガリー系ユダヤ人の家庭に生まれ、ルター派の教会で洗礼を受けた。その名は、公平な宗教観をもっていたことで知られる古代ローマ皇帝マルクス・アウレリウスにちなんでつけられた。[24] 彼の家族はペスト（一八七三年にブダと正式に合併した）のドナウ川河畔、地元のユダヤ人たちの手で富裕な中産階級の街へと発展を遂げた地域に居をかまえていた。父親のネイサンは一八四八年から一八四九年の独立戦争の際に出征したが、オーレルの将来に父親以上に大きな影響を与えたのは、叔父のイグナツであった。

イグナツ・ヒルシラーは古典主義者で、ハンガリーのユダヤ人コミュニティの会長を務め、ブダペスト一の眼科医でもあった。マジャール人の名は与えられなかったものの、啓蒙運動にたずさわった理想家らしい楽天主義にもとづき、「ハンガリー系ユダヤ人はハンガリーの文化に同化すべきだ」と強く主張した。ドナウ川の対岸にはブダの城壁と保守主義がそびえ立っていたが、ビジネスとナショナリズムとハンガリー科学アカデミーはペストにあった。イグナツの世界同胞主義（コスモポリタニズム）と学者気質、理想主義は、若き甥を大いに感化した。

オーレル・スタインはラテン語とギリシア語、また何より愛したマジャール語に通じていたが、十歳になると、家族は彼にドイツ語を学ばせようとドレスデンに留学させた。孤独な少年はその地で成長し、紀元前四世紀にギリシア文化をアジアにもたらしたアレクサンドロス大王に関する文献を熱心に読みあさった。一八七七年、彼は合併して一つの街となったブダペストに帰郷して東洋の言語を学んだのち、ヨーロッパ各地で奨学金を獲得した。そしてチュービンゲンやウィーン、ケンブリッジ、オックスフォード、ロンドンの大学で研究に励んだ。大英博物館でペルシアや中央アジアの貨幣について学んだ彼は、古代の歴史において、インドや中国、イランと西洋がどのようにして出会い、融合したのかを学ぼうと決意した。

ラホールやカシミール、コルカタで（一八八八年から一八九九年にかけて）文献学者や考古学者として一〇年を過ごしたのち、持ち前の好奇心に導かれ、中央アジアへと向かった。そのときに彼はようやく、一八八五年からブダで兵役についたことに感謝する。ハンガリーの軍隊生活のなかで地形図の製作を学んだ経験が、発掘ルートの地図をつくるのに大いに役立ったのである。その後スタインは、中央アジアで歴史的な大発見をなし遂げることになるが、その発見は紙が宗教の開花に大きな役割を果たしたことを示すものだった。

中央アジアの発掘を画策していたのはスタインだけではなかった。ドイツの考古学者、アルベルト・フォン・ル・コックが探検に向かうという知らせを聞いたとき、スタインもまた、その夢の宝庫の探検に強く惹かれ、いても立ってもいられなくなった。一九〇三年、フォン・ル・コックは中国西部のオアシスの町、敦煌を訪れる計画を立てていた。彼はドイツの富裕な家庭の出で、ベルリンの民族学博物館の委任によって発掘調査を行なう探検隊の研究員を務めていた。敦煌の町のどこかに古代の写本が眠っているという噂を耳にして、彼はしごく興味をそそられた。だが、それを発掘する望みは叶

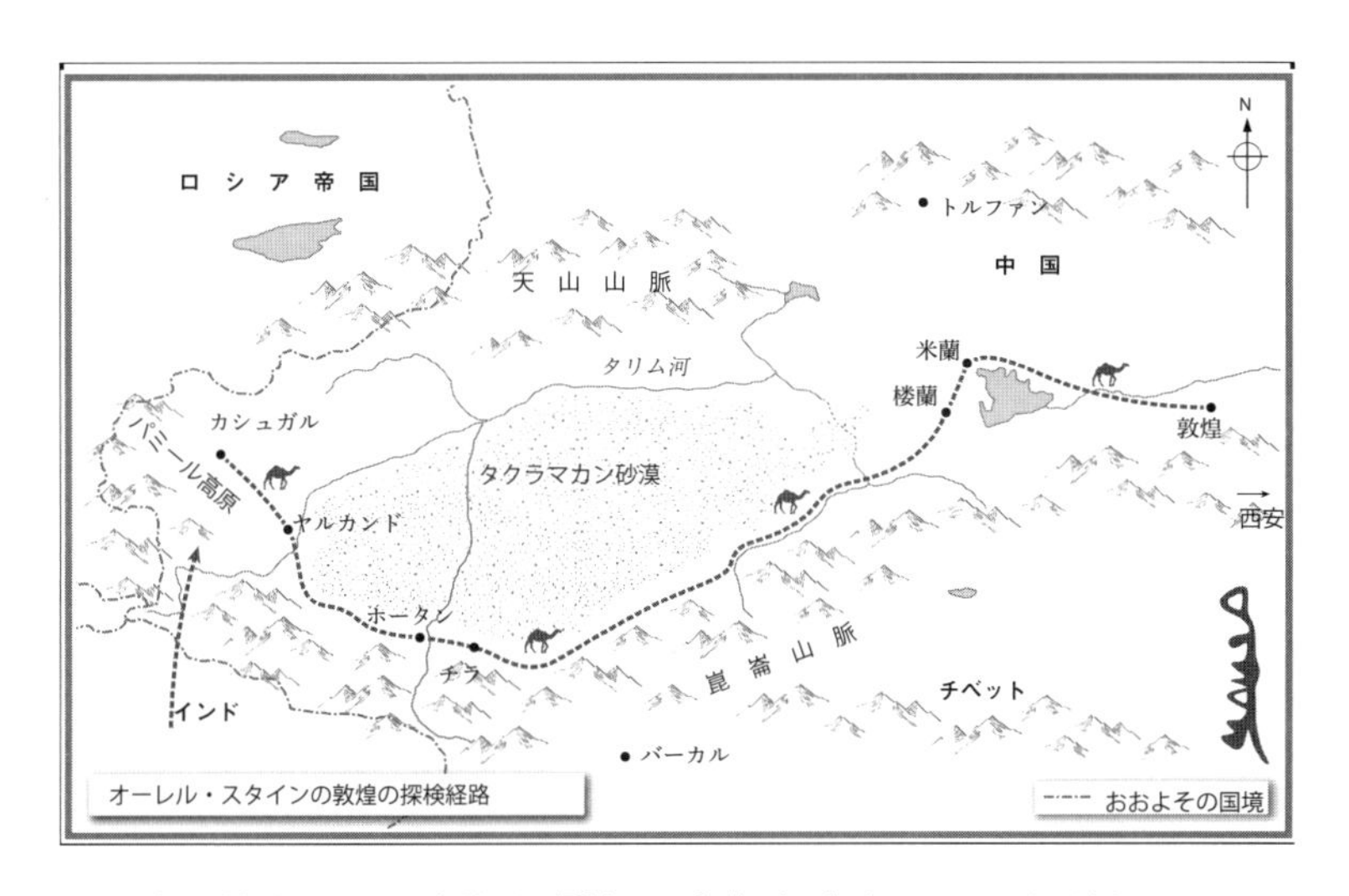

8⦿現在、新疆ウイグル自治区（「新しい省」）と呼ばれている中国領トルキスタンは、物品や思想、経典の交易が盛んに行なわれていた歴史的にも重要な中枢地点であり、そこではヨーロッパとアジアの主だった宗教で馴染みのないものはほとんどない。砂漠と山岳地ばかりが続くこの一帯は、しばしば強大な権力者たちによる勢力争いの場となってきた。19世紀のあいだ、西からやって来た間諜や考古学者（ときとして同じ人物たち）は、この地に近づくため、あるいは情報を得るため、接触するため、また支配するために競い合った。そして今日では、ふたつの強大な力がしのぎを削っている。中国とイスラム勢力だ。

わず、結局は敦煌より一六〇〇キロメートルほど西のふたつの山脈に挟まれたカシュガルに送られてしまう。一方、スタインはフォン・ル・コックの計画変更を知ると、みずから敦煌に向かおうと決めた。彼を突き動かしていたのは、その地に眠る財宝を誰よりも先に発見したいという思いにほかならなかった。とはいえスタインは、その噂の詳しい内容までは知らなかった。

一九〇六年四月、スタインはカシュガルで通訳者と測量士を雇い、八頭のラクダと一二頭のポニー、バダクシという名の馬一頭を引き連れてヤルカンドに到着した。彼はインド政府による「公用」というスタンプが押されたパスポートを所持していた。その地域を旅するのは初めてではなかったものの、それまでにないほど過酷な旅がスタインの目前に横たわっていた（一九〇八年にホータン川の源流の地域を目指しているとき、標高六〇〇〇メートルの地点で悪天候に見舞われ、スタインは足に重い凍傷を負った。やむなく下山した彼はインド北端部のレーという町の最短距離の病院に飛び込み、右足の指をすべて切断していたのである）。

同年の一〇月までに五頭の動物が死んだ。スタインは、ポール・ペリオというフランス人の考古学者が新たにカシュガルに入り、敦煌に向かっているという知らせを耳にしていた。レースは始まっていたのだ。だが、その地にどのような賞品が眠っているのかを知るものは、誰ひとりいなかった。オーレルの一行は砂漠に入ったが、フランス人にもドイツ人にも出くわすことはなかった。その後、古代都市の遺跡、楼蘭（ローラン）に立ち寄り、友人に手紙を書いた。オックスフォード大学の学寮コーパス・クリスティ・カレッジの寮長、パーシー・スタッフォード・アレンだ。ふたりは三〇年にわたる文通仲間だった。文面は砂漠を横断する旅が始まったことを知らせるものだった。スタインはアレンに、カシュガルから東へ四〇〇キロメートル以上進んでホータンの町を通過したことを伝えた。「ホータンからスタートした一〇〇〇マイル（一六〇〇キロメートル強）のレース（正確には途中で立ち寄った遺跡で発掘に費やした一か月を含む三か月の旅）は、勝利に終わった――いまのところは」と彼は書いている。

紀元前二世紀の中国の都市国家、楼蘭の廃墟で発掘調査を行なったスタインは、文字が記された一枚の白い絹の端切れを発見した。その文字はカローシュティ文字で、紀元前三世紀から紀元後三世紀まで南アジアの北端部で使われていたものだった。文字が記されたものとしては、現存するほかのものよりも年代が古かったため、それは、紙が使われる以前に絹が書写材として使われていたことを示す初めての証拠といえた。また、一枚の紙片も出土した。そこには見慣れない文字が記されていた。いくらかアラム語に似てはいたが、すぐには特定はできなかった。

敦煌までの旅路において、さらに貴重な発見があった。楼蘭からほぼ八〇〇キロメートル東のオアシス都市、米蘭（ミーラン）（三世紀の都市の遺跡）で、幅四四センチメートルほどの化粧漆喰の仏像の頭部を、また古代ギリシア風の天使ケルビムの壁画を見つけたのだ。紀元前最後の数百年と紀元後六〇〇年のあいだに栄えていたガンダーラ美術と呼ばれるヘレニズム様式の仏教美術が、何百キロメートルもの距離を隔てた極東の地域で見つかったのである。スタインはその壁画のなかにひとりの画家の名を認めたが、それは古代ローマの影響が想像を超えるほど広がっていた証であった。画家の名はTita、ローマ人ティトゥスだった。

スタインの一行は米蘭を離れて旅を続け、一七日間かけて砂漠を抜け、ようやく敦煌にたどり着いた。その旅のなかで唯一、人の気配を感じたのは、点々と散らばった人骨に出くわしたときのみだったと彼は記している。
ひとたび敦煌に足を踏み入れると、スタインは一路、千仏洞（莫高窟）とそこに描かれた仏教壁画を目指して町はずれの断崖に向かった。石窟の岩肌には緑や薄青、紫色を背景に黄土色の法衣に身を包んだガンダーラ美術様式の釈迦があぐらをかいて座す姿が描かれていた。壁画のなかには一五〇〇年前に描かれたものもあった。そして数年前にフォン・ル・コックが聞いたものと同じ噂話を、スタインはこの敦煌で耳にした。

寺院の番人である王円籙は、オアシスに托鉢に出かけていて留守だった。王の立ち会いなしでは寺院に立ち入ることはできず、スタインはやむなく砂漠に引き返し、途中で発見したおよそ二〇〇〇年前の望楼の遺跡に向かった。二度目の調査では紀元前一世紀の木簡が出土したが、そのいくつかは近くに駐屯していた傷病兵の名簿だった。また八通の折りたたまれた手紙も見つかったが、そこには楼蘭で出土した紙片と同じ文字が記されていた。のちにわかったことだが、その文字は失われた言語――中央アジアに位置していた、古代ペルシア帝国の広大な一州、ソグディアナの言葉だった。

スタインはオアシスに戻り、その王という、かつては兵士で除隊後に敦煌で道教の僧侶となった男と顔を合わせた。王は一八九〇年代に敦煌にたどり着いたという。その頃から彼は千仏洞を清掃し、壁画を修復し、新たな壁画を描くなどして暮らしていたのだ。またオアシスで托鉢をして、修復のための費用も賄っていた。

王との会話から、スタインは彼が玄奘を敬愛していることを知る。玄奘とは七世紀に三万キロメートルの道のりを旅して、インドから中国に仏典を持ち帰った僧侶である。玄奘の話題で王と活発に意見を交わしたある晩のこと、通訳がスタインのテントに数巻の巻子本をもって現れた。聞けば、王が内密に手放したのだという。そのいくつかは玄奘が中国に持ち帰ったものらしかった。

その謎を聞いたときの驚きも、王に案内されて石窟の秘宝を目の当たりにしたときの驚きに比べれば微々たるものだった。石窟にあった三八〇巻の巻子本の年代は四〇六年から九九五年までだったが、それまで発見されていたものよりもさらに古い三世紀から四世紀までの紙もあった。その大半には漢字が記されていたが、ソグディアナ語、サンスクリット語、東イラン語、ウイグル語、チベット語の文字が記されたものもあった。またコータン語のような知られざる言語もいくつか見られた。二〇以上もの言語が、洞穴の奥の山と積まれた紙の上に記されていたのである。書を丹念にしたためた絹帛や亜麻布、旗もあったが、それを超える数の紙や織物に描かれた絵画も見つかった。

その地域一帯に広まっていたありとあらゆる信仰が、スタインの手でほどかれた巻子本の上に繰り広げられていた。道教の経典、儒教の経典、マニ教の経典、仏教の経典、ネストリウス派キリスト教（景教）の経典、また旧約聖書まであった。物品の貸し出しの記録、除隊許可証、医療記録、勘定書、行政上の不備の記録。さらに国勢調査や書簡、民間説話もあった。

王は、中国を離れるまで石窟の巻子本のことは一切口外しないという条件で、写本の調査を許可した。通訳は七晩続けて闇に紛れ、王から内密に譲り受けた写本を数巻ずつテントに持ち込んだ。王はスタインを待たせて敦煌のオアシスに出かけ、自分たちの行動がどこにも漏れていないことを確かめた。そしてスタインが石窟と秘蔵品のことを口外していないことに安心するとスタインのもとに戻り、巻子本の写本をさらに二〇巻譲ることに同意した。スタインは、玄奘がインド亜大陸から経典を持ち帰る様子を描いた絵画を王に指し示し、これから一三世紀ぶりにインドにそれを返しにいくと告げた。

王がスタインに譲り渡したものは一万巻以上もの写本の巻子本を入れた木箱が七つ、絵画や刺繍の装飾品などが入った木箱が五つで、その代金として馬蹄銀三〇〇両――当時の米ドルで二〇〇ドル、または英ポンドで七五ポンド相当が支払われた。スタインの発見から数年のうちに、ほかの考古学者たちも彼に倣った[25]。一九一〇年には、フランスの歴史学者で考古学者でもあるポール・ペリオが、六〇〇〇巻の写本を五〇〇両（あるいは三四〇ドル）で買い取った。敦煌の巻子本は、現在ロンドンやデリー、パリ、サンクトペテルブルク、ブダペスト、東京、北京の博物館に収められている。結局のところ、スタインは中国では憎まれ役となり、略奪者や泥棒の汚名を着せられる。王が請求した代価が本来の価値よりも低いのは確かだが、スタインを泥棒と呼ぶなら、彼は中国の過去を保存することに一役買った泥棒といえるだろう。巻子本を発見した王にも、おおよその年代を推し量ることはできた。だが、その巻子本の重要性に最初に気づいたのはスタインだった。彼の発見により、何世紀にもわたる中国の歴史が紐解かれたのである。

スタインが持ち帰りたいと望む紙をすべて運ぶことは、物理的に不可能だった。それでも彼が敦煌で獲得した戦利品は、おびただしい数におよぶ。最初に買い取ったものは、一九〇九年にロンドンに到着した。一九二〇年には収集品の五分の三が、スタインが約束したとおりインドに移送され、現在はニューデリーの国立博物館に所蔵されている。スタインの探検資金は、かなりの割合がインド政府から、またいくらかは大英博物館から出ていた。彼が発掘したものの多くが分散しているのはそのためだ。

分散される前、スタインの収集品には二万点以上の漢文の文書が含まれていて、そのうちの一万四〇〇〇巻は敦煌から持ち帰ったものだった。また、およそ四〇〇〇枚の木簡（竹簡と同じ形状だが、中国北西部の乾燥した地域では竹は生育しにくいため木を用いたのだろう）、さらに敦煌以外の遺跡から出土した五〇〇〇片あまりの紙片、加えて元王朝の交鈔のコレクション（マルコ・ポーロが印刷の工程を見たと語ったものと同種の紙幣）も含まれていた。敦煌の出土品は、中国の文字文化がかなり広い地域に達していたことを立証している。敦煌は、西安（当時は長安と呼ばれていた）――首都や都市として栄えた政治的かつ文化的な営みの中心地――からは、ほぼ二〇〇〇キロメー

9 ⦿中国西部、敦煌郊外にある莫高窟の第一七窟に収められていた貯蔵品を調べるフランスの考古学者ポール・ペリオ（一九〇八年）。彼の脇に積まれた文書類は、前年にスタインがその多くを持ち去ったために、大幅に減っていた。漢字に通じていたペリオは、石窟のなかで一日に一〇〇〇点もの文書に目を通したという。彼は内容に価値があると認めたものを大量に選びだし、ソグディアナ語やウイグル語、サンスクリット語に加え、四一七四点のチベット語の文書と三九〇〇点の漢字の文書を手に入れた。一九〇九年にパリに戻ったときは、偽造品を本物だと偽って持ち帰ったと周囲から非難された。その嫌疑は、一九一二年に出版されたオーレル・スタイン著作『Ruins of Desert Cathay』によって、ようやく晴れることになる。（Copyright © Musée Guimet, Dist. RMN-Grand-Palais/Thierry Ollivier）

トルも離れているのだ。

だがスタインは、漢字以外の文字が記された紙も発見している。彼の膨大な文字のコレクションのなかで、中国の漢字に次いで多いのがチベット文字だった。スタインは七〇〇〇点以上ものチベット語の文書を発掘したが、そのなかには敦煌から出土した三〇〇〇巻におよぶ巻子本や雑多な抄本、また別の二か所の遺跡から出土した一〇〇〇片の紙片が含まれている。これは七世紀から九世紀にかけてチベット人の帝国、吐蕃（とばん）が栄えていたことを示すものだ。

さらに遠く北や西の地域で見つかった文字文化の残骸もある。たとえば中国北西部では、一〇世紀にその地に移住したタングート族の文字が記された五〇〇〇片の紙片、また中国北西部で暮らしていた別の民族のトカラ語の文字が記された一三〇〇片の紙片が見つかっている。さらに、中央アジアの中心部で発見された文字もある。コータン語で書かれた二〇〇〇点の紙の写本、それにソグド語で書かれた一五〇点の文書がそれだ。サンスクリット語やパーリ語が記されたものも七〇〇〇点ある。どちらもインド亜大陸の古代の言語で、当時のヒンドゥー教や仏教の経典に書かれていた文字だった。

要するにスタインは、ずっと追い求めていた文字文化の、いわば十字路を敦煌で発見したのだ。オアシスの洞窟に封じられた紙の貯蔵庫で、彼は互いに遠く隔たったペルシアや中国、インド亜大陸の国々の文字と宗教が重なり合い、互いに作用し合っていたという事実を探り当てたのである。また、さらに遠い地域からの影響がおよんでいたことも明らかになった。たとえばユダヤ教の聖書、タナハ［Torah（トーラー〈律法〉）、Nebiim（ネイビーム〈預言者〉）、Ketuvim（ケスービーム〈諸書〉）の三部からなり、この三つの頭文字を取ってタナハと呼ばれる］のなかのエステル記（ヘブライ語による）がその証拠だ。

とはいえ巻子本によって立証されたものは、異文化の交流だけではない。敦煌の文書は、紙が少なくとも最初の一〇〇〇年紀の三分の一が過ぎた頃から中国人の生活に広く浸透していたことをも示している。紙がキリスト教ヨーロッパ圏に達していなかった一〇〇〇年頃、中国ではすでに書画を書きつけるためのものはもちろんのこと、さまざまな色、品質の紙が出回っていた。また、新たな形の「書く」という営み（その多くは宗教的なもの）も出現し、それが、新たな読み手を獲得していた。紙は、宗教文化を発展させるための何より重要な媒介物となったのである。

仏典（通常は巻子本の形態だった）は紙を我がものとし、中国仏教の驚くほど強力なエネルギーをその上にとどめた。現在、六世紀の経典がロンドンの英国図書館に所蔵されている。最初は褐色を帯びた黄色い紙が使われているが、その後は質の悪い薄手の白い紙（どちらも巻子本一巻に書かれていた）に変わり、運筆も拙くなっている。おそらく費用の問題で、筆写者がより安価な材質のものを使わざるを得なくなったのだろう。書の質が落ちたのは、写本に時間（あるいは忍耐）をかけなくなったせいかもしれない。または、二番手の筆写者が清書した可能性もある。そういったことは古文書の謎である。

黄みを帯びた紙はかなり上質なもので、おそらく表面に磨きもかけられていたと思われる。特殊な黄色い染料はしばしば仏典の紙に塗布されていたが、それは黄という色が仏教思想のなかで常に大きなテーマとして位置づけられてきた煩悩と関連しているからだろう。とはいえ、その染料は防虫剤としての働きもあり、紙の保存状態を良好に保つものでもあった（中国北西部の砂漠地帯とは違い、湿度の高い南部では欠かせない処置だった)。

経典の紙を光に透かしてみると、ちょうど波線のような、間隔の広い鎖線(漉き簀で紙料を漉いて乾かすときにできる簀の跡)がはっきりと確認できる。横の線——細く間隔の狭い線が鎖線と直角に走っている(これも簀の跡だ)——こちらも目で確認できる。この紙の風合いは、きめが粗くざらついているが、厚みはなく繊細で、また驚くほど丈夫だ。

現代の一般的な紙の繊維は、微細な繊維が網状にからまるよう細かく粉砕される。一〇世紀の許慎の辞書にあるような、くず絹の繊維でつくられる紙とはまったく別物だ。そのため現代のごく一般的な紙は、空中で振ると高く軽い音がする。しかし古代中国の、二メートル近い長さの黄みがかった巻子本に使われているような紙は、長い繊維でつくられた厚みのある高級紙で、空中で振ると鈍く重い音がする。今日では、このような紙は証書などの高級紙として生産されている。

英国図書館に所蔵されている六世紀の経典の筆づかいは、とりたてて達筆というわけではなく、富裕層や貴族を対象としていなかったことは明らかだ。およそ一五〇〇語の文字で書かれたこの経典は、社会的に地位の低い人々でも買えるようにつくられている。これは常に竹簡を使った上層階級の知識人ではなく、下層階級のために紙がつくられていた証しでもある。しかしコレクションのなかでも、かなり古い五一三年の経典はおおむね質が高く、紙質はしなやかで、書体も気取ったもの(波磔のある書体)になっている。

敦煌で見つかった経典のなかで最も優れた能書は、文字が整然と均一に並んでいる。細い筆で縦に書き下ろすという点もひとつの理由ながら、卓越した能書家が慎重に筆を運んだからであろう。このような経典が中国と中央アジアを結ぶ交易ルートを通って入ってきたことにより、紙はそれまでにないほど急速に普及していった。それらの経典は、少なくとも最初は中国の上流社会において儒教と深く結びついた竹簡の文化を押しのけることはなかった。官僚制による社会のなかで、文字は依然として学者や宮廷の特権的な文化だったからだ。その一方で辺境の地においては、紙や仏教文化のような革新的なものが生まれる余地があった。辺境の地で紙と仏教とがともに発展して融合し、それが、皇帝の庇護のもと、あらゆる国に読書と書写の新しい時代をもたらしたのだ。

要塞の町、敦煌の石窟に眠っていた仏典の多くは、報告書や契約書、法令、発注書などの紙の裏面を利用したものだった。そういった仏典の数は、石窟で見つかった四万点の巻子本や文書の五分の四を超えている。だが、敦煌もシルクロードの途中の数多い交易の町のひとつに過ぎず、絹や美術品、食品、薬品、衣類などと同様に西方から運ばれてきた仏教を受け取った。当時、そういった物品は、ときにラクダの背に揺られながら、インド亜大陸や中国、ペルシア、中央アジアの国々の市場を巡っていた（仏教は一世紀に中央アジアから敦煌に伝来したと思われる）。敦煌の石窟の壁画のなかには、仏陀の神話を語って歩く異国の放浪者の姿が描かれたものがある。その男は巻子本をどっさりと縄のようなもので結びつけて背負っている。それを売り歩いてきたのかもしれない。石窟に経典が隠されていたことを思えば、その巻子本もおそらくは仏典であろう。

その男たちは仏教の伝道師で、紙がもたらした中国初の革命の触媒でもあった。中国は仏教を、インドから伝来したものではなくシルクロードの宗教として受け入れた。その後、ほどなくして訳経僧たちが中国にやって来た。彼らはさまざまな言語に通じた僧侶の小さな集団で、中国の市場で仏典を売るために翻訳を行なった。だが当時の中国で、そんな試みがうまくいくとは考えられなかった。中国の書棚はすでに、儒教や道教の経典、それにともない続々と生まれる注釈書で埋められており、ほかのものが入る余地などなかったからだ。だが政治的な混乱に紛れ、仏典を売り歩く放浪者や向こう見ずな訳経僧を介して、仏教は中国に入り込む隙を見出した。始めは、土着の信仰や説話（たいていは道教）と融合し布教する手法がとられた。やがて仏教は、道教と綱引きを始め、新たな市場を生みだして進出していくなかで、皇帝さえも味方につけた。仏教は、単なる上層階級の知識人のための思想としてもたらされたわけではなかった。社会構造の奥深くに入り込むと、それに対応し、新たな構造を形作る手助けをしたのである。仏典も、ただ新しい摂理を説くだけのものではなく、社会的に価値のあるモノとして届けられた。こうして、中国のあらゆる階層と文化レベルの民が仏教を受け入れ、あるいは信徒となった。仏教は、ひとつの（あるいはさまざまな）「生き方」（一九五〇年代の古典研究における中国仏教の用語）として、中国に登場したのだ。[26]

外の世界からの影響は、領土から遠く離れた、中国の皇帝が知ることのない土地の路上で始まっていた。紀元前一三八年、漢王朝の武帝は、ある官吏を西域へと旅立たせた。その男は中国北部出身の張騫（ちょうけん）という外交家で、皇帝は西部の遊牧騎馬民族、匈奴（きょうど）に対抗するため、そのさらに向こう側の地域の有力者と同盟を結ぶつもりで張騫を派遣したのだ。

張は中国の大平原を離れ、北西部から弧を描いて延びる河西回廊を抜けて、地球上で最も乾燥した場所のひとつとされる地域に到達した。そしてさらに砂漠や山岳地帯を通る旅のなかで、日ごとに西の国々の知識を蓄えていった。途中で（また帰途においても）匈奴にとらえられたが、なんとか逃げだし、フェルガナとバクトリア（現在のタジキスタンとアフガニスタンの一部）にたどり着いた。だが結局は、その土地の有力者と同盟を結ぶにはいたらなかった。一〇年以上もの歳月を経て中国に帰った張は、皇帝に西方の国々と国交を結ぶよう進言した。

張の遠征によって中国とペルシアの国交が開かれ、両国の交易上の関係は次第に具体的な形を成していく。シルクロードは中央アジアを横断する最初の道というわけではなかったが、それまで小さな道に過ぎなかったものを高速道路網として生まれ変わらせたとはいえる（今日、中国は河西回廊からさらに北西部の地域も自国の領土であると主張し始めている）。中国の絹は、オクサス川流域やペルシア、インドへと運ばれ、一世紀にはローマまで達していた。そして、中国の皇帝は、大使をフェルガナや月氏（げっし）、バクトリア、トカラ、パルティア、コータン、インド亜大陸など、西方のさまざまな国や有力者のもとに遣わした。砂漠のオアシスの村に過ぎなかった敦煌は、やがて多くの人々が行き交う帝国の司令部に、そして交易の町へと成長していった。

西方の商人たちは自国の品々や文化を積んでラクダに揺られながら、中国西部の砂漠の経路をも利用するようになった。やがて中央アジアに生まれた新王朝、クシャーナ王朝からも多くの商人がやって来るようになった（中国の歴史書によれば、クシャーナ王朝は一世紀から三世紀まで中央アジアを支配した国とされている）。クシャーナ王朝は、貨幣に仏教の偶像を刻みつけた。貨幣に刻まれた戦士や王子、菩薩を見て、中国はこの王朝に好奇心を抱くようになった。クシャーナ朝の仏教はギリシアを手本とする美術を生み、彫刻がほどこされた通貨がシルクロードで使われるようになる。彼らはギリシア語に翻訳された経典を読み、仏教の世界観をギリシア風に表現した。このヘレニズム様式の仏教美術は、それを生んだ民族の故郷インダス川の源流にほど近いガンダーラ地方から広がった。そして仏陀を初めて人の形として彫像にしたのが、この地だった。

人口が密集した中国の東部と中央部において、仏教は初めのうちは宗教というより神話の一種として受け入れられた。歴史書の記述によれば、一世紀に明帝(めいてい)が、長身の黄金色に輝く人間を夢に見たといわれている。彼が廷臣に夢の話をすると、それは仏陀に違いないという答えが返ってきた。そこで皇帝は、その聖人の経典を取りにいくよう使節に命じ、中央アジアの国に遣わした。使節はヤシの貝葉(ばいよう)に記された『四十二章経(しじゅうにしょうぎょう)』と仏像を何体か持ち帰った。経典は白馬に積まれて洛陽の西門の外一マイルのあたりに到着し、やがてその場所に白馬寺が建立された(言い伝えでは、寺で仏典の巻子本を讃えるための香が焚かれると、仏典が光りかがやいたという)。明帝が西の国に、いわば現地調査のために使節団を遣わしたという逸話は、他国との交易が盛んだった状況を考えれば確かにありそうな話ではある。その一方で、仏教は南方から——現在のインド北東部から直接、中国に伝来したという説を唱える者もいる。最もありそうにない説としては、紀元前三世紀に秦で行なわれた焚書坑儒の難を逃れたサンスクリット語の仏典が起源となったというものだ(七世紀の中国仏教の参考文献には、その時代に一八人の伝道師が中国を訪れたとの記述がある)。

仏教がいかなる形で中国に伝わったのであれ、交易が盛んになり、異国の文化への好奇心が膨らむなかで、ラクダやポニーの背に揺られて中央アジアから運ばれたことは確かであり、僧もまたいくつかの経典をたずさえてやって来たことだろう。そして敦煌で発見された文書の多くが、中国に初めて新しい教えをもたらしたのはシルクロードを往来していた商人たちだと告げている。中国王朝の通訳によって言葉の障害は取り除かれ、外からやってきた救いと悟りのメッセージは、中国全土を巡る旅を始めたのだ。

インド亜大陸において、仏教の教えは王族やバラモンの決めた社会構造のなかで生き方を学んでいた者たちに、そこから逃れる道を示した。身分の高い者が郊外の広大な邸宅で贅沢に暮らし、皇帝が統制力を失いつつあった二世紀の中国において、物質的な煩悩を捨て去ることを説く仏教の教えは宮廷の堕落と浪費をさらに際立たせ、広く民衆の心に訴えた。剃髪した僧侶たちは社会的な義務と重圧から逃れよと説き、死後の世界の存在を保証した。彼らのメッセージは、王朝の権力が分裂し始め、政治的な問題が増え続ける状況のなかで、多くの民衆の心をつかんだのである。

かくして都で宦官たちが派閥政治を繰り広げるあいだ、宗教的な暴動が城壁を越えて帝国の権威の土台をむしばみ始めた。一八四年、黄河流域の農民が、貪欲な地主や農産物の不作、重税に憤って反旗を掲げた。道教の秘密結社を通じて決起した、いわゆる「黄巾の乱」だ（反乱軍がターバンのように頭に黄色い頭巾を巻いたことからそう呼ばれている）。王朝の衰えに対し、儒教に解決策を見出そうとする試みもなされたが、学者たちの討論はあまりにも深遠過ぎた。微に入り細に入るような議論も、例によって簡潔で拡張高い詩や散文も、答えを導くよりむしろ遠ざけることしかできなかった。そのあいだにも新たな思想と最新の書体は、竹簡ではなく紙という活躍の場を与えられて拡散していく。はるばる中央アジアの山々と砂漠を越えて旅してきた仏教も、単に外から持ち込まれて置き去りにされたのであれば、さして問題にはならなかっただろう。
だが、仏教は儒教やイスラム教とは異なり、キリスト教と同じく形成の段階で多国語に訳されることを前提としていた。仏陀自身が、布教する土地の言葉で真理の教えを説くよう弟子たちに勧めたのである。タリポットヤシの葉に記されて中国にたどり着いたこの宗教は、紙へと乗り換え、大いなる変遷を遂げたのだ。

胸がすくほどにエリート主義を排除した仏教の教えは、竹簡ではなく紙に運ばれて中国各地に広がり、階級社会のなかで下層や中間層の人々の心をつかみ——もともと、一向に変わらない階級社会への疑念もあったのだろう——土地の言葉にもうまく適応した。実のところ、民衆は必ずしも読むために仏典を買っていたわけではなかった。護符や魔よけとして、あるいは、つまるところステイタス・シンボルとして求めたのかもしれない。そのため、読み書きのできない者たちも、仏典を買い求めた。それまでは無学であることが下層階級の人々を信仰という意義ある世界から遠ざけていたが、仏教や経典は、そういった文字を読めない人々にも門戸を開いたのだ。

当時、この驚くべき社会現象を記録した中国の歴史編纂者は誰ひとりいなかった。彼らの都は国際色豊かで、またシルクロードの東の終点でもあったため、外国人が街を歩く姿もさして珍しくはなかった。しかし二世紀の時代、ひと握りの者たちが諸外国から洛陽の都にやって来て、仏陀の言葉を中国の言葉に翻訳するようになった。パルティア人、月氏、南アジア人らが、パーリ語やプラークリット語、サンスクリット語、ガンダーラ語の経文を漢訳したのである。そういった翻訳者のなかには、紀元前一四八年に洛陽に定住した景教の宣教師もいた。彼らの翻訳は正確とはいえなかったが、それでも興味を引かれて入信する中国の学者も、わずかながらいた。

記録によると、六〇年から二二〇年のあいだに中国にいた仏典の訳経僧は、一五人未満であった。そういった訳経僧が、四〇九部あまりの漢訳経典を生みだした。二二〇年に漢王朝が滅亡してから百年のうちに、少なくとも七四四部の仏典が世に送り出されたが、その大半は外国語から翻訳された（あるいは翻訳と称された）ものだった。[27]

そのような仏典を書き記した訳経僧は、ほんの小さな集団であったが、そのなかにパルティア（ペルシア東部の国）から来た安世高と、その仲間でクシャーナ帝国出身の支婁迦讖がいる。両者とも二世紀に洛陽に定住したが、彼らは布教の使命感に突き動かされたか、あるいは故国の後ろ盾によって送りだされたかして中国にやって来たのだろう。自然界の現象（稲妻や嵐、雷、地震）を読めると主張した安世高は、五行や医術などさまざまな術に長け、一五〇年代から一六〇年代にかけて約三五経を漢訳した。支婁迦讖のほうは少なくとも一四経を漢訳し、言葉の意味だけでなく音節、特に人名と仏教用語の発音までも再現しようと試みた。

二二〇年代には、長江を何百キロメートルもさかのぼった武昌という都市で翻訳作業にたずさわる僧たちがいた。また、はるばる中央アジアまで経典を集めに出かける者もいた。そのひとりが三世紀中頃の時代に生きた朱子行である。おそらく中国初の仏教僧だと考えられる朱は、功徳を得るために行なわれる写経の代表的な経典のひとつ、二万五千偈般若経の一部を写し取った。その経典の一節によれば、経文を書写し、安置して拝めば他人の悪意や悪霊から身を守ることができるという。二九一年、無叉羅（むしゃら）という僧侶が、朱の写し取った経典を漢訳し、これが中国仏教における主要な経典となった。

中国の歴史書ではほとんど扱われていないものの、このような僧たちが諸外国の言語と漢字を組み合わせて、まったく新しい独特の経を生みだしたのである。彼らの手で南アジアの言語が漢字に注ぎ込まれ、それまでとは違ったさまざまな階層の人々にも手が届きやすい、口語に近い文体の経典が生まれた。対象となる言語を綿密に調べ上げた僧たちは、中国語の声調（四種類ある）を初めて明確に分類した。漢字で記された新たな宗教は、いわば言語のハイブリッドだった。大雑把で異文化が混ざり合ったその宗教は、決して純正の仏教とはいえないものだった。

竹簡に書かれた経典が次々に紙に写し取られるなかで、仏教の〝偽造品〟が繁栄したこともまた小さな驚きである。たいていはサンスクリット語の原典から翻訳したと称された偽経は、成長する仏典の市場をうまく利用した。同じく仏画も、金払いのいい客を目当てに活発な市場に出回った。

中国の仏教は、紙という理想のパートナーを見つけた。もちろん竹簡も初めのうちは仏教を伝播する媒体として使われていたが、あまりニュートラルな媒体とはいえなかった。もとより高尚な古典文献のイメージが染みついており、そういった連想をぬぐえなかったのである。また書写材として加工する時間とコストの問題もあり、竹簡は紙に比べてますます影が薄くなっていった。しかも、竹簡の表面に書かれる文献の内容は、一般大衆には理解しにくいものが多かった。一方、紙は異国から取り入れた宗教を大衆に伝えるには理想的な媒体といえた。紙という様式も、そこに書かれる内容も、上層階級以外の人々に向けたものであり、しかも、より多くの人々が自費で経典を買うことができた。

紙を介して中国に広がるなかで、仏教は中国古来の神話や民話を取り入れ、儒教からは道徳観や儀式的な要素を、道教からは「清談」（哲学的な談論）の流儀を拝借し、独特のスタイルに変容した。漢王朝の救い主と考えられていた民間信仰の西王母（古代中国の伝説上の山岳である崑崙山に住む仙女といわれている）と仏陀を同一視することも多々あった。中国仏教はさまざまな要素を融合した宗教であり、その適応力が素晴らしい成功を収めた。三世紀の終わりには、中国の主だったふたつの都、長安と洛陽の各地に一八〇の寺院が建立され、およそ三七〇〇人の僧侶が生まれた。

仏教の伝播は紙と訳経僧を介して実現したが、その理念は主に（本来は異なる宗教であった）道教を源としていた。道教の教義を模倣することで、仏典は中国の宗教の主流に乗ったのだ。手始めに取り入れたのが、経典の言葉へのこだわりだった。「経典は道教の多面的な思想の一部に過ぎず、言葉は不完全で物事の本質を表すことはできない」と説いた老子が聞いたら、さぞ当惑したことだろう。しかし、老子の時代から五〇〇〇年を経た現代から振り返ってみれば、経典へのこだわりこそが紙の命運を分けたともいえる。

道士のなかには、経典を見たら必ずその場所を掃き清めて祭壇を設置して祀るべきだと唱える者もいた。道士が山のなかに隠された経典を見つける神話も多く存在した。道教の経典、とりわけ『道徳経』は神そのもののように、精霊が取り巻く根源的なエネルギーの熱と光とされた。四世紀のある経典は、経を読む前にお辞儀をして手を洗い清め、香を焚くよう指導していた。五世紀になると布教者は、経典に捧げ物まで供えたという。編年体で書かれたある長い歴史書のなかには、符に文字を朱書きして飲むという道教の呪術の説明もある。

三世紀、三国時代の頃、蜀漢のある道教の仙人（姓は李）が皇帝のもとに呼ばれ、戦争の吉凶について問われた。李は何も答えず、ただ紙と筆を要求した。彼は一〇枚ほどの紙に兵士や馬、武器の絵を描き、それをすべて引き裂いた。そして別の紙に大きな男の絵を描くと、土に穴を掘ってそれを埋めた。李はこのような預言を残して、そのまま立ち去ったという（のちに預言が的中して、皇帝は戦争中に命を落とした）。道教は、経典に強大な力と権威を託し、それを尊ぶ信徒たちを霊的な領域へと連れだす宗教だった。

中国の仏教徒は新たな仏典をつくり出して、それを愛でることに執着した。その傾向を促したのは、法華経や金剛般若経といった代表的な漢訳仏典だ。それらの経典には、仏教に帰依した者が写経を行なえば、たとえ経を読む機会が少なくとも功徳を得られると書かれていたからだ。中国では、このふたつの経典は特に人気があった。オーレル・スタインが独力で持ち出した書物のなかにも、金剛般若経が五〇〇部以上も含まれていた（とはいえ彼は漢字を読めなかった）。

法華経では、信徒がこの経典を書き写し、世の人に広める修行が薦められている。このほかにも経典を唱えること、暗誦することなどが修行として挙げられているが、一連の修行によって功徳を得ることができ、世の本質を見極める力がそなわり、経典の意味を深く理解することができるとされる。写経はきわめて厳粛な営みであり、筆写者は亡くなった親の供養（あるいは筆写者自身の祈願）のために自分の血で書くこともあった。

中国に伝来した仏教が道教の経典を進んで模倣したのは、単に道教の経典が尊ばれていただけではなく、その教義の内容によるところも大きかった。ふたつの宗教は模倣し合うようになり、経典と仏典を互いに借用し、剽窃し、やがては議論を戦わせるようになった。仏教徒の徳の道であるダーマ(Dharma)は、最初の翻訳の段階で老子が説いた真理の道ダオ(dao)となった。ダオイズムは仏教の観音菩薩を手本とし、極楽浄土の救いを取り入れ、役割や性格、名前、姿を神格化したものをつくり出し、中国仏教と同様に、神を女性的なものとして描いた。一方、仏教は道教という新たな味方から救済と終末思想の未来図を借用した。そして両者とも、未来においては悪鬼が病気と災害をもたらすと説いた。

互いに剽窃し合うことで、それぞれの経典には信憑性と品位が備わった。『三厨経』は仏典だが、道教はそれをもとに『五厨経』を生みだした。また道教の『長生益算妙経』から、仏教の『益算経』が生まれた。このふたつの経典の内容は、同一に近い。敦煌から出土した偽経のなかには続き物の体裁を取るものもあるが、それも道教の経典に続き物があることとよく似ている。しかし剽窃によってふたつの宗教は競い合うことになり、いわば「蛮族の改宗論争」が起こり、その論争は一〇〇〇年も続くことになる。

その口火を切ったのは『老子化胡経』だった。その経典は道教の優位性を説き、あとから入り込んだ仏教を外来の宗教として侮辱するものだった(スタインのあとに敦煌の石窟に入ったフランスの考古学者で歴史家のポール・ペリオは、その写本の巻子本を一巻、発見している)。道士たちは、西方の国を訪れた老子が、知識の乏しいインドの蛮族にみずからの教えを仏教になぞらえて説き、礼節ある人間に変えたと主張した。道教の『太上老君説解釈呪詛経』は、仏教の魔力に対抗するための助言を模倣し、老子がインドへと旅立ったのは紀元前九世紀であるとして、仏陀が誕生した時代よりも早かったと断言している。それに対抗して仏典は、老子は実は南アジアで生まれて仏陀の弟子となったと論じ、中国に渡って教えを説いたのは仏陀であったと主張した。その争いは、やがて仲裁役が必要になるほどに激化した。

五七〇年、道教に不満をもつ仏教徒によって、道教が仏典から借用した教義を並べ立てた『笑道論』が皇帝に差し出された。あまりに論争が過熱して皇帝がみずから仲裁に入ることもあった。七〇五年、皇帝の中宗は、〝西方の蛮族〟を改宗させる老子の姿を描いた絵を道観に掲げることを禁じた。

このふたつの宗教には、紙の護符や肖像、偶像がつきものだったが、どれもみな紙に墨筆で描かれ、仏教と道教の争いをさらに煽るものとなった。書くという文化が盛んになると、やがて僧がみずから紙を漉くようになった。六五〇年頃には都の近くで暮らしていた出家したての僧侶が、写本の料紙として尊ばれていた画仙紙をつくるために大量のクワの木を育てるよう命を受けた。仏教の原典が絶え間なくインドから中国へと運ばれ、偽経も世に送り出されるなかで、貴族は修行僧による翻訳と写経の壮大なプロジェクトに出資した。出資することで実際に写本を行なう修道僧と同じように現世と来世の功徳を得ようとしたのだ。経典の生産量は膨れ上がり、大量の仏典を収める収蔵庫を新たに設置しなければならない寺院もあった。

洛陽の寺院の境内には朱塗りの方形のお堂があり、そのなかに輪蔵（りんぞう）と呼ばれる書庫が鎮座している。この寺は、六世紀からそこにあった。一二世紀に建てられたこの書庫は、古い時代のパイプオルガンのようにも、木船の梁のようにも、また屋根を逆さにかぶせたメリーゴーランドのようにも見える。高さ三・五メートルほどの書庫は、溝にはめ込まれており、木製の台座を押せば書庫全体を回転させることができる仕組みになっている。当時、経典は木製の柱が支える六角形の台座の中央部、二本の敷居の内側に収められていた。そこには数百巻の紙の巻子本を安置できるようになっている。書庫が回転式になっているのは、それを回転させれば経典も回り、それだけで功徳が得られるとされたためだ。仏教徒にとっては、輪蔵自体が神聖なものなのである。紙の経典は、ただ黙読し、唱え、あるいは受持するだけでなく回転させることもあったのだ。

仏教と道教のあいだに起きた、いわば経典戦争は、互いに経典で相手方をやり込め、我が経典こそが宮廷の知識人にも一般大衆にもふさわしく、重みも権威もある一級品であると証明しようとした。そこまで争いが激化した要因は、経典が世に送り出される早さにあった。

それまで宗教や政治、宇宙の真理を説いた書物は何百年ものあいだ、竹簡や絹帛、石に記されていたが、どれも上級官吏や学者を対象としたもので、そう頻繁に世の中に出まわることはなかった。しかし四世紀頃になると、知性や感情に訴えて市場を奪い合う競争にともない、中国仏教と道教の文献の筆者は、できるだけ幅広い層に素早くアピールしなくてはならなくなった。その結果が宗教の冷戦であり、その武器として最適なものが、紙であった。紙はつくるのに費用もかからず、安く購入できて、おまけに文字も書きやすい唯一の書写材だったため、彼らの要求を充分に満たすことができたのだ。このような経緯で写本が大量につくられるようになったが、それは経典を帝国に広め、教養を（また読誦や暗誦を行うものを）求める人々の心を満たすため、あるいは単に護符や魔よけとして売るためでもあった。

真性の教義から逸脱した経典が出まわることを嘆く者がいるなかで、僧たちはもっと信頼性のある経典をつくろうと試み、その結果、経典の生産量はさらに増えていった。そして、ほかの仏教国との経典の交易も盛んになった。四〇一年、現在の中国北西部にあったクチャ国出身の僧、鳩摩羅什(くまらじゅう)が中国の都にやって来た。鳩摩羅什は桁外れの経典の記憶と中国の知識(牢獄にいるときに耳にした噂)を武器にして、中国仏教は道教の言葉と信仰に汚染されていると訴えた。彼の到着によって中国では、より正しい翻訳と注釈を心がける風潮が起こった。

鳩摩羅什は東方に、そして法顕(ほっけん)という中国の僧は西方の国々――アフガニスタンのガズニーやカンダハル、インド亜大陸の中央に位置したパトナー、果てはスリランカまでも巡る旅に出かけた。法顕は諸外国を訪れるたびに新たな経典を手に入れて、帰国後にそれを漢訳した。やがて法顕は、鳩摩羅什と並ぶ訳経僧となった。かくして正確さを追求する精神は写本の交易をより活発化し、写経と翻訳はさらに盛んに行なわれ、訳経僧が仏教を支配した。五三〇年に記された中国の偉大な僧たちの伝記『高僧伝』には、二五七人の男女の伝記が収録されている(古代中国の厳格な父権社会において、偉人や徳のある人物たちのなかに女性が含まれていたという事実は、きわめて意義ある進歩といえた)。その二五七人のなかには訳経僧が三五人、解釈専門の義解僧が一〇一人、仏法専門の明律僧が一三人、暗誦専門の誦経僧が二一人、経典の指導者である経師が一一人含まれている。中国に仏教が伝播したことで、より幅広い層が経典を読むようになった。だが何より中国仏教で重視されたのは文字による信仰であり、経典を所持することと同様に、書写することが功徳を得る手段とされた。必ずしも読経が第一ではなかったのである。

仏教は中国社会の末端から栄えていった。さかのぼること二七九年、中国北部の晋王朝には、仏典の巻子本が一六巻ほどしかなかった(何枚もの料紙の端と端を貼り合せてつくられており、内容によっては数百、あるいは数千語の漢字が記されていたようだ)。やがて仏教と経文の両方が、中国人の日常生活にすっかり定着した。経典を端から端までまんべんなく読むことで功徳が得られるとされたため、紙の巻子本は体裁としては扱いやすく、広い用途が見込めた(だが、ひとつの巻のさまざまな箇所を参照しながら読むには、法外な時間を要した)。そして今や中国では、僧侶が読経を行なう姿は当たり前の風景となり、彼らが経を唱える声にたとえて猫がごろごろと咽喉を鳴らす様子を表す慣用句——猫が「経を読む」という言い回し——まで生まれている。やがて中国仏教は皇帝の関心をもとらえ、資金的な援助をふんだんに受けて帝国じゅうに行き渡ることになる。

五世紀の中頃、南朝の宋の王室図書館には、何十万もの漢字で書かれた四三八巻の仏典の巻子本が収められていた。また六世紀の初めに阮小五(げんしょうご)が中国北部で梁(りょう)王朝の書物を略奪したときには、仏典二四一〇部と道教の経典四二五部があった。その数年前につくられた中国初の仏典の目録のひとつには、二一六二の経を含む四三二八巻の巻子本が記録されていた(一巻は一枚の紙でできているが、二枚以上の紙の端と端を貼り合せてつくられる)。

読み手ひとりの思惑などおよばないほどの勢いで仏典は増え続け、さらに発展し、中国各地の紙の生産量も増えていった。六世紀末に隋の文帝、楊堅(ようけん)(個人的な信仰心から仏教を保護する政策を採ったとされている)は、あらゆる仏典の写本を行なって大都の寺院に納める法令を定めた。また宮廷の図書館に収めるための写本も作成され、その治世においては一三万巻以上もの巻子本が生まれた。
中国が三つの王国に分裂していた三〇〇年の歳月を経て、五八九年に北朝と南朝が統一されると、皇帝は仏教を保護する政策を推進した。王朝の五九七部の目録には、六二三五巻の巻子本が記され、そこには二一四六部の仏典が含まれていた。当時の史家の記録には、儒教の経典の一〇倍、あるいは一〇〇倍の仏典を収めた私設文庫があったとの記述もある。隋王朝（五八九年~六一八年）の正史では、仏典の写本は儒教の経典の何千倍もの数にのぼったとされている。儒教の学者たちは深刻にとらえなかったものの、彼らに匹敵する知識をもつ僧や修道僧まで現れた。その結果、仏教寺院は広大な土地を所有する富裕な地主となり、読経や写経はそれまで以上に盛んになった。仏教は文字をパートナーとして中国を刺激し、その目的を果たした。この異国の宗教が竹簡や木簡や石だけでは絶対に手に入れられなかったもの——すなわち経を読む者たちの広大な市場は、紙が現れたおかげでもたらされたのだ。そして紙のほうも、仏教のおかげで大躍進を遂げた。その成功は、紙がさらに多くの大衆に受け入れられる運命の予兆でもあった。

王円籙がオーレル・スタインに披露した敦煌の文献の大半は仏典だったが、スタインは紙が別のさまざまな用途に使われていたという証拠も発見している。たとえば薬の貼り札のような平凡なものや、教養のある人物が書いた私的な書簡や詩などである。この事実は、紙が無数の社会集団に浸透し、まったく別の用途でも重宝されていたことを示していた。その分野は文学、医学、宗教など限りがない。ときには、飲み物さえも文学の題材に選ばれる。敦煌の文献のなかに九世紀、あるいは一〇世紀に書かれた『茶酒論（ちゃしゅろん）』と呼ばれる短編作品がある。それは茶と酒が議論を戦わせ、自分たちのどちらが勝っているかを争うという内容だ。最後に水が仲介に入り、茶も酒も水がなくては何の価値もないと指摘する落ちで締めくくられる。『書簡の文例』と題された書物では、宛名の正しい書き方や結びの言葉、常套句とともに、さまざまな状況に見合った文例が紹介されている。

その書物の著者は、自分の作品に八五六年一〇月一三日（グレゴリオ暦に換算して）という日付を記している。定例文は書簡の基本的な書式として利用されていたが、それは七世紀の唐王朝の建国とともに、儒教の階級制と慣習が復活したためでもあった。便箋には灰白色の用紙が使われた。ちょうどキャンディを入れる紙袋のような風合いの紙だ。厚みがあって光沢はなく、きめは粗い。低予算でつくられた実用的なものだが、そういったものも儒教の経典を差し置いて、市場の主流となっていたということだろう。この著者の文例のなかに、『酒の席にまつわる手紙』というものがある。これは、二〇世紀初頭にスタインが大英博物館に送った敦煌文献の分類目録を最初に作成したライオネル・ジャイルズの、まるで状況が目に浮かぶような翻訳によって蘇った。

昨日、私は過度の飲酒により極度の酩酊状態に陥り、身の程をわきまえぬ過ちを犯してしまいました。しかし、しらふの状態で、これまで私があのような不作法で品のない言葉を口にしたことは、一度としてないことを誓います。本日、まわりの者がしきりに噂するものを耳にして初めて何があったのかを知りました。私は狼狽し打ちひしがれ、あまりの恥ずかしさに穴があったら入りたい心境でございました。もとはといえば、ほんの小さな器に酒をなみなみと注いだことが間違いの始まりでございました。賢明なる貴殿がその慈悲深さをもって、私の過ちをとがめることはないと慎んで信じるものであります。間もなく、じきじきに謝罪にうかがう所存でおりますが、それまで寛容な貴殿の閲読を請い、この書簡を送らせていただきます。取り急ぎ、貴殿のしもべより[28]……

泥酔して羽目を外したことによる不始末は、いくらかの悔恨と周到な短い文面によって切り抜けられたのかもしれないが、敦煌の巻子本の多くは、何メートルもの長さにおよんでいた。巻子本の形態は、約一・五から三メートル、あるいは約六メートルの紙をひとつの書物としてまとめるのに好都合だった。一二メートルに及ぶものもあり、それよりも長いものも数巻あった。うしろの章を見ようとして自分で、あるいは使用人が巻いたり広げたりするときには、さぞかしじれったかったことだろう。

敦煌文献のなかにコデックス（冊子本）も混じっていたのは、そういった理由で書物が巻子本から冊子の形態へと変わり始めていたためだ。コデックスとは、現代でも一般的に見られる、紙葉を折りたたんで綴じた体裁の書物だ（中東ではすでに何世紀も前からコデックスの形態が主流となっており、聖書もこの形で流通していたが、パピルスは折りづらいために通常は羊皮紙が使われていた）。製本のためには、さまざまな装丁法が用いられた。たとえば紙葉を蛇腹状に折りたたむ折本（コンサーティーナ）。また実物を見ればその名の由来に納得できる胡蝶装は、二つ折りにした紙の山に糊をつけて重ねる方法だ。ほかにも線装（せんそう）や旋風葉（せんぷうよう）、包背装（ほうはいそう）など、さまざまあった。中国の筆写者や紙漉き職人、商人たちは、南アジアのヤシの葉の書物から、装丁法のヒントを得たのかもしれない。

このような装丁法は、スタイン・コレクションのなかのとくに新しい書物にのみ見られた。紙の品質も変わったが、それは六一八年から九〇七年まで続いた唐王朝の時代に文化的な製作物が著しく増加し、紙の需要が増え続けたことも一因だった。熟練した職人によって効率的な生産が行なわれ、一枚当たりの単価も下がっていった。しかし紙質の低下は、一〇世紀から一一世紀にかけて中国が中央部と北西部に分裂したことにも要因がある。この頃、北西部の敦煌一帯では、上質なクワの繊維でつくられた紙の供給量が減少した。

スタインが調査した紙は、大麻やクワの樹皮、コウゾでつくられたもので、苧麻からつくられたものもわずかにあった。古い紙はたいてい薄く、丁寧に仕上げられて裁断され、虫害を防ぐために黄色や茶色の染料で染められていた。比較的新しい時代の紙は、きめが粗かった。長い巻子本をつくるために、幅約三〇センチメートル、長さ約六〇センチメートルの紙を一〇枚から二八枚ほど貼ってつなげたものもあった。こういった書物が石窟に封じられていた理由については、さまざまな説がある。寺院の改築中、一時的に石窟に保管したという説、戦時中に兵士の手から守るために隠したという説、また単に度重なる政治の荒廃から古代の経典を守り、後日改めて使うために保管したという説など多くの推測がなされたが、真実は不明だ。その地域は歴史的にもちょうど「境界線」というべき場所に位置していたため、帝国を手中に収めんと武器をもつ者たちの攻撃にさらされ続けた場所でもあった。九世紀には、チベット帝国の北の国境の一部でもあった。そういった不穏な空気が、大切なものを人目につかない場所に隠しておこうという気持ちを生じさせたのかもしれない。

古い文書を保存するには非常に手間がかかる。中国には「敬惜字紙」という言葉がある。文字どおりに訳せば『文字と紙を敬い、惜しむ』、あるいは『紙に書かれた文字を敬い、惜しむ』となる。その昔、中国では文字の書かれた紙を敬い、簡単には捨てない習慣があった（歴史家のジェフリー・ウッドの指摘によれば、敦煌文書のなかで、使い古された経典の多くが紙をあてがって修理されており、持ち主が大切に扱っていたことを示すものだという）。

このように中国の文字は尊ばれていた。これが膨大な数の書物を石窟に保管した理由の説明にはならないかもしれないが、持ち主が戦争や社会的な混乱に不安を覚え、書物を守るために石窟にしまい込んで未来の世代のために封じたとすればその思いは充分に理解できる。新しい書写材が権威ある竹簡を押しのける手助けをしたのも、新たな文字文化と思想の開花を促したのも、戦争と社会不安だとも言えるだろう。三世紀の詩人、傅咸(ふかん)は、新しい書写材が新しい文字文化を育んだことを認め、著書『紙賦』のなかで、紙が竹簡に取って代わったことについてこう綴っている。

世の中が簡素であれば、装飾的なものが好まれる。とはいえ、時の移ろいとともに慣習と道具も変わっていく。書写の道具としての縄の結び目に代わって彫物が、竹に代わって紙が現れた。四角く、純白で、飾り気のない紙は、愛惜に価する道具である。その上では論文も、また豊かな表現も自在に繰り広げることが可能だ。読みたいときには広げ、読み終えればまた折ることもできる。家族や縁者と離れて暮らす者は、文をしたためて使者に託せばまたたく間に届けることができる。相手がどれほど遠くにいようとも、その一枚の紙に思いのたけをしたためることができるのだ。[29]

傅咸は紙の優れた点をよく理解していた。竹簡は短冊形に裁断するのに手間がかかり、絹帛は非常に高価だった。長さにおいても形式においても、自由に文字を綴ることができた材料は、紙を置いてほかになかった。古代中国では、晩餐の宴に招かれた客たちが即興で詩をつくり、それを紙に書いて競う余興が行なわれていた。一九〇年代に、そのような宴に招かれた禰衡（でいこう）という男がいた。その席で、ある客が主催者の黄射（こうえき）にオウムを献上し、禰衡にオウムを題材にした詩をつくってほしいと頼んだ。黄射は現在の中国の中央部、湖北省の太守の息子だった。禰は即興で『鸚鵡賦』を書き上げて宴の客たちから誉めそやされたが、このようなことも紙があればこそ可能だったといえるだろう。

足首は紺色、くちばしは丹色（にいろ）、
緑の羽衣をまとい、襟元は翡翠の色にも似て
彩り豊かな麗しきその姿よ
こうこうとさえずる声もまた美しきかな[30]

その余興はちょうど、書法家の王羲之が夏の宴の席で『蘭亭序』を書き上げたときの催しと同じようなものだった。それまで竹簡に束縛されていた文字は、ひとたび解放されると新たな表現の世界を見出した。二六三年から三〇三年の時代に生きた中国南部出身の文芸評論家、陸機（りくき）は、次のように書いている。詩は「感情と、豊かで色彩に富んだ言葉から生まれる」。紙が現れる前であれば、彼は決

してこのようなことは述べなかったに違いない。

この新たに生まれた自由のおかげで、竹簡の時代には臆してしまい、または貧しいという理由で作家を目指すことなど考えもしなかった者たちが、筆を取って文をしたためることができるようになった。傅咸自身も、紙のおかげで「片田舎に暮らす卑しい身分の自分が名を上げることができた」と書いている。たくさんの男や女が、正当な権利としてみずからの思いや思想、経験を墨で書き記すようになり、文字文化の新たな形式が生まれた。そして、手紙や日記、回想録を書くという営みも、ごく普通に行なわれるようになった。紙によって幅広い層から作家が生まれ、題材や形式も多岐にわたった。漢民族が中国南部に移動すると、文字文化も宮廷から地方へと広がりを見せた。古い都を飛びだして、あらゆる方向に散らばった文学は、散文体の姿で新しい環境を手にしたのである。

二二〇年に漢王朝が滅びて混沌とした時代が訪れると、偉大な作家の多くはさまざまな問題を、儒教の時代以上に深く追求し始めた。その試みは「玄学」という学問となり、言語や人間社会というテーマに加えて宇宙の摂理をも解き明かそうとし、儒教の厳格な道徳と身分制度による世界観に代わるものを提供した。[31] 玄学は三世紀半ばに隆盛を極め、文学者たちは言葉の根本的な意味と人間の知識の限界を探ろうとした。そして玄学の始祖といわれた王弼(おうひつ)のような者たちが新しい思想を導きだし、万物は無から生まれたと説いた。

紙の新たな用途として発展を遂げたもののひとつが文芸評論の形式、いわゆる注釈書だった。それまでは一般的に、古典の注釈書には小さな竹簡が、原典には大きな竹簡が使われていたが、新たに現れた形式は、何より紙に適していた。二八〇年代において、文芸評論家の陸機は、次のような文章で文学がさまざまな表現形態をもつことに触れ、それを讃えている。

墓碑に刻まれた言葉は高雅な文体で事実を伝えるが、故人にたむける頌徳の言葉は慈愛に満ちて涙を誘う。銘刻は簡潔に力強く……頌歌は人の心を動かす豊かな表現をよしとするが、随筆は流暢な散文体が好ましい。業務報告書は率直かつ洗練されたものであるべきだが、論文は解釈を誇張して綴るのがよい。[32]

三〇年後に、摯虞（しぐ）という学者が『文章流別論』を書き、文学のジャンルの境界を見極めようとした。彼は著書のなかで、その作業において紙が重要な役割を果たしたことを指摘し、文学の分類の変化には書写材が変わったことが大きく関係しているとした。紙のおかげで作家は文体を簡素にする必要がなくなり、思いのままに表現できるようになった、と説いている。[33] これは、文章が解放された、つまり、書写材の面積が広くなったため、より表現に富んだ的確な文章が書けるようになったということである。だが、そういった進歩は紙だけがもたらしたわけでもなかった。たとえば、政治・社会的な上層階級の知識人たちも、漢王朝の影響（二二〇年に漢王朝が滅亡したのちの混迷状態）が弱まるなかで、新たな形式の文字文化を奨励した。とはいえ新たな文字文化のスタイルを生み、それを大衆のあいだに行き渡らせた役割を考えれば、紙はやはりいちばんの立役者だったといっていいだろう。

中国の研究者、査屏球は、二〇〇七年の著作のなかで、竹簡から紙への移行は手紙を書く文化と文芸評論の文化の発展をもたらしたと書いている。[34] 偉大なる書物愛好家の阮孝緒が、五三六年にこの世を去るまでに多くの書籍目録を編纂することになったのも、そういった流れによるものだった。漢王朝なきあと、二二〇年から四二〇年まで続いた魏王朝と晋王朝の時代、宮廷の図書館の書物が急激に増加したのである。独特な形式の詩や論文の出現で新たな文学のジャンルも生まれたが、それは、作家個人の声の重要性が高まってきたことの現れともいえる。知識人の多くも、そういった新しいジャンルの文学を重視するようになった。学びの場でも紙を見れば多くの情報が得られ、教師と生徒がともに文献を参照することもできる。口頭による指導や生徒の記憶力のみに頼ることもなくなった。

その間にも、新たな作品が次々に宮廷や個人の書庫に収められていた。魏代の初め、宮廷の図書館の史官、王象（おうしょう）は、『皇覧』と呼ばれる類書を編纂したが、それには四〇以上の図書の分野と八百万語の漢字が含まれていた。[35] このような書物を作成するなど、竹簡の時代には想像もつかないことだっただろう。竹簡はかさ張り、そう簡単に書庫には収められなかったからだ。ただ、紙が広く普及していたとはいえ、まだまだ安価とはいえず、紙の生産コストが急激に跳ね上がることもあった。歴史書『晋書』によれば、三世紀後期の詩人、左思（さし）は、『三都賦（さんとのふ）』を書くのに十年を費やしたという。その詩は好評を博し、大量の写本がつくられたために洛陽の紙の価格は高騰した。長い年月を経たのち、清代の詩人、袁枚（えんばい）（一七一六年～一七九七年）は友人に宛てた手紙のなかで、この成功で懐が潤ったのは紙商人ぐらいのものだと記している。[36]

文芸作品を賞讃するときの慣用表現として使われる「洛陽の紙価を高からしむ」という言葉は、この左思の話に基づいている。中国ではいまでも、この表現が使われている。左思のような人々が個性的な作品を発表して、作家自身の声を読者に届ける道を切り開き、より多くの読者が紙に記された作品を読むようになった。また以前は不適切だと考えられていた文学の形式も、表舞台に登場した。短編小説、恋愛詩、民話などがそれで、竹簡の時代には高価な書写材に似つかわしくないという理由で口承によって語り継がれていたが、ようやく日の目を見て、格上げされたのである。これを巧妙な言い回しで表現したのが、中国学の研究者のエンディミヨン・ウィルキンソンだ。紙が到来する前には、中国の書物は「もっと重みがあった」(weighty matter)というものである。[37] とはいえ、紙の巻子本が増えたことで、書物ははるかに持ち運びがたやすくなり、ますます多くの本がつくられ(またはつくり直され)、配布され、所有されるようになった。

竹簡の書物を紙に写し取る者が増えると、偽造品や不正確な版がたちまち世に出まわった。前述したように偽造品は経典に多く見られたが、誤って書き取られた漢代の儒教の経典の写本も現存している。紙の書式は基準がなく、定着したデザインもレイアウトもなかったため、簡単に贋作家の標的になった。こうした問題も生まれたとはいえ、短期間に低価格で読み物を製本できるようになったことは、書物の文化にとっては大きな前進だった。かつては、書物の入手こそが読者にとって非常に大きな問題だったのだ。偽造品が出まわるということは、それだけ中国の書物文化が発展を遂げた証しでもあった。

その間も中東では、パピルスから羊皮紙への移行が着々と進んでいた。パピルスの主な原料は、ナイル川のデルタ地域とシチリア島に繁茂していた。羊皮紙はパピルスよりも高価だったが、原材料は獣皮のみだったために生産地を選ばなかった。羊皮紙(parchment)の名は、ペルガモン(Pergamum)(今日ではトルコ西部の古代都市の遺跡として知られている)にちなんだもので、古代ローマの学者ガイウス・プリニウス・セクンドゥスによれば、その地で初めて大々的に生産されたという。羊皮紙はギリシア人が何世紀にもわたって使ってきたが、地中海沿岸の国々で一般的な書写材として広く使われるようになったのは三世紀後期になってからだ（古代キリスト教の神学者アウグスティヌスは、パピルスが不足すれば羊皮紙を使わざるを得ないといって嘆いたという）。新約聖書全巻で最古のものは、四世紀の時代に羊皮紙を用いてつくられたコデックスだ。パピルスの文書は、ヨーロッパの大半の地域では二世紀ももてば幸運で、たいていは長い年月のあいだに風化してしまう。気候が乾燥しているために保存が利くエジプトでさえ、現存するのはパピルスに書かれた新約聖書の断片のみだ。

文書を保存し拡散した中国の力は、世界でも類がないといえるだろう。三世紀から七世紀の歴史書には、紙の価格が急激に高騰した時代に関するいくつかの記述がある。たとえば寺院の僧や尼僧が、評判の良い訳経僧による経典の写本をつくり始めたとき、またある家臣が紙と筆の価格変動を防ぐために仏典の写本を禁じるよう皇帝に進言したときである。道教の正典がようやく八世紀に編纂されたときには、巻数は三四〇〇にもおよんだ。老子自身が書いたとされる五〇〇〇語からなる『老子道徳経』は、八世紀から九世紀にかけて何度か全文が石に刻まれた。七世紀には慧思（えし）という僧が仏教の石経をつくる事業に着手したが、完成したのは五〇〇年後で、両面に文字が刻まれた石版は七一三七枚にもおよんだ（印刷による版は五〇万ページにおよぶ）。二〇〇九年、私は北京西南部の山麓にある蔵経洞を訪ねたが、いまでもそこには数えきれないほどの石経が収められている。石室から出て景色を見渡すと、はるか遠くの谷間に「晒経台」と呼ばれる草地が広がっていた。数世紀のあいだ、湿った紙の経典を風に当て日に干していた場所だ。紙に記された宗教は、空前の勢いで文字を拡散したのである。

政治の崩壊は、中国の未来への道筋を決める戦いを呼び、紙を世に送りだす一助となった。四〇三年、ある軍の司令官が中国北部の晋王朝の皇帝となったが、一年と経たないうちに、王位を放棄して西へ逃れた。その前に、彼は次のような詔書を下していた。[38]

古き時代に竹簡を用いたのは紙がなかったためで、竹簡を尊んだからではない。これより竹簡を廃し、黄紙を用いることとする。[39]

しかしながら、その頃にはもう、紙は世の中にすっかり根づいていた。

第六章　東アジアを席捲する紙　文と仏教と紙

「これじゃ、なんのための本かしら」とアリスは思いました。「絵もなければ会話もないなんて？」

ルイス・キャロル『不思議の国のアリス』
［生野幸吉訳、福音館書店、一九七一年］

中国初の発明家は、最初にその地を支配した者たちだ。神話のなかの彼らは農業を発案し、家族をつくり、混沌とした始まりの世界を支配した。遊牧民ではなく、農民だった彼らは、土地を耕して住み着き、秩序ある生活様式を生みだした。「文明」を意味する漢字、「文」はwénと発音する。この漢字は少なくとも三〇〇〇年前に生まれ、もとは「秩序」や「様式」を意味していた。

文

だが秩序は、紀元前八世紀からの政治的な混乱にともなって失われ始める。国家の中心が揺らぎだすと、なんとかそれを収めようとする動きが起こった。ふたりの人物――孔子と老子は、文字の力によって「文」を取り戻そうとした。軍事力のみに頼ろうとする者がいるなかで、「文」は社会の秩序を取り戻すための代替案として差し出されたのである。結果的に、文字で書かれた経典に基づく解決策は「文」という文字を再定義することになり、この漢字は、「文学」をも意味するようになる。

孔子や老子のような知識人は高尚な中国語で作品をしたためたが、その多くはそっけないほどに簡潔な詩句で、書写材には、そういった文章ならではの素材――竹簡や木簡、絹帛が用いられた。そこに記された言葉は、田畑で農作業に勤しむ農夫たちが使う日常的な言葉とはまったく違っていた。その後の数世紀をかけて話し言葉はだんだんと発展していったが、書き言葉はさらに日常会話からかけ離れていった。この上層階級特有の様式は、中国や朝鮮、日本、ベトナムといった国々において、知識人が好んで使う「文語」となった。しかし、書き言葉が口語とかけ離れていったことは、やがて、中国語の弱点となる。

三世紀の初めに漢王朝が崩壊すると、遊牧民が中国北部を支配した。この新たな支配者は、それまで伝統とされていた秩序を打ち破ろうとした。文学や儒学博士がその秩序と一体化していることに気づいた彼らは、二世紀からもたらされていた仏典の力を借りれば、漢王朝という過去と決別できると考えたに違いない。放浪者と異民族の宗教だった仏教は、孔子が実現できなかった地上の理想郷に代わるものとして、極楽浄土の構想を提示した。この世の厳しい状況に戦々恐々としていた貴族たちは、来世の展望のなかに慰めを見出した。一方農夫たちも、仏教の教えに救いを見出した。

新たな信仰は話し言葉によって広まった。経典も、古めかしい文語の詩句ではなく、生身の人間が話す言葉を記したものとなった。仏教は中国で生まれた紙に記され、口語の遺産を讃え続けた。当時の仏教の経典に記された文章は音節が多く、文法的にもくだけた表現が少なくない。だが紙に墨文字で記されたことで、大衆向けの口語が、きちんとした言葉として認められるようになった。サンスクリット語から文法と言語も受け継いだ。ただ、そういった仏典を中国に持ち込んだ外国人僧侶たちは漢字に通じておらず、漢字を軽く扱う傾向にあった。

この筆記スタイルは、単に墨で書かれた話し言葉というだけではなく、音節を重視した、まったく新しいもので、儒教の経典の作者や編者が用いた文語——口語と違って変化を拒んできた言葉——とは大きく異なった。仏教が紙を介して伝播するなかで、文字は、それが書かれていた当時の生きた言葉をも記録できるようになったのである。僧は、目で追いながら経文を唱えた。それは往々にして社会から疎外された者たちの歌であり、儒教の社会的階級や父権社会の最下層に属していた者たちの歌でもあった。難解で堅苦しい儒教の経典は、夫に先立たれた妻や孤児たちには行き渡らなかった。そんな人々が、仏教の新たな言語に救いを求めて殺到したのだ。

中国における文字言語の変化の影響は、下層階級の人々にも読めるようになったことにとどまらず、仏教と紙を、朝鮮や日本、ベトナムを始めとする東アジアの国々に定着させることにもつながった。紙が仏教とポピュリズムに勢いづけられて東の国々を巡り始めたのは、その利便性が世界的に認められるまでの重要な第一歩であった。そしてまた、チベットやモンゴル、ベトナムといった東アジアの王朝や文化の物語までであり、侵略者が、みずからのために紙に文字を書きつける習慣を採り入れる物語でもあった。東アジアの国々もまた、自国の言語を紙に記すことで国家のアイデンティティを確立し、それを未来永劫存続できることを発見したのだ。紙の役割は、その表面を利用してめざましい躍進を遂げるパートナー（たとえば、書くという文化、仏教、巻子本の売買、文化の交易、中国の経典、新しい文字の発明）の影に隠れて忘れられがちだ。その点は、場所が中国の国境を越えた国々であろうと、漢王朝以外の権力（五世紀の鮮卑王朝、一〇世紀から一二世紀まで続いた遼、それに続いて興った金、一三世紀から一四世紀まで続いた元、一七世紀から二〇世紀まで続いた清）の支配下であろうと変わらない。

それでも紙は、そういったパートナーを導く、物言わぬ進行役を務め続けた。紀元後の最初の数世紀までさかのぼれば、竹簡に記された儒教の経典は漢そのものだった。そのため、それは漢とは異なる権力のアイデンティティを強化する後ろ盾にはなりえなかった。一方、仏典は口語で、いくつもの国の言葉を借用し、より安価な媒体である紙に書かれた。やがて東アジア各地でも、中国の漢字を借りるか、あらたに文字が発明されるという文字文化の発展が促された。紙は仏教という新たなパートナーと協力し、この流れに拍車をかけた。紙が単に中国文化を模倣する手段を国外に提供するだけのものであれば、これほどの変化は生まれなかったかもしれない。

かくして紙は東アジアを巡りながら、各国に多大な影響をもたらしていくのだが。どの国もまだ中国の文化圏内にあり（ある時代において朝鮮や日本、ベトナムは、中国から「中華圏」の一部、または属国と見なされていた）、中国から製紙術を採り入れはしたものの、書写の習慣までそっくり真似ることはなかった。彼らは中国とは違った方法でその技術を利用し、独自のアイデンティティを確立したのである。紙の品質やテキストのレイアウトなど、物理的な要素が変化することもあったが、書かれる内容も変化した。漢字の導入によって、その国独自の文字も誕生した。これにより、紙はもはや「中国の目的のために、中国の考えに基づいてつくられた、中国の製品」ではなくなった。より壮大な運命を歩みだしたのだ。

始まりは、中国の影響を特に強く受けていた朝鮮半島だった。一九三一年、考古学者が楽浪郡（らくろうぐん）の時代（紀元前一〇八年～紀元後三一三年）の朝鮮の墳墓の発掘調査を行なった。墓からは一片の紙片が出土した。それは朝鮮半島で発見された紙としては最も古く、おそらく四世紀の初期には朝鮮半島で紙漉きが行なわれていたことを示すものだと考えられた。こんなにも早くから朝鮮半島に製紙術が伝わっていたとしても、驚くには当たらない。紀元前一〇八年、中国の漢王朝が、当時朝鮮半島北部を支配していた国家に攻め入り、その首都を征服した経緯があるからだ。漢は四つの郡を定め、それぞれに軍司令部を置いたが、そのうちの楽浪郡が四世紀まで中国の管轄下に置かれた。その結果、国境を越えて交易と文化の交流が行なわれたのである。

朝鮮の紙は、大麻や藤、クワ、竹、麦藁、海藻、コウゾを原料としていた。漉き簀は、竹や高麗芝（朝鮮芝）を利用してつくられた。職人たちは、雨合羽や窓戸紙、書物の台紙にする目の粗い紙を考案した。数枚の紙を貼り合せて油を染み込ませ、それを床に張るという使い方もした。障子には一枚の紙を使い、頑丈なものは天幕に利用された。

オンドル（温突）という床下暖房の設備に使われる壮版紙（チャンパンジ）は、クワの繊維でつくった紙を数枚貼り合わせて大豆油や胡麻油に浸した油紙で、いまでも韓国の古民家の床に使用されている。その仕組みは、台所のかまどで焚く火の煙を床下にめぐらせた煙道に通し、その余熱で床を温めるというものだ。オンドル（「温かい石」を意味する）は湿気が床を通して上がることも防ぎ、何十年も使えるほど耐久性に優れている。ロウゾの樹皮の繊維からつくられた紙は韓紙（ハンジ）と呼ばれ、朝鮮半島で最も優れた紙である。韓紙はいまでもランタンや造花、書写材に使われている。

朝鮮半島に製紙術を広めたのは主に、中国から伝来した仏教であった。製紙術の伝播は、朝鮮半島における独自の文字の発展にとって、何より重要な出来事だといえよう。あとで詳しく扱うが、この文字はのちに、朝鮮半島のアイデンティティを体現するものとなり、苦難の原因ともなる。製紙術は朝鮮半島一帯に、文字文化が花開くための種を蒔いた。そして、一〇世紀に朝鮮半島が再び統一される頃、紙の文書はすでに官僚政治と文化ツールとなっていた。

紀元前一〇八年、漢王朝の武帝の命により、中国の軍隊が朝鮮半島北部に遠征して指揮所を設置した。それに続いて中国人が朝鮮に移り住んだが、そのときに間違いなく中国の文書も一緒に持ち込まれたはずだ。竹簡や木簡、おそらく絹帛もあったことだろう。そして紀元後一世紀を迎える頃には、中国語と漢字はともに半島全域に広がっていた。七五年、現地勢力によって中国の四つの指揮所のうちの三か所が失われたが（残りの一か所は三一三年まで存続した）、中国がその地に残した足跡は、永久に消し去ることのできないものとなる。当時の影響を示すものとしては、石版に刻まれた古代の朝鮮半島の文書が現存する。そして三七二年、転機が訪れる。中国が多数の国家に分裂していた時代、前秦の支配者が、ある仏教僧を朝鮮半島に送ったときのことである。

仏教の伝道師、順道は、三七二年に朝鮮半島北部の王国、高句麗を訪れ、仏像と紙の仏典を持ち込んだ。当時の朝鮮半島では、ほんのひとにぎりの職人が社会の片隅でひっそりと紙漉きを営んでいたのかもしれないが、順道の来訪は、高句麗が本腰を入れて紙漉きを行なう刺激剤となった。順道は献上品のほかに、前秦の王からの新たな知識をもたずさえていた。仏教が外国の軍隊や国内の反逆者から国家を守ってくれるというものである。

そして高句麗は、中国北部に行き渡っていたさまざまな思想概念の混合物ともいうべき仏教を採り入れた。すでに中国の国土に馴染み、中国独自の宗教に成長していたものだ。そこにはさまざまな経典の要素が取り込まれ、神秘術に通じた仏図澄の呪術までもが加わっていた。そして古代の朝鮮半島の神々と精霊もまた、仏閣のなかに新たな住処を見出した。四世紀の末には中国の僧侶、曇始が大量の仏典を高句麗に持ち込んだ。その後も僧たちは続々と高句麗を訪れたが、逆に高句麗から中国に向かう僧もいた。六世紀初頭、朝鮮の高僧、僧朗は、仏教の学派のひとつである三論宗について講じるためだけに、敦煌までの長い道のりを旅したという。

仏教が朝鮮半島南西部であっという間に盛んになったのは、三八四年に摩羅難陀というインドの僧が百済を訪れたことが発端だった。翌年、百済の首都には一〇軒の仏教寺院が建立され、それぞれに修行僧たちが住み着いた。六世紀になると、僧たちはさらに多くの経典を求めて西に向かった。謙益もそのひとりで、五二六年に五分律の原典と、最古の仏典といわれるパーリ三蔵のうちの経典をひとつたずさえてインドから百済に帰国した（三蔵という言葉は、仏陀の教えである「経」、修行僧の守るべき「律」、両者に対する注釈の「論」の三つが収められていることを表す。「蔵」は現代の「巻」

という言葉に当てはまる）。そして彼は二八人の仲間の僧侶と協力して、一七巻の律本を翻訳した。それに続いて百済の僧ふたりが、律本の注釈書を三六巻、著した。百済の僧たちは定期的に中国の都を訪れるようになり、中国の側からも僧はもちろん、絵師や職人が百済に入国した。

高句麗も百済も、文字による中国文化と仏教文化を受け入れたが、どちらの国も朝鮮というひとつの国家の未来を手にすることはなかった。朝鮮半島の統一をなし遂げたのは、南東部の発展途上の小国、新羅だった。新羅は、朝鮮半島の国としては最も遅く五二七年に仏教を採り入れ、文字による記録文書を保管し始めたのも五四五年になってからだった（この頃、高句麗と百済はすでに紙の公文書を作成していた）。仏教僧で王の側近でもあった異次頓（いじとん）は、王と結託し、みずからが殉教者になることに同意した（王の許可なく寺院を建立したという処刑の口実をつくったのだ）。斬首される前に彼は奇蹟を預言した。そして死後、首をはねられたときに流れ出た血は乳白色に変わり、頭部は山の頂上に跳んでいったという奇蹟の逸話が広められた。

要するに、仏教の教えを好ましく思いながらも大勢の廷臣たちの反対にあって採り入れられなかった王にとっては、国教を変えるための大義名分が必要だったのだ。その後、仏陀は王の代役と化し、五五一年には王の後押しで初の「百座講会」が催され、僧たちが金光明経と仁王経の読誦を行なって国家の安泰を祈願した（このような読誦と説法が行なう会合が何度か催された）。

仏教は、洪水のごとく新羅を飲み込んだ。五六五年、明観という僧が一七〇〇巻の聖典を新羅に持ち帰った。続いて釈迦の銅像が輸入され、五七六年には中国とインドの僧の集団が大乗仏教の経典と仏舎利［釈迦の遺骨］を王に献上した。新羅は、さながら傑作をゆだねられた徒弟だった。仏典は単に読誦を行なうためのものではなかった。その多くは金箔などで飾られ、色とりどりの彩色がほどこされた極楽浄土——仏教における天界の絵図が添えられていた。華鬘（けまん）や傘蓋（さんがい）などの装飾的な仏具も国外から届いた。仏教美術、偶像、思想は人々が所有し、愛でる国宝となった。貴族の多くが仏教の統一された信念、秩序、学問、美、文明に惹かれ、この新しい宗教は、半島中に散らばっていた古びた神話とシャーマニズムに取って代わったのである。

　朝鮮の最も偉大な儒学者、薛聡（せっそう）の父親は仏教思想を整理して朝鮮仏教の教義をつくりだした僧であり、ほかの仏教学者と同じく漢文学に通じていた。薛聡は国教となった仏教をより的確に表現できる書き言葉をつくり出す事業にたずさわったとされる。彼が整理した吏読（りとう）と口訣（こうけつ）文字は、朝鮮語を漢字で表記する最初の方式である。薛聡は、ただ意味に合わせるだけでなく、場合によっては音を重視するというシステムで、漢字を採用した。六六八年、朝鮮半島が新羅によって統一されると、薛聡が完成した文字は半島全体で使われるようになる。

　仏教が紙の進む道筋を切り開いたとはいえ、朝鮮の貴族社会においては、儒教と道教の経典も人気を保ち続けた。新羅は六八二年に国学［官吏の教育機関］を創設し、儒教、仏教、道教の経典にもとづく教育を行なった。朝鮮では、中国の古典文献を読むことは単なる趣味ではなく高尚な文化に学ぶこととされ、その傾向は何世紀にもわたって続く（一九世紀の朝鮮においても、中国の詩選集が一万冊、書籍は二〇万冊も刊行されている）。朝鮮では、漢文学の知識と漢文を書く能力は、真の教養の証とされ続けたのである。また、新羅の国家行政には紙が導入された。

紙は朝鮮の人々を夢中にさせ、その地に深く根を下ろした。新羅の支配は八世紀に終わりを告げるが、九一八年に建国された高麗王朝の統治下においても書写の文化は少しも衰えはしなかった。仏教は二度目の春を謳歌し、律法が成文化された。中国から伝わったときのまま保守的な教義が保たれていた儒教に比べて、仏教は地域の信徒に合わせていかようにも変容した。一四世紀になると朝鮮では前置詞や接続詞、助動詞がすべて出揃うが、それは中国の漢字を引っぱってきたり、朝鮮語の文字をつくり変えたりしたものだった。また、句読点が使われる例も現れた。そういった文字はみな、紙の形、入手しやすさ、コストの安さがあればこそ完成したといえるだろう。

一三九二年に新たな王朝が権力を手にすると、仏教から新しい儒教（朱子学）へと焦点が移り、書写文化はまた別の理由によって繁栄した。儒教の経典が書き写されて研究され、解釈がなされるようになったのだ。

一五世紀の初頭には国営の造紙署が首都に設置され、三人の監督官のもとで紙漉き工、簀桁工、大工、そのほかおよそ二〇〇人の職人が雇用された。政治家もまた、書物の人気を利用する方法を見出した。一五世紀の朝鮮の王は、国家は書物によって国中にその影響力を行き渡らせるべきである、と記しさえした（儒教の経典の思想に近い）。王国のすみずみまで読書の習慣を広めるなどという夢を抱くことができたのも、紙の時代なればこそである。竹簡や木簡よりも価格の低い素材が存在しなかった時代には想像もできなかったはずだ。当時から理解されていたとおり、紙は、すべての民の手に経典を行き渡らせることのできる素材だったのである。

一五世紀の中頃、李氏朝鮮（一三九二年にモンゴル帝国による朝鮮半島の支配が終わると支配権を握った）の王、世宗は、ハングルと呼ばれる朝鮮固有の文字をつくったが、その文字は明快で理解しやすく、世界で最も能率的な文字のひとつとして現在も使われている。ハングルが開発されたことは、非常に重要な出来事だった。紙はすでに、持ち運びが容易で使いやすく、安価な経典を朝鮮半島にもたらしていた。ハングルが考案されたことで、朝鮮は書記官にとってはるかに能率的な（書くのに時間がかからない）、そして国民にとっても覚えやすく利用しやすい文字を手にしたことになる。ハングルは音節の組み合わせによって表記される。母音と子音を上下、あるいは左右に組み合わせて示すため、ローマ字よりも早く読むことができる（子音の文字は唇や舌などの発音器官の形を表しているので、それを頼りに読むこともできる）。ハングルは漢字と同様に、いわば見えざる正方形の枠に収まるようにして書かれるが、流れるような運筆で書かれる漢字とは異なり、より簡潔で、例えるなら紙面にばらまかれたナットやボルト、あるいはベビーサークルのなかの積み木といったところだろうか。

한글（ハングル）

世宗は中国から取り寄せた朱子学の文献の自国版をつくろうと考えたが、新たな文字をつくる出発点として、モンゴルの公用文字であったパスパ文字を採用したといわれている。いまのところ、これよりも古い朝鮮の文字は見つかっていない。朝鮮半島にとって、一五世紀は探求と発明の黄金時代だった。

新しい文字の創製は国家主導で促進されたため、儒者の官僚たちの抵抗に負けることもなかった。保守的な官僚たちは上層階級のみが読み書きを独占すべきだと考え、漢字以外の固有の文字をつくることに反発したのだ。ハングルは理解しやすく実用的で、官僚政治と儒教思想の道具であった漢字よりも簡単に、仏教と農業のニーズに結びついた。紙が中国からもたらされると、朝鮮仏教の正典もどんどん増え、七三〇年には五〇四八巻だったものが、一〇二七年には六一九七巻にもおよんでいた。一〇八七年になると、朝鮮は六〇〇〇部におよぶ三蔵（または仏教聖典）を発行していた。九四六年の時点ですでに、高麗王朝が米五万俵を仏教の促進と普及のための資金にまわし、国内すべての寺院に経典を収める宝殿を設置するように命じている。

いうまでもなく、そういった経文の大多数は紙に記されていた。一九世紀後半になると、かつて仏教がこの半島に切り開いた道を、また別の宗教が歩んでいた。半島全体がより強大な勢力に脅かされるなかで、聖書の朝鮮語への翻訳がスローガンになったのである。このときもまた、半島を再編する重要な文書のパイプ役を務めたのが、紙であった。

飾り気のない書写材ではあるものの、紙は多くのものと関わっている。中国では竹簡が高尚な儒学思想や上層階級のための書写材として尊ばれたため、紙は、大量生産や外来の宗教のためのもの、より多くの読者に書籍を届けるためのものとされた。また、薬のラベルやトイレットペーパーのような書写以外の日常的な用途でも用いられた。紙は、竹簡や絹帛が尊ばれていた書写の世界に紛れ込みはしたが、確固たる地位が築かれるまでには何世紀もの長い歳月が必要だった。また、中国が世界で最もすばらしい紙を生んだ国として認識されることもほとんどなかった。

おそらく五世紀の初頭には、紙（とそれをつくる専門知識）は朝鮮を経由して日本に伝わっていたと思われる。中国の歴史書『後漢書』のなかには日本人についての記述があり、そのなかで彼らは「倭の国の人」と呼ばれ、五七年の頃から朝貢のために定期的に中国に渡来していたとされている。その慣習は三世紀初頭に漢王朝が滅亡するまで続いた。中国人もまた日本に渡来していた。当時の記述によれば、彼らは日本人が生魚を食し、神社に参拝するときには作法として手を叩く様子を見たという。朝鮮と同様に、日本は製紙術を熱く迎え入れ、独自の書写と表現の形態を生みだした。また紙は、日本特有の文字の発達も促した。

とはいえ日本人は紙ばかりに文字を書きつけたわけではなく、木簡も使っていた。これは竹簡を使った中国の習慣に由来すると思われるが、哲学や散文、詩歌といった大作を書きつけるためではなく、もっぱら政治や官庁の業務のために使っていた。いつの時代にも、またほかのどの国にも見られないほど、日本が何世紀にもわたって紙に深く魅了されてきた理由、また、他に類を見ないほどの丹精を込め、繊細な技術を用いて紙漉きを行なってきた理由は、そこにあるのかもしれない。テキスト（手書き、または活字による）を書きつける前の紙を単なる空白のページとみなし、そこに書かれた言葉のみが人々に影響をおよぼすと考えるのは間違いだ。それをはっきりと証明しているのが日本であろう。この国には職人たちが形や品質、美しさにこだわりを持ち続けた何世紀もの歴史がある。

一九一九年、ヴェルサイユ条約の正文用紙を決める話し合いにおいて選ばれたのが、その日本の紙だった。中国は紙を発明して利用したが、日本はそれを育み、尊んだ。日本の歴史の大半において、また二〇世紀の時代においても、手漉きの紙づくりは日本列島のいたるところで行なわれてきた。福井県越前市の岡太神社には川上午前（水波能売命）という女神が祀られている神社がある。昔、その女神が幻のように現れて日本に紙漉きの技術を伝授したという言い伝えに由来するものだ。以来、日本の紙は世界中に広がり、驚くような使われ方をしてきた。

一九四四年後期、アメリカのさまざまな場所で、ほんのひと握りのアメリカ人が、自宅の上空に小さな気球が浮かんでいるのを目撃した。気球はアリューシャン列島からメキシコ、ミシガン州にいたるまで、アメリカ大陸の各地に舞い降りた。色は白く、直径は約一〇メートルで、バスケットが下がるべき場所にはひと包みの爆弾が結ばれていた。オレゴン州ブライ近隣の木にからまっていた気球を一三歳の少女が見つけ、たぐり寄せたときには、その場にいた六人が爆死した。

それ以外に死者は出なかったが、気球がどこから来たのかは謎だった。送り主不明の紙風船の雨は、アメリカ中に降り注いだ。あるジャーナリストは『ニューズウィーク』誌上で、この気球は敵の潜水艦がアメリカの太平洋沿岸沖から送り込んだものだという持論を展開した。さらにはアメリカの捕虜収容所に収容されたドイツ人が飛ばしたと言う者、日系アメリカ人が強制収容所から放ったと言う者もいた。気球は南部テキサス州からカナダのブリティッシュコロンビア州、またデトロイト州、ミシガン州の郊外にいたるまで、あらゆる場所に降り続けた。

やがて、上空に浮かぶガス気球から、砂袋がいくつか落ちてきた。アメリカ軍の地質調査部門がそれを回収し、砂に含まれた鉱物を分析し、その砂が採取された砂浜を特定した。気球は日本の紙でつくられていたが、その砂もまた日本のものだった。このような奇抜な攻撃が考案されるきっかけとなったのは、二〇世紀初頭の大発見である。

一九二〇年代、ある日本の気象学者が富士山の近くにたたずみ、上空を漂う測風気球の動きを観察していた。気球を運ぶ風速の変化は、未知の自然現象を示していた。地表から数マイル上空の風速が強くなっている。彼は、いわゆるジェット気流を発見したのだ。

そして二〇年後に、日本の第九陸軍技術研究所が一万機の紙製気球の製造を指示した。日本列島中の紙漉き職人が国家のために駆り出され、何か月ものあいだ、繊維を混ぜて紙を漉き、圧搾して乾燥させる作業を繰り返した。手先の器用な少女たちが、紙を「コンニャク糊」（食用のコンニャク芋でつくる糊）で三、四層に貼り合せて球皮をつくった。劇場や相撲が行なわれる国技館も組立工場として利用された。しかし紙漉き職人も糊を製造する職人も、自分たちがつくっているものが何であるかは知るよしもなかった。

そして一九四四年から一九四五年までのあいだに、九〇〇〇機以上ものガス気球がジェット気流に乗せて打ち上げられ、海を越えていった。目的はアメリカの一般市民を殺し、都市に大混乱を招き、森林火災を引き起こし、インフラに大打撃を与えることだった。だがアメリカ合衆国にたどり着いたのは、そのうちの一〇〇〇機のみ。死者も六人にとどまった。国家が主導したその製造計画は、二年の月日と二百万ドルの費用をかけて実行されたが、教会のピクニックに出かけた数人を殺害したのみであった。一九四五年、日本は気球の製造を中止した。

気球を組み立てるために使われた和紙は、書物や書道、便箋、封筒、袋、番傘、提灯、障子、衣類、トイレットペーパー、また大砲にも用いられた。「和紙」とは、単純に「日本の紙」という意味の言葉である（実際には日本のみが製造しているわけではない）。日本は中国の伝統と技術を導入し、それを分厚いフィルターでゆっくりと濾して品質を制御し、磨きをかけ、研究し、改良し、規格化した。和紙は、多くのキュレーターが、古代の紙の文献の台紙や裏打に使っている唯一の紙である。ロンドンの英国図書館では、古代の文献の傷んだ紙の端に、コウゾの樹皮でできた砂色の和紙を（小麦の澱粉糊で）継いで修復している。日本は紙を発明したわけではないが、どの時代のどの国でも見られなかったような方法で、紙を育んだ。

日本が中国や朝鮮と接触したのは二世紀のことだったが、それは奴隷の献上や朝鮮半島を侵略するためであった。四世紀になると、朝鮮の技術者たちが日本列島に渡来した。日本は朝鮮から鉄鉱石を買い、土地を開墾して田畑を耕した。日本の歴史書によれば、四〇四年に朝鮮半島の王国、百済から阿直岐（あちき）という使者が日本に派遣され、皇太子に経典の手ほどきをしたという。四〇六年には王仁（わに）という学者が遣わされて、その役目を引き継いだ。

このふたりの学者は日本の朝廷に中国の経典を紹介し、大いなる中国文化へと日本の支配者を招き入れた。信憑性は疑わしいが、歴史書には、王仁は儒教の経典である『論語』一〇巻と、六世紀の漢詩が収められた『千字文』一巻を献上したとある。この記述が正しければ、どちらも紙に記されていたはずだ。朝廷の文書の記録にたずさわる文首（ふみのおびと）の始祖となった王仁は、書写文化を伝えるため、その専門職発祥の地から東シナ海を渡ってやって来たのだ。

こうして孔子と仏陀は、手を取り合って日本に渡った。三世紀初頭、中国が戦乱期にあった時代、朝鮮は日本の指導者となった。五五二年に百済の王が日本に七人の僧を派遣し、中国仏教の八つの宗派の教えを伝えた。五八八年には、百済から画工ひとりと寺工ふたりが遣わされて、仏教寺院が建てられた。その一三年後に百済から渡来した観勒（かんろく）という僧は、天文学、地理学、暦法、遁術（隠身術）の書を朝廷に献上した。彼は日本に医術を伝えた人物としても知られている。

そういった使者のなかでも最もよく知られているのが、曇徴（どんちょう）だ。朝鮮の王国、高句麗は以前にも僧を日本に派遣していたが、八世紀の『日本書紀』が伝えるところによれば、七世紀に奈良の都に渡った曇徴は、儒教の基本的な経典である五経、また墨の製法や製紙術、筆の製法を日本に紹介したという。曇徴は奈良の「法隆寺」を訪れ、金堂の壁画（極楽浄土図だと思われる）を描いたといわれているが、壁画はほどなく火災のために焼損してしまう。法隆寺は再建されたが——今日では世界最古の木造建築とされている——現在その壁を彩る極楽浄土図は、ことによると曇徴の弟子が描いたものかもしれない。

中国の歴史書『隋書倭人伝』によると、紙に記された仏教は、日本の文学の発展を促したという。五一三年、天皇は中国文化と仏教教育を国家の事業と定めた。日本から派遣された留学生は、大陸から書物や仏像、仏画を持ち帰った。また当時の外交と政治の記録も紙に残されている。七世紀初頭には、渡来系氏族と関係の深かった日本の豪族が、外来文化を積極的に受け入れて貴族の文化を一新したともいわれる。しかし、もっと身分の高い支援者も存在した。日本に紙と仏教を普及させる過程でとくに重要な役割を果たしたふたりの人物、聖徳太子と天武天皇である。

聖徳太子は七世紀初頭に日本を統治した人物で、仏教思想によって日本をどのように治めるか、また日本は仏教にどのように貢献できるかということを探求した。彼は仏典の言葉に価値を見出して深く信じ、みずから法華経の注釈書を著した。また六〇四年には日本最古の成文法とされる『一七条憲法』も制定した。聖徳太子は、氏族の神と神道の神が混在していた国土に仏教の教えを注ぎ入れ、すべての教えを希釈して日本固有の色に染め上げた。古い日本の記述のなかでは、一〇〇〇年前に箸の使い方を含む中国のあらゆる習慣を日本に採り入れたとされているが、その最も大きな遺産は、儒教と仏教の巻子本の研究に端を発している。

紙に記された仏教を強力に支援したもうひとりの人物は、六七二年の皇位継承を巡る内乱ののちに即位した天武天皇だった。天武天皇は、自身が創建した川原寺で仏典の読誦を定期的に行なうことを命じた。また崩御の前年には国中の豪族の屋敷に仏舎を設け、紙の経文と仏像を置いて礼拝供養せよという詔を発布した。その甲斐もあって、聖徳太子が奨励し、国教の色を帯び始めた仏教は、代々の帝が思い巡らすものとなり、紙の文化は国中の書庫を埋め尽くしてすみずみまで行き渡った。仏教と朝廷の権力が結びついたことで、紙は日本の文化を支える柱のひとつになったのだ。

さらに六世紀の日本で書写文化が栄えたことで、朝廷の機関や教育、宗教の組織が増え、紙の文書はそれまで以上に日本の政治と社会の中心にしっかりと根づいた。仏教は紙の上で隆盛を極め、六七三年には川原寺において一切経の書写が行なわれた。

学びを記録して紙に蓄えるという営みは八世紀の前半に盛んになり、七〇二年に日本初の図書館ともいうべき図書寮が設立され、七二〇年代には官立の写経所が設けられた。図書寮には、国家の歴史書を始め、儒教や仏教の経典も収められた。また九世紀になると造紙手四人、造筆手一〇人、造墨手四人、書写手二〇人が配置された。九世紀末には年間二万枚の紙が官立の製紙所で生産され、一〇世紀には国内の六六国、四二か所から紙の原料が貢納として納められた。写経所では、一〇〇人以上の職員が働いていた。その巨大な〝コピーセンター〟は、写経生はもちろん、表紙の外題を書く題師、校正にあたる校生たちの本拠地でもあった。熟練した写経生であれば、一日におよそ七枚三〇〇〇字の経文を書くことができた。

そのあいだ、国内の五〇〇以上もの寺院が免税を受け、経典を集めて写経を行なった。そして金光明経や仁王経のような経典が、鎮護国家のために書き写されたのである。

……四天王は、この経典を受持し、護り、聴受し、供養する国王とその人民を擁護することを世尊に誓う。[40]

経典は数が増えただけでなく価値も高まり、歴史に残る壮大な仏教美術が生まれた。寺院建立の際には、絶対に欠くことのできない要として写経所が設けられた。寺院の書庫は、あふれんばかりの経典でたちまち一杯になった。それでも在家信者のための経典が不足していたために、写経所の写経生たちは働きづめだった。その流れに拍車をかけたのが、日本の紙漉き職人である。

紙史の大半において、製紙はいわば地方創生事業だった。その土地の材料、その土地の水、その土地の時節が、生産性や工程の時期を決める条件となった。日本では一二月が作業を始めるのに適した時期とされた。この時期になると農夫はコウゾを根元から刈り取る。それを切りそろえて小さな束にまとめ、木製の蒸し釜に入れて蓋をし、縄で固定して、二時間かけてじっくりと蒸す。蒸し上がった枝の樹皮を剝いでから、節傷や甘皮を刃物で削り取る。そして水と「ネリ」と呼ばれる粘剤(トロロアオイなどの木の根や植物からつくられる)を張った漉き舟に靭皮(樹皮の内側の生皮)を加えて紙料をつくる。冬の外気は、ネリの粘度の低下を防ぐため、原料が漉き舟の底に沈殿せずに済む。

ここで造紙工(紙漉き職人)が、簀桁を手に取る。簀はカヤでつくったもので、それを木製の桁(あるいは枠)にはめる。桁は、紙料を簀で漉く前に流れ落ちるのを防ぐものだ。造紙工はその簀桁を握りしめ、手前に傾けるようにして一回分の紙料を漉き舟から汲み上げ、今度は逆に傾ける。それから棒で湿紙をはがして、背後の紙床に重ねる。

積み上げた湿紙が数百枚ほどになったら、木の板をかぶせ、重石を載せて圧搾する。数時間後、造紙工は脱水された紙を一枚ずつはがしてイチョウの干し板に貼り付け、そのまま放置して自然に乾燥させる。たいていは家族や仲間の手を借りて、初冬の時期に二週間かけて作業を行なっていた。一九世紀には、毎年冬になるたび、数万の農家がこの製法で「和紙」をつくっていた。

一方、より専門的な職人は、さまざまな野菜の繊維を試し、染色や装飾をほどこした上質な紙を漉いていた。一一世紀には、再生紙のみを売る店が現れたが、そういった店で扱われたのは、たいていは墨の色が残る灰色の紙だった。中国の職人がコストと効率を優先したのに対し、日本では上質のものが追求された。一五世紀になると造紙工の組合ができ、一七世紀には京都だけでも一二一の製紙所が生まれていた。

最初の一〇〇〇年紀の後半になると、仏教や儒教、また官庁においても紙の需要は高まり、日本中で製紙業の発展が促進された。国外では紙といえばもっぱら実用的なもの（建材として用いたり、文書を記録したりするためだけのもの）ととらえていた文化圏がある一方で、日本人は、紙の経典を観賞用の宝にまで高めた。シルクロードでは相も変わらず呪術的な側面を売り物にした経典が売られていたが、日本において紙は、文学や神秘術を記録するスペースとしてだけでなく、美意識を表現するためのスペースとしても重要視されたのだ。

一二世紀には、武家政権を樹立した平清盛が、平家一門の繁栄を願って経典を広島の神社に奉納した。一一六四年、清盛は広島湾に浮かぶ宮島の厳島神社に経典を納めたと記録されている。法華経は、金銀荘雲龍文銅製経箱と呼ばれる箱に収められていた。経典は全部で三三巻の巻子本から成り、料紙には金銀の切箔が散らされていた。経文の欄外には大和絵が描かれ、花や唐草の文様があしらわれていた。漢字の経文は、吹抜屋台の貴族の屋敷や、雲の形に棚引く槍霞（やりがすみ）で飾られていた。こういった経典は観賞用の、文化的にも価値の高い美術品であり、所持する者にとっては家宝に等しかった。

それは視覚的な、物質として形をもった絢爛豪華な仏教だった（一二世紀の日本の装飾経は、熟練した技術者がつくり出す美術工芸品だった）。また、運筆も重要視された。平安時代には三筆と呼ばれる三人の名高い能書家、空海・嵯峨（さが）天皇・橘逸勢（たちばなのはやなり）が、みずからの書風を追求し、思想や感情、思考を紙と墨によって具現化した。書道は大いに尊ばれたが、文字自体は読みづらくなり、料紙に描かれた文様や大和絵と同様に、経文を言葉と絵図、繊維による新たな統一体に作り上げた。

空海は壮大な視点から書道を考察し、書があらゆるものを内包する力を讃えている。

山を筆とし、海を墨として文字を書き、
天地は経典の箱であり、
万象は一滴の露に含まれる[41]

袈裟、読誦、香、経行は新たな日本の雅となり、宮廷に仕える貴族は仏画や仏像の製作を支援した。この美の猛襲のまっただ中で、経典は信仰と学びの象徴としてだけでなく、強力な遺物や護符として——ときには仏法の王国の小宇宙、森羅万象の化身として崇められた。古めかしく難解であるがために、その内容を解説する注釈書も求められるようになったが、実際のところ経典の多くは読まれることなく仏像の内部に収められたり、埋められたり、あるいは仏と言葉を交わしたりするための手段として用いられた。八世紀より経典は寺を守護する神として寺院に安置され、祖先の霊と同一視されるようになるが、経典にまつわる奇蹟の物語が広まると、その傾向はますます強くなった。このような状況では、経典に書かれた内容の矛盾を指摘することは無意味となり、巻子本自体が霊的な力を宿すと信じられるようになった。やがて版本の経典を粗末に扱ったり、床に置いたり、足を向けて寝たりすることは許されざる行為となる。表面に真理をたたえて武装した紙は、物質的な力を保持することになったのだ。

一方、漢字は紙漉きの技術とは異なり、全国各地を旅してまわることはなかった。漢文は単音節の言葉を秩序立った形に整えることで文章の意味を表すが、日本の場合は多音節の動詞のあとに後置詞(たとえば英語の「skyward」の「ward」が後置詞にあたる)を用いる。また、日本語は中国語と異なり、複合語(お互いにくっついて離れない)をつくるが、中国人はその音を正確に発音できない。彼らは異なる語族なのだ。

中国と朝鮮の仏典は、表音のために漢字を使っていたが、日本で書写するとなったとき、筆写者はいくつかの言葉や成句を自分たちの読みやすい言葉に整理し直した。七世紀になると日本人の読み書きの能力は発達し、漢字の音節をそのまま借りて書くようになった。日本語は語彙が少ないものの、それぞれの漢字がもつ音は中国のものよりも幅広く、複数の漢字で日本語の単語ひとつを表すこともある。

この用法が、初の日本生まれの文字である「万葉仮名」(仮名は「かりな」を転じたもので「仮の文字」という意味を表す)を生んだ。「万葉仮名」という名称は、『万葉集』のなかで使われていたことに由来している。この和歌集には四五〇〇首以上の歌が収められ、最も古い歌は四世紀の半ばに詠まれたものとされている。最も新しい歌が七五九年の作であるため、それ以降に成立したのだろう。歌の大半は日本語で(漢詩も含まれているが)、編纂された項目は五三〇にのぼり、詠み人は農民から天皇までさまざまだ。歌が詠まれた地域も、朝鮮半島に近い対馬から太平洋沿岸の辺境の地まで、広範囲にわたっている。生まれたての文字で記された数々の歌は、紙の時代を迎えた日本のさまざまな姿を映し出した。

万葉仮名は「男仮名」と呼ばれるようになるが、非常に読みにくく、読むという営みが多くの民衆のあいだに広がっていく時代には適さなかった。そこで、日本の書き手たちはふたつの仮名を考案した。「平仮名」と「片仮名」である。どちらも漢字の部首を借りたもので、日本のすべての音節を表すものとして完成された。だが、すべての文字が平仮名と片仮名に移行したわけではなく、現代の日本の文字は、漢字とこのふたつの仮名が混在している。

平仮名は「女仮名」と呼ばれ、漢文を学ぶ機会を奪われていた女性たちが和歌を詠むようになってから考案されたものだ。八八五年から歌合（うたあわせ）という和歌の優劣を競う遊びが始まり、それを機に歌合は上流階級の社交行事のひとつとなった。判者は甘く寛大な判定を行なったので、歌合は遊技の色合いが濃く、漫然と行なわれることも多々あった。誕生や弔いが詩句の題に選ばれ、野外では自然を題材にした歌も詠まれた。男たちは三十一文字（みそひともじ）の和歌（「日本の詩歌」の意）で帝の関心を引こうと競い合った。また男女が一夜をともにしたあとには、男が歌を詠んで届けることが当たり前のように求められた。

二〇世紀になるまで知識人たちは、このような詩句を紙にしたため続け、九世紀から一二世紀には作家として活躍する女たちが増えていった。漢文という形式に縛られない彼女たちの歌は、日本固有の文字の発展に拍車をかけ、すでに国全体に馴染んでいた漢字と同様に広く普及していった。平仮名は主に女性や子どもが使い、読み書きの習慣を広め、小説や日記、随筆、和歌を綴る助けとなり、日本独自の国民性を育てた。

その美しさに反して、日本語は世界で最も複雑で非効率的ともいえる文字体系をもつが、その文字は、丹精込めてつくられた紙の上に綴られる。紙には数々の重要なパートナーがいるが、紙が地球規模の進歩を遂げることに最も貢献したのは思想や宗教ではなく、日本で生まれた紙だった。そして製紙術は東の終着点の日本国内を縦横無尽に駆け巡った。

紙の物語において、日本はどの国もなしえなかったほど多大な貢献をした。一世紀より、紙は中国で役立てられ、日本で紙漉きが行なわれるまでも、繊細な書と芸術を乗せる媒体となってきた。だが日本は、独特のこだわりを追求することでその用途を革新し、紙の新たな可能性を証明した。日本では紙漉き自体がひとつの芸術となり、紙そのものの美が追い求められた。その手段は折り紙(紙を折ってつくる細工)から墨流し(マーブリング)、書道、そして太平洋を渡った気球爆弾にいたるまでさまざまである。

自分が旅を組み立てるのだと思ってはいても、気がつけば自分のほうが旅に組み立てられては、分解されるようになっている。[42]

ニコラ・ブーヴィエ『世界の使い方』
[山田浩之訳、英知出版、二〇一一年]

東アジアの紙の軌跡は、南は安南(アンナン)、西はチベットや中国領トルキスタン、北はステップ地方まで到達した。中国が播いた種は地域のあちらこちらで開花したが、その行く手には限界もあった。たとえば、ヒンドゥー教は書くよりも口で伝えることを好む宗教だった――聖典の言葉だけでなく、それを暗唱するときの音の高低や旋律、発声部位を伝えることも重視されたのだ。今日でも印刷されたヴェーダは詠唱で伝えられるヴェーダの影に過ぎないとみなされている。インド亜大陸では、紀元前五世紀から、仏教徒やジャイナ教の聖典を記す素材としてタリポットヤシ（または「貝多羅葉」）が使われていた。製紙術は七世紀にはインドに伝来していたが（おそらく外交書簡の用途で）、一般的に製紙が行なわれるようになるのは何世紀ものちにイスラム教勢力が進出してからだ。インド亜大陸独自の文字による経典は、六世紀末までタリポットヤシに刻まれ続けた。さらに東南アジアの一部でも、インド仏教の影響によりタリポットヤシが使われた。とりわけ現代のミャンマーやラオス、カンボジア、タイがその影響を強く受けた。

一方、ベトナムは中国文明を受け入れたのと同様に、中国の紙もごく自然に採り入れた。紀元前一一一年から中国王朝に支配されて以来、一〇〇〇年のもあいだ中国の支配下に置かれていたベトナムは、三世紀に漢字を採り入れ、一緒に製紙術も導入した。一方、仏教（紙の利用も含めて）は、少なくともその百年前には伝来していた。唐王朝（六一八年～九〇七年）において、中国は異民族の開拓拠点として安南（現在のベトナム）に都護府を置き、支配階級を吸収した。唐の勢力が弱まると安南への縛りも緩み始め、一一世紀にはハノイを首都とした現地の統治者が治める王朝が開かれる。この王朝の皇帝、丁部領（ていぶりょう）（ディン・ボ・リン）は、国を統治する手段として僧侶を利用した。僧と写本は、丁部領が中国、労働者、世論、富裕な豪族たちとの関係を良好に保つのに役立った。やがて丁部領の継承者の時代になると、中国の政治理論は現地に合わせて改変された。民族意識が高まると、ベトナムの文字も生まれた。この文字は、伝承の上では一三世紀にひとりの詩人が生み出したとされているが、実際にはもっと古く、この文字がベトナム独自の国民性を育んだ可能性もある。

中国から西の中央アジアの地域は非常に貧しく、また分裂を繰り返していたため、本格的に製紙に着手することはなかった。三世紀にクシャーナ朝が滅亡すると、地域の分裂が始まった。その後、イスラム勢力が進出するまで、中央アジアは遠方の大国か、あるいは地方の君主が治める小国に分かれた状態だった。パキスタンのギルギット（六世紀の文書が発見された）や、タジキスタンのムグ山（八世紀初期の文書が発見された）の遺跡から出土した文書の年代から判断すると、紙はこの分裂の時代に伝来したようだ。当の中国も二二〇年から五八九年まで分裂した状態にあり、内戦が繰り返されていた。距離と砂漠、政治的な混乱が、その時代に製紙術が西方に伝わらなかった理由なのかもしれない。中央アジアにはすでに文字が存在し、紙とは別の媒体を書写材として用いていた。そのため、この地域の人々は（漢字が到来するまで読み書きの習慣のなかった日本とは異なり）漢字に関心をもたなかったのだろう。

一方、チベットは七世紀に独自の紙をつくり始めた。ちょうど、インドから使い勝手のいい文字が伝わってきたのと同じ頃のことだ（だが文字の起源には諸説ある）。僧院の写経生は古い仏典の言葉を書き写しながら、チベット独自の仏典をつくりあげた。その教えははるかモンゴル高原までも広がっていった。チベットの僧院では、ツァツァ（擦擦、サンスクリット語の「複製」という言葉に由来する）と呼ばれる粘土の護符がつくられたが、これをつくるのも写経生の仕事だった。チベットでは男女の僧が、功徳を積むために宗教的な偶像の模造品をつくり、また写経を行なったのである。やがて権力は現地の貴族から仏教の聖職者へと移り、歴史はチベット仏教の僧たちによって記され、記録されるようになった。多くの古い経典を破棄したのも、チベットの僧たちである。新たな紙づくりの方法がチベット高原各地に広まったが、それはクサジンチョウゲの根を原料とするものだった。クサジンチョウゲの根には蛾やネズミ、またシバンムシのような紙を喰う害虫・害獣が嫌う毒がたっぷりと含まれている。チベットの紙は耐久性に優れ、軽くしなやかで、高原やそのほかの地域の教養ある仏教徒のコミュニティを団結させる役目を果たした。またチベットの高僧は自国の政策や外交問題に関わることもあった。

九世紀の中頃、テュルク系のウイグル族がチベット高原北部の都、オルドバリクを離れてシルクロードのタリム盆地を支配すると、チベットに新たな北の隣人ができた。ウイグル族はすでに文字をもっていたが、八四〇年代に現代の中国北西部たどり着いたとき、製紙術をも手に入れたのである。紙の物語においてウイグル族が果たした最も大きな役割といえば、自分たちと同じ高原地域出身の遊牧民に対し、何世紀にもわたって影響を及ぼし続けたことである。これは、製紙術が東アジアを抜け出して西に広がってから数世紀後のことではあったが、東アジアの物語の一部といえよう。となれば、しばらくは年代を順に追うことはやめ、先に一二世紀に進むこととしよう。

モンゴル帝国の古都へと近づいていくと、カモメが羽を休める桟橋の柱にも似た白い小塔が、等間隔で点々と並んで方形をなす風景が見えてくる。遠い昔に消失したカラコルムの都の外壁の、一〇八基の仏塔（ストゥーパ）だ。外壁の内部には寺院がいくつか残っているが、かつて歴史の表舞台となった都の面影はなく、残骸がわずかに残る虚ろな空間でしかない。足を踏み入れるとそこは、遠い昔にアジア中から集まった巡礼者や、遠く西ヨーロッパから派遣された外交使節団の歩いた通りだ。だがいまや、経を唱え、一列に並べて掲げられた祈禱旗（タルチョ）に触れている数人の僧がいるだけで、七〇〇年前に隆盛を極めたモンゴル帝国の都の栄華は見る影もない。かつて絶大な権力をふるった王たちの都も、廃墟と化して空しい物語を語るだけである。

　その東アジアの古都は、歴史の表舞台であり、書記官の活躍の場でもあった。一三世紀のカラコルムでは、どの大臣も、帝国内のあらゆる言語――中国語、チベット語、ウイグル語、タングート語、ペルシア語、モンゴル語――で法令を書くことのできる書記官を必要とした。帝国の政府には生け贄の儀式や巫者、商人の管理、駅伝制（ジャムチ）の駅舎、皇帝の宝物と武器庫をつかさどる機関があった。そのすべての業務を管理していたのが、ネストリウス派キリスト教徒の第二書記官、ブルガイである。通常、上級の官僚はモンゴル族だったが、書記の仕事は外国人に任される傾向があり、カラコルムの三分の一は、そういった事務職の役人たちのための場所であった。ほんの半世紀ほどでモンゴル帝国は高原東部で暮らす読み書きのできなかった部族から、文字や言葉を紙に記して国を統治する、世界をまたにかけた帝国へと成長していた。

　その始まりは、テムジンという男だった。彼は亡くなった父親の代わりに家族の面倒を見ながら、子ども時代の大半を逃亡者として過ごした。テムジンは、馬を繰り、策略や戦いをとおして学び、若年期の苦難を逃れ、ヤクの尾を旗飾りにした軍旗を掲げ、高原の部族の大会議で晴れてハンの位についた。これがモンゴル帝国の出発点であり、彼は海のない国において、「海を支配する者」の意味であるチンギス・ハンとして知られるようになる。

チンギス・ハンは野心に突き動かされて朝鮮や中国北部、トルキスタン地方へと向かった。サマルカンドのきらびやかな都を征服し、ペルシアの都ニシャプールでは油に浸したネコやツバメに火を点けて放てと息子に命じ（当時のペルシアの歴史家による）、ブハラの金曜モスクの壇上ではみずからを天罰の神であると説き、北京では住民を滅多切りにして街を破壊し、中央アジアの最後のライバルだったムハンマド・シャーを、カスピ海の島で息絶えるまで追いつめた。ハンの王朝はペルシアを征服し、中国南部を我が物とし、海を渡って日本を襲撃し、チベットを支配下に置き、中東を襲ってウィーンの門前にまで到達した。こうして、一三世紀にアジア全土にまたがるパクス・モンゴリカが築かれたことで、交易は活発化し、生産物や宗教はさらに遠い土地まで運ばれるようになった。

テムジンの旅は、一回りして故郷に戻る旅でもあった。彼が中国領トルキスタンのオアシスの町にたどり着くと、ウイグル族がモンゴル帝国との友好関係を築こうと待ちかまえていた。テムジンは、その地で秩序ある暮らしをしていたウイグル族の行政手腕に感心した（テムジンは、「中国を治めたいのなら死体よりも納税者のほうが有益だ」と中国の官僚から説かれていた）。しかし彼が何より感銘を受けたのは、ウイグル文字だった。彼はその文字を改良してモンゴル文字をつくるよう、ウイグル族の書記官に命じた。モンゴルの最初の文字の誕生である。

モンゴル帝国の発展にともない、ウイグル族の書記や公文書の保管の慣習は、モンゴルの行政にそのまま引き継がれた。パクス・モンゴリカの大きな強みは、何より情報の伝達に優れていたことだった。

主要な交易路には一日の旅程ごとに宿駅が置かれ、マルコ・ポーロによればその間隔は四〇～五〇キロメートルほどだったという。それぞれの駅舎には馬や飼料が備えられ、通信文が書かれた書字板をたずさえた使者は、必要とあればそこで素早く馬を乗り換えることができた。急行便の場合、配達人が一日に移動する距離は三〇〇キロメートル以上におよんだ。だが、モンゴル文字の通信文がアジアを縦横無尽に駆けめぐることができたのも、もとをたどればひと握りほどのウイグル族の書記官のおかげだった。

テムジンの開いた帝国が成功を収めたのは、借り物によるところが大きかった。文字はウイグル族から、駅伝制はキタイ族から、そして統治体制は中国やそのほかの国からといったように。テムジンはモンゴルの生活様式をみずからつくり出そうとはせず、もとからあるものを「改変」した。そして、その手段として用いられたのがモンゴル独自の文字である。文字という武器はモンゴル族のための神話『元朝秘史』を生み、モンゴルの言語で紙に記された（だが、最初はモンゴル語の漢字音写によって書かれた）。神話はモンゴル帝国存続のためには、きわめて重要だった。なぜなら国家そのものが、異なる部族の混合体だったからだ。この作品は、紙とインク、そして文字の力が、ユーラシア大陸の半分を征服したモンゴル族の思考をつくり上げた証として、今日までも読み継がれている。

モンゴルの征服に先がけて、一〇世紀の初頭から中国を支配していたのは、異民族が開いた王朝だった。彼らは独自の文字を採り入れ、法令や歴史、詩、武勇伝、思考を紙に記して保管し、伝達した。一二世紀には満州からやって来た女真族（じょしんぞく）が金王朝を建国して中国北部を支配した。この王朝では、文筆と巧みな筆さばきを融合できる紳士的なアマチュア知識人が理想とされ、紳士たちは壁画を描いて手を汚すようなことはせず、もっぱら絹帛や紙に筆を走らせた。印刷技術（詳しくはのちに扱う）も金の時代に発展したが、政府が赤字を埋めるため次々に紙幣を印刷し、結果的にインフレーションに陥った。一二〇六年にモンゴル帝国が中国に侵略したときも、金は戦争資金を調達するためにますます多くの紙幣を印刷し、通貨の価値は再び下落した。中国を征服したのちもモンゴル帝国は古くから続く階級社会を維持したが、大草原で生活していた頃の伝統に立ち返ることはなかった。帝国は、中国の漢字を用いた官僚政治を採り入れることで国家を統制した。

一三世紀の終わりに、元王朝のフビライ・ハンは首都をカラコルムから北京に移し、コールリッジの詩にも謳われている上都（ザナドゥ）を夏の都（副都）とした。また、中国の衣装を身に着け、書物や書簡、公文書なども中国の様式に倣った。この遷都は文化の発展を促進した。一四世紀の初期になると、ハンは孔子廟を建てて芸術や文学を奨励し、元の名を歴史にしっかりと刻みつけた。のちの皇帝トゴン・テムルは、孔子廟に何時間も入り浸り、書をしたため、収集された美術品を眺めていたという。

一四世紀の初頭、元王朝は多くの書物を出版し、また翻訳を行なった。例を挙げれば、宋王朝の主だった作品や、唐王朝の皇帝、大宗の時代の作品二点、『資治通鑑』、『書経』、『大学衍義補』、孔子の言葉が収められた『孝経』、『烈女伝』、『春秋』の研究書、元王朝の官撰農書『農桑輯要（のうそうしゅうよう）』などである。儒教の道義はモンゴル文字で記され、モンゴル族の官僚に帝国の政務のあり方を指導した。そして、政務の基盤となるのもまた、紙だった。元王朝の統治が安定すると、歌劇や演劇が盛んに行なわれるようになり、上層階級だけでなく平民のあいだにも文化への関心が広がった。こうして、詩や文学の新たな主題に加えて、中国初の小説誕生への道が開かれた。文字による芸術は、新たな題材を求めていたのである。

モンゴル族は、およそ紙を必要とするような民族ではなかった。彼らが文字を記すために紙を導入したことは、「東アジアにおける紙史の新たな一章」というよりは、「第二版で加えられた補足」といったほうがいいだろう。彼らは、ほかの地域から何世紀も遅れて紙を手に取った。それも、帝国の開拓者としての必要に迫られて、その価値を認めたに過ぎない。とはいえ、ここでも紙の価値が認められたことに変わりはない。遊牧民である彼らも、紙が政務を執り行なう際に大いに役立つこと、紙には国家を統制し、法を制定する力があることを理解したのだ。紙はモンゴル族を味方に引き入れた。その並外れた力を証明し、強大な帝国の権力者をも取り込んだのである。だがこれも、紙が最初の一〇〇〇年紀の半ばに東アジア各地で成し遂げたことの一例に過ぎない。この時代、紙は猛スピードで「大中華圏」に突入し、アジアの半分を手中に収めた。文字は地域と民族のアイデンティティに結びついて、そのアイデンティティが紙に記されるのを助けた。テキストは増え、文字やアルファベット、筆、墨、竹簡、紙、拓本、版本の技術は進歩し、地域ごとに別の形を取り始めた。もともとは中国の流儀を主張するためにできたものが、仏教から地域の独立運動にいたるまで、新たな結果を生んだのである。紙は、もはや中国のみの現象ではなくなっていた。地球規模の探求の旅はすでに始まっていた。

第七章　紙と政治

白居易ほど、その時代の民衆に愛された詩人は、世界中どこを探してもいない。
二〇世紀に白居易の詩を英訳し、伝記を著した
アーサー・ウェイリーの言葉より[43]

八世紀、中華帝国の首都であった長安（現在の西安）は、少なくともアジアではほかに類を見ないほどの魅力にあふれた都だった。通りは碁盤の目のように整えられ、そこで暮らしていた詩人曰く、百万人が暮らし、富や美、陰謀、商業、また世界でも指折りの国際色豊かで洗練された都市ならではの喧騒に満ちていた。当時、長安と肩を並べられる都市は、コンスタンティノープルとバグダードぐらいのものだった。

南北に分裂していた中国は五八一年に再び統一され、そこから繁栄の時代が始まった。その中心地となったのが、商人たちであふれかえる長安だった。九つのエリアに市（いち）が設けられ、東の市だけでも二二〇の区画があり、その区画ごとに扱う商品（精肉、鉄器、織物、饅頭（マントウ）、馬勒、鞍、魚介類、金の宝飾品など）が決まっていた。ペルシア人の構える店では半貴石や貴金属、象牙、宝石、聖人の遺物、

真珠などが売られた。またブハラやペルシアからは、宮廷に献上するための絨毯も運び込まれた。唐代のある女帝は象牙細工の寝椅子を買い求め、天蓋や帳、金銀、真珠、翡翠で飾られた居室にそれを置いたという。寝椅子にはサイの角による装飾がほどこされ、黒テンの毛皮のクッションが置かれ、座面にはアシを編んだ茣蓙(ござ)が張られていた。

また市では、色とりどりの文様が染めつけられた織物も売られていた。露店には、口臭や「異国の蛮族の体臭」を消す丁香が並び、女性客のためには、洗い粉や吹き出物の軟膏、美顔クリーム、化粧品、グロス、鳥や月の文様の花鈿［古代の化粧法で、額の中央につけほくろのように貼る紙］などが売られていた。女たちは眉を抜いて眉墨を引き、紅を頬に差し、唇に引いた。六つの神がつかさどるといわれた女性用の化粧品や装身具、衣装（化粧クリーム、眉墨、おしろい、グロス、宝石類、長衣）は、その女性の財力や社会的な地位を反映した。

祝祭日も一般的になった。八世紀の半ばになると王朝は年に二八日の祝祭日を定め、四八日間の公休日を設けた。祝祭日に行なわれた雑技と呼ばれるサーカスでは、軽業師たちがピラミッドを組み、綱渡りをし、剣士が闘った。また剣や枕、真珠を使ってジャグリングをする曲芸師もいた。軽業師が頭に一八メートルの竿を乗せてステージを歩き、その竿の上にさらに横木を乗せ、その上で別の軽業師が踊るといった出し物もあったという。演目では呪術も行なわれた。道士が長いはしごを支え、そこを別の道士が裸足で登って剣を振りかざし、疫病を払うという術は、聴衆のための、いわば霊的な予防接種だった。また舞踊も行なわれた。四月五日の清明節には、宮廷の女官や新入りの若い官吏が、サッカーに似た蹴鞠というスポーツに興じた。ある皇帝は、前の皇帝が皇女のために建てた古い寺院を取り壊して球技場をつくったという。古代中国では、主に兵士が訓練の一環として蹴鞠に出場し、革のボールを蹴って競い合った。またポロに似た馬球は、現代と同じく上層階級のスポーツだったが、古代中国ではそれぞれのチームにつき一六人の騎手がいて、試合には楽隊による演奏がつきものだった。

そういった華やかな行事においても、紙はいたる場所に使われていた。門戸の上には、門神を描いた紙の魔除けが貼られた。当時は窓ガラスなどなく、高価な絹を使えない場合に油紙がその役目を果たした。竹枠でつくった灯籠にも紙が張られた。元宵節の三日間は夜間外出の禁令が解かれ、都の住人は灯籠を手に満月の月明かりの下をそぞろ歩いた。富裕層は、みずからの財力を誇示するためには金に糸目をつけなかった。七一三年には、皇帝が錦の紗を張った高さ六〇メートルもの灯籠をつくらせて城門の外に設置した。また、紙は籌木（排便後に尻を拭くもの）の習慣に取って代わり、七六七年には都に凱旋した軍隊が東部で略奪の限りを尽くし、官僚たちは紙の衣を着ざるをえなかったという。[44]

しかし中国が新たな黄金時代を迎えたとき、文化的な暮らしの中心にあったのは文字をその表面にたたえた紙だった。戦争のさなかでさえ、知識人は書物を読むことで困難な時期を乗り越えよう、重要な文学作品を保護しようとしていた。学問の時代の訪れによって、高級官僚や文学愛好者たちは、紙がもたらした生活様式——それが政務であれ、詩を書くことであれ——を謳歌した（現在も、唐代の二〇〇〇人を超える詩人がつくった四万点以上もの詩作品が残っている。二〇世紀にイマジズムを主唱したエズラ・パウンドは、唐代の詩人が到達した簡素な形式と表現を模範とした）。五八一年に再び統一されて平和を取り戻した中国は、次第に豊かになり、読書の文化が開花した（再統一された中国では、紙の郵便物もさらに遠方まで配達されるようになった）。

紙（中国南西部の成都とその周辺で多くつくられていた）の価格が下がると、人々は徐々に私的な用途で紙を用いるようになった。おかげで、紙に記された個人の生活を、あるいは少なくとも紙の世界の住人の生活をたどることが可能となった。もっといえば、幾世紀もの時代を越えて、この世でいちばん神秘的な物語、個人の内面の物語に触れることすら可能にしたのである。もちろん、そうして触れられるのは、紙と深く関わったほんの一握りの人間の私生活に過ぎないのは確かだ。とはいえ、一二〇〇年も前の中国に暮らした人々の個人的な洞察や経験を読むことができるというのは、実に驚くべきことであろう。

そういった観点から取り上げるのにふさわしい人物がひとりいる。その男の人生は、詩や政治、信仰、行政、書簡を通じて現在も紙の上に存在する。八世紀の中国の暮らしのなかで、その知識人はとにかく大量の紙を使った。それは彼の政治的な使命感、個人的な趣味、交友関係、類いまれな頭脳、社会への憂慮と詩があればこそで、彼がみずからの私生活をさらけ出すという普通の人間にはできないことをあえてしたからでもあった。彼はその生活によって、紙の用途は行政、試験、公的な書簡に限られないことを立証した。私たちは、彼の残した書簡や詩、日記を通して、彼の人生――喪失の痛み、親しい友と分かち合う喜び、堕落した国家に対する不満、極端な貧富の差への憤り、物事の直観的なひらめき、そして自然と深く交わった時間――を共有できるのだ。作品の数、題材の幅広さ、政府を批判するときなどに見せる感情の激しさなど、どれをとっても、それ以前の中国にはまったくなかったものである。そして、唯一紙だけが、その遺産を遺すことを可能にしたのだ。

白居易は七七二年、ちょうど戦争や飢饉が中国の黄金時代をおびやかし始めた時代に生まれた。もしそれより六〇年前に生まれていたなら、彼が人生を費やした関心事はどれも存在しなかったに違いない。中国の記録によれば、その二〇年前に五〇〇〇万人だった人口が、七六四年には一七〇〇万人に減少していた。それから九世紀にいたるまでのあいだ、中国全土が反乱や飢饉、度重なる異民族による侵攻により混乱をきわめた。辺境の地は常に危険に脅かされ、政府は空の金庫を再び満たすために、やむなく金銭と引き換えに度牒［僧尼の出家得度の証として国家が交付する証明書］や科挙の合格証を交付した。

白居易は、歴史ある街の中心部で暮らす、貧しい役人の家系の出だった。彼は兄弟とともに母方の祖母の手で養育された。のちの本人の言葉によれば、幼い頃からいくつかの漢字を読むことができ、五、六歳の頃には詩文をつくり、九歳で韻や四声を習得したという。のちに白は姪や甥に学問を続けるよう励ます詩を書いている。

人生は、読めぬ者を欺く。
私は、筆と文字によって知識に恵まれた。
人生は、地位なき者を欺く。
私は、官僚という地位に恵まれた。[45]

七八三年、皇帝は反乱軍によって都を追われ、七八四年の秋に唐王朝が再建される。だが翌年の干ばつにより、都の井戸や、食物を供給する田畑の水源は干上がってしまう。

中国の歴史は水の歴史といってもいい。それは、神が海と大地を分ける創世記に始まり、農業と灌漑の構築、道教の地卜（風水）、南部で収穫した生産物を北部に運ぶ京杭大運河の建設、北京の乾燥地帯の砂漠化、また二〇世紀の共産党による水力発電ダムの建設、二一世紀の南水北調プロジェクトにまで続いている。

白居易の一家は、干ばつがもたらした社会不安によって離散を余儀なくされた。白は北部の混乱から逃れるために、南東部の長江の河口付近の街に引き取られて難民生活を送った。彼の処女作はこの時期のもので、その詩は、古くから幾度となく繰り返されてきたテーマである、愛する者の不在を嘆くものだった。

故郷の方角をどれだけ望み見ても、いったい何になろう。
その地は楚水と呉山に隔てられた、万里の先だというのに。
今日はその地に向かう君が、私の兄弟を訪ねてくれるという。
私は望郷の涙と手紙を君にあずけよう。

白は七八八年に顧況（こきょう）に自作の詩を送っている。顧況は著名な詩人で、中国で彼の韻文を知らぬものはいなかった。当時、白は地方の役所で書記か筆耕の仕事にたずさわっていたと思われる。家族の暮らしは苦しく、白は、七九四年に下級官吏の父親が亡くなると、科挙の受験を延期せざるをえなかった。しかも儒教の習慣を考慮して、役所の仕事を再開するまで三年も喪に服さねばならなかった。

　七九九年、白は病に伏していた母親に金を届けるため、東の洛陽の都に向かった。しかし長江の北岸に渡る前に小さな町に立ち寄り、郷試［地方で行なわれる科挙の一次試験。及第した者は都で二次試験を受ける資格を得る］を受験した。彼の綴った詩は古典の知識と文章を巧みに操る資質がよく表れているとして及第を勝ち取り、春に洛陽で行なわれる最終試験への第一歩となった。そして八〇〇年、白は二八歳で国内で最難関とされる試験に優秀な成績で合格する。晴れて進士［科挙の進士科に合格した者が得る資格。唐代においてはこのほか秀才科、明経科、明法科、明書科、明算科が設けられていた］となった彼は、その後の官職の登用試験（銓試）においても進士一九人中、第四位で及第したという。

　科挙のシステムは、七世紀末、武則天の治政において本格化された。だが、吏部［文官の人事を担当した行政部門で、主に貴族階級が実権を握っていた］の試験官が権限を悪用するようになり、また科挙そのものも都の階級社会を揺るがし始めた。しかし七三七年に吏部に代わって礼部が省試［都で行なわれる科挙の二次試験］を管理するようになると、試験官たちの影響力も弱まった。唐の時代、たとえ省試をトップで及第しても上級官僚にはなれないのが普通であり、彼らの多くは、吏部がつかさどる銓試の試験官を動かせるような後ろ盾が必要なことを思い知らされた。白居易自身も、帝国の霊廟の管理にたずさわっていた役人に後押しを乞う手紙を書いているが、それが功を奏することはなかった。銓試に及第するためには、少なくとも四つの分野に抜きん出ていなくてはならなかった。風貌、言辞、筆跡、法の知識である（だが彼は筆跡、いわゆる書法の知識はほとんど持ち合わせていなかったと作品で記している）。

　最終試験はふたつの科目から選択するのが習わしだったが、ひとつは古典教養で、もうひとつは文学だった。受験者は、儒学の教義と政策立案の実利的な要素を結びつける学識を求められた。古典教

10 ⊙「北斉校書図」と題される、経典の校書を行なう学者たちの様子を描いた、閻立本（えんりっぽん）の11世紀の作品。古代中国の具象画のなかでも群を抜く傑作とされるこの作品は、気まずい出来事を端麗な筆づかいで描きだし、いざこざが起きた瞬間や、その場を取りなそうとする周囲の人々の表情をとらえている（作品中央の学者が不意に帰り支度を始め、同僚の学者が慌ててそれを止めようとして道具を落とし、台座に置かれていた軽食の器を倒している）。この絵は、五五六年に文宣帝が皇太子の教育のために一二人の儒学者を招き、経典の写本の校書を行なわせた場面を彷彿させる（閻が描いている学者は五人のみだ）。だが台座に軽食が置かれていたり、学者の服装が平服であったり、また彼らの様子がくつろいで見えることから、これが公的な制約に縛られない私的な集まりであるとわかる。政務とは違う、ごく自然な雰囲気が伝わってくる作品だ。右側の学者は、遊牧民風の赤い長衣を身に着け、胡床（あぐら）に腰掛けている。その彼を取り巻いている使用人たちは、文書の作成作業におけるさまざまな役割を担っている。紙を扱う者、新しい筆を用意する者、予備の巻紙をもつ者、草稿を見直す者、また筆記を行なう学者のところに正装用の帯（地位を表す）をもってくる女中もいる。(Photograph copyright © 2014 Museum of Fine Arts, Boston)

養の試験は暗記と暗唱のテストであり、受験者は国家が認めた正式な解釈を詳細に述べなくてはならなかった。白は、文学を選択した。六九〇年代に始まった、新たな時代が生んだ純文学である。試験問題の多くには、賞讃の言葉や無韻詩、韻文による解答が求められた。当時の帝国で成功を収めたのは文章を自在に操ることのできた者たちであり、彼らが受けた試験は世界でも群を抜く進歩的な行政システムの、いわばタレントスカウトだった。白は偶然にも、ある改革者が科挙制度の腐敗を非難した年に受験するはめになった。彼は、孔子と老子の逆説や、自然の仕組み、また穀物市場を安定させるための仕入れ価格の統一政策を復活させる案に対して筆で答え、名誉への道を切り開いた。その数週間後、彼は帰郷して父母に会うため洛陽に旅立つことになるが、そのときの思いを「及第ののち、帰省せんとして同年の諸君に留別する」という詩に託している。

一〇年のあいだ、常に苦労を重ねて勉学し、私の日々はすべて書物のなかにあった
そしていま、ただ一度の試験で合格を勝ち取った
それでも成功は、私にとって喜ぶべき栄誉とはいえない
栄誉は、親にこの知らせを聞かせたときにこそ得られるであろう
私は六、七人の友人の同輩に見送られて、都を旅立つ
……
笛や琴の音が別れの歌を奏でる
……

ほろ酔い気分で、遠路も苦にならず
春の日に、馬の蹄は軽やかな律動を刻み
私を家路へと運ぶ

白は二九歳（かぞえ年の三〇歳）になったときに職を失い、それを憂えるかのように、人の一生を百年とするとすでに三分の一が過ぎてしまったと述べている。将来の希望は科挙に、そして適切な様式で答案を書くことにかかっていた。世の中にあふれる不和や不公平に対する解決策を提言する白の答案には、隠喩と古い格言がちりばめられていた。彼は七人の受験者とともに及第し、宮廷の図書館の業務をつかさどる校書郎という官職に登用された。

こうして白は下級官僚となり、その仕事のために月に二〇日宮廷に上がった。収入を得て、生活は安定した。やがて故郷に戻り、彼は渭水のほとりに居をかまえ、月に一、二度、都に戻る生活を始めた。宮廷の図書館は、紙と墨が中華帝国の中心に位置づけられていた証だった。上級官僚を目指したければ、まずは紙の記録文書を整理し、管理する仕事をこなさなくてはならない。だが古典教養や書法も、紙が社会に広く受け入れられるための重要な役割を果たした。やがて、紙は多くの人々の支持を得て、新たな階層までも浸透していった。

都のあらゆる場所で学問への関心は高まり、後宮の女たちまでもが古典や文字、律令、詩作、数学、チェスを学ぶようになった。紙漉きを行なうためにクワの木が栽培され、宮廷の絹を調達するためにカイコが飼育された。皇帝の勅令は黄紙に記され、帝国のいたる場所に発布された。軍の士官が紫の織布で覆った台座を用意し、行政官がそこに勅書を置き、ふたりの司法官が交互にその文面を読み上げるのだ。

民間の図書館ができるまでに、さほど時間はかからなかった。宮廷の図書館には、さまざまな信念をたたえた二〇万巻以上もの蔵書がずらりと並んでいた。白居易の時代にはキリスト教の翻訳書も多く、『序聴迷詩所経』と呼ばれる聖典もあった。キリスト教は中国文化を脅かすものではなかったが、イエス・キリストはすべての民族を救うと説く聖典に影響されて、皇帝の大宗はネストリウス派の教会や寺院を都に建立した。北西の国境地帯でさえ、役所は独自に紙の文書を書き記した（六世紀の隋王朝においては、ある官僚が皇帝のために政敵を告発する三〇万枚もの勅書を書いている）。

新しい皇帝が即位した八〇六年、白居易はさらに上級の試験に臨むことになる。前回の試験と同様、白は王朝の歴史に加え、古典とその注釈書を綿密に調べ上げて試験に臨んだ。彼が勉強のために利用したのは、華陽観の図書館（寺院文庫）だ。唐代には国中の僧院や寺院に図書館が増設された。それは文字による学問が宗教文化のなかで栄え、優先権を得たことの表れであり、また宗教上の暮らしのなかで紙の役割が増えたことの証でもあった。白はその寺院に住み込み、親友の元稹（げんしん）とともに受験勉強に励んだ。試験では、王朝の衰退と、それを食い止める解決策を論じることが求められた。白は減税案を挙げ、また道徳を重んじる国家は、武器を放棄するよう反逆者を説得すべきという一般論で結んだ。

一方、元稹が提案した策は、科挙の制度を刷新することだった。一次試験では唐の律令と古典教養の試験を行ない、二次試験では散文詩をより形式に則った形で答案を書かせ、それを評価するというものだった。また一次試験の採点者は、暗記の能力ばかりを重視せず採点すべきであり、二次試験の採点者は、政策の知識や官僚的な能力ではなく、受験者の詩文のみで文才を評価すべきだと説いた。さらに元稹は、それ以上の登用試験は行なうべきではないとも主張した。要するに、従来の考え方や制度に縛られない、実力主義を提唱したのである。元稹は全受験者のなかで最高点を獲得した。とはいえ、彼の答案が紙を離れて実践されることはなかった。一方、白は次席で及第した。

ふたりは寺院の文庫で勉学に励み、孔子や法家、仏教徒や道士が著した作品を読み込んだ。だが、白の儒教への関心は年齢を重ねるにつれて薄れ、逆に仏教や仏典への関心が高まっていった。

経典をしたためたひとりの僧がいた
その身体は清らかで、その目的は明らかで、
……
経典を書き終えた僧は「僧宝」と呼ばれ……
白い屏風は褚遂良（ちょすいりょう）の書をたたえ、
漆黒の文字は、それが乾いた日と変わらず、くっきりと力強い

白居易の生きた時代において、中国の仏教僧は仏教社会の上位に位置し、国家の伝統的な階級制度においてのみ第二の地位とされていた。その仏教僧が経典の専門家を育て、教養としての仏教の地位を向上させ、多くの在家信徒に高水準の教育をほどこした。税の免除という特例措置により、多くの

人が家族への責任を放棄して出家し、階級の差異は曖昧になり、また女たちも仏教の儀式に加わった。そして仏教は国の中華思想を希釈し、唐代の中期には為政者の手で積極的に文化に組み込まれていった。

唐代の初期、仏教寺院は、大都市以上に大きな図書館を所有していた。僧侶は最も教養ある知識人グループの一員であり、唐代中期になると仏教僧の数は百万人にものぼったという。寺院の僧尼は、単に社会を離れて隠遁生活を送る者たちではなく、多くは社会に、また市場に深く関わっていた。実際のところ、仏教施設は潤沢な資金を蓄えているケースが多かった。それは賤民を奴隷とする制度（八四五年の仏教弾圧のときに、政府は寺院が所有する一五万人の奴婢を解放した。その多くは売られ、あるいは徴兵され、また役人自身の奴隷として働くために引き取られた）[46]、無尽蔵［寺院に設置された金融機関。信徒が寄進した金銭を積み立てて民間に貸付け、その利息を得て寺の維持費などに充てた］、減税措置、公有地の供与とその賃貸事業に起因していた。

七〇五年に、皇帝は仏教僧の試験を導入した。受験者は問題に答え、法華経の数節の経文を暗記しなければならなかった。七五八年の反乱の影響により、皇帝は国家の安泰を祈るために五つの霊山に層塔建築の仏教寺院を設けて、修行僧を置いた。各寺院の僧は仏典を少なくとも五〇〇項（七〇〇に近いとする資料もある）は学ばなければならなかった。八世紀後期、僧侶の試験はいくつかの学科に分かれ、暗記のほかに仏典の解釈も求められるようになった。また四世紀に入る頃には、僧侶はみずからの寺院で儒教の経典も学ぶようになっていた。僧院の指導者は、修行僧に書法の手ほどきも行なっていた。

年少の修行僧も、山ほどの経典を読んで暗記しなければならなかった。「駆鳥人」［孤児救済の一環として、食べ物に集まる鳥を追い払う程度の役目が務まる年齢の子どもは出家を許された」と呼ばれる幼い出家者は、まず文字から習わねばならなかった。大乗仏教の経典は、読誦や暗誦、学習、写経を繰り返すことを推奨している。七世紀末になると、中国北西部の寺院では、五五人の写経生が写経を行なっていた。また長安の都では、数千人の写経生が、あちらこちらの寺院で仕事に励んでいた。

上層階級（と白居易の家庭のような貧しい役人の家系）の人々は、儒教の教育を受けていたが、村人たちは仏教の教育を受けていたようだ。寺院に寝泊まりして読み書きを学ぶ者もおり、寺院の多くは無学の大衆に仏教の教義を教えるため壁画の制作を行なった。

仏典はインドから途切れることなく運び込まれ、あらゆる書庫が常に十分な蔵書で満たされていた。また寺院も経典を制作したため、僧は写経生の役目も担い、政府の援助を受けて、膨大な数の仏典を写経することも少なくなかった。経典のほかに仏教の歴史書も編纂され、仏教以外の経典の写経も数多く行なわれた。そのなかには、単に別の宗教を糾弾するために所持されたものもあった。宮廷では、皇帝の誕生日に三教（儒教、仏教、道教）談論という討論会が恒例行事として催され、各教派が議論を闘わせた。七世紀の初期には、皇帝の勅命により、一五年の歳月をかけて、およそ百万巻の仏典の巻子本を写経する事業が行なわれた。

八〇六年に白居易がしたように、科挙の試験勉強のために寺院の文庫を訪れ、書庫に詰まった山のような巻子本を拾い読みして学ぶ者もいた。八世紀には長安だけでも九一の仏教寺院があった（その三分の一は尼寺だった）。日本でも七世紀から八世紀にかけて、寺院の文庫には無数の漢訳経典や注釈書が蓄えられ、儒教の文献も数多くあった。

私はぶらぶらと歩きながら
青い竹簡の文字を目で追う
そして道教の黄庭経を口ずさむ

しかし中国において、仏教が読み書きの文化にもたらした最たる恩恵は、図書館でも学校でもなかった。「複製」という慣習だ。そもそも漢字は画数の多い複雑な構造の文字であるため、寺院において仏典を次々に書き上げることは難しかった。各地の都では商人も写本をつくり、仏像に添えて在家信者に売った。仏教は儒教とは異なり、書の出来栄えは重視されなかった。言葉を複製することこそが、重要だったのだ。

白居易は儒学の知識や、仏教を愛おしむ心、政府や図書館での官僚としての働き、また詩作によって、中国の黄金時代における紙の文化の中心的な人物となった。彼にとって紙とは、最も実り多き時代に利用できた媒体というだけでなく、ほかの何よりも洞察を与えてくれる特別な素材だった。皇帝でもなく歴史編纂者でもなかった白が、何世紀にもわたり紙にその名をとどめることができたのは、彼の内面的な気づきや独自の思考がその上に繰り広げられたからにほかならない。宮廷の外の世界で、個人の生活がこのように詳細に記録された例はほかになく、これほど率直で情緒にあふれた作品もないに等しい。白は、みずからの感性を表現するために紙を使った、古き時代のたぐいまれな作家だった。

彼は日常生活における心の動きを、ときとしてその体験を事細かく紙に書いた。紙以外の媒体はあまりに高価で、体裁の融通も利かず、その上、古来の題材や形式との結びつきが強すぎたため、このような新しい文学の形を花開かせる素材にはならなかったのだ。

文学をこよなく愛した白であったが、紙の恩恵を受けながらも、それを創作には欠かせない機能的な素材として讃えることはなかった。そして印刷術についても、その重要性を認めなかった。とはいえ彼がこの世を去るまでのあいだに、印刷術は紙が社会に深く根を下ろすための決定的な要素となる。

少なくとも二〇〇〇年のあいだ、落款印（絵や文字が印章の表面に彫刻されている）は中国において作家固有の標章であり、作品が自身の作であることを証明するものでもあった。歴史のなかで最初に落款印が表れたのは、始皇帝が翡翠に彫刻をほどこした印璽をつくらせたときだった。道教の信者は木片に護符の彫刻をほどこし、魔除けとして砂や粘土に押捺した。白居易の時代には、印章は陰刻ではなくなっていた（落款印は陰刻で、写真のネガのように印影が反転する）。代わって現れたのは陽刻の印章で、浮き彫りによって印影がそのまま写されるようになった。

白居易自身は作品に、おそらく自作の詩であることの証としてみずからの印章を押していたであろう。道士や仏教徒も同じように、文字を記したあとに印章を押した。白はそのような文書を山ほど目にしたことだろう。拓本を見る機会も少なからずあったに違いない。中国の歴史のなかで、無数の漢字が石版に刻まれた。それらはすぐに、あるいは何世紀も放置されたのち墨を塗られて紙に写し取られ、あたかもネガのような黒い経典を生み出してきた。

11⦿書家の楊辛（ヤンシン）の落款印。彼の作品には、すべてこの印章が押捺される。印章と拓本の文化は、印刷術の発展に多大な影響をおよぼした。

中国では、長きにわたって複製が行なわれてきた。それは殷王朝の青銅器に始まり、始皇帝が統一した篆書の印璽、明代の大量生産による磁器、そして現代の中国の工場で続々と生産される製品にまでいたる。[47] しかし複製品の大量生産という発想は白自身の人生には馴染みのないものであり、たとえ眼の前に差し出されたとしても彼が関心を示すことはなかったはずだ。詩人であった白にとって、文字とは筆でしたためるものであり、文字を書くということは、肉体を通して文字そのものとそれを書く者の内面を表現する特異な営みだったのだ。とはいえ印刷術はひとりの野心ある女帝の関心を引き、機械化された複製が最も盛んに行なわれる未来への扉が開くことになる。

初めて印刷が行なわれたのは、仏教徒の事業のなかでだったかもしれない。それまで手書きで複製を行なっていた奴隷が九世紀に解放されたことで、経典の需要に対応することができなくなったのだ。だが、このときの印刷事業は読む側に向けたものではなく、そのなかで女帝が神格化されることに白居易が感銘を覚えることもなかったであろう。だが、印刷術の中核地であったふたつの国（朝鮮もそのなかに含まれる）こそが、白の作品が最も多く読まれたところでもあった。中国と日本である。

中国では武則天が、仏教を重んじて諸州に寺を建立し、仏教『大雲経』を奉納した。そして、みずからを神格化するための偽経を五〇〇〇巻、亡き父母の供養のための経典を二万巻以上、さらに数百万枚の護符を量産した。八世紀初期には宮廷で権勢を振るった李一族の女たちが織布に繊細な文様を染めつけ、やがて押し染――いわゆるプリント柄の生地で仕立てた衣装が献上された。

武則天は経典を、読誦するだけでなく、みずからを弥勒菩薩の生まれ変わりと称して皇位につくことを正当化するためにも利用し、流布した。彼女が着手した大量生産の事業は、布から紙にいたるまで、手書きから印刷に移行するための起爆剤となる。世界で最も古い印刷物とされる紙もやはり、読誦が目的であるわけではなかった。それは七五一年のものとされる、中国の道士の護符で、紙自体は朝鮮製だが、中国で印刷されたと思われる。そういった紙は言葉を記すための媒体であると同時に、神秘的な力をもつ守り札でもあった。

版によって刷られたものとしては、現存する最古の印刷物は、日本において、やはり政治的な意図のもとでつくられた。七七〇年に女性天皇である称徳（孝謙）天皇が、陀羅尼と呼ばれる仏教の呪文の経を「百万巻」つくるために、大麻の繊維で漉いた小さな白い紙に経文を印刷したとされている（おそらく事実であろう）。このひとつひとつが小さな仏塔（ストゥーパ）に収められ、日本各地の寺院に奉納されて国家の安泰が祈願された。もし白居易が官僚の立場でこれを聞いたとしても、特に心を動かされることはなかっただろう。それどころか虚栄とみなして非難する詩さえ書いたかもしれない。だが白ものちに仏教に帰依した者であった。彼の死からちょうど二二年後のことだったが、この世界初の版本には、ことによると、感銘を受けたかもしれない。こちらの紙は、実際に読まれることを目的として量産された。

八六八年、金剛般若経の経文が木の板に刻まれた。板の表面には墨が塗られ、そこに紙が次々に押し当てられた。一枚目には、釈迦が弟子たちに囲まれている絵図が印刷された。印刷工はこの紙を巻子本の扉絵とし、右から左に読めるように左側の余白に経典の一枚目を糊で貼ってつないだ。経文を刷るための料紙は、虫よけの効果がある黄色の染料、ベルベリンで染められた。そこに、炭からつくる退色しにくい墨を用いて文字を刷ったのち、それを一枚ずつつなぎ合わせて一巻の巻物の形状に仕上げた。そうしてできあがったものが、今日までも残っている。この金剛般若経の写本は、広げれば五メートル以上もの長さになる。これは手書きの巻子本が版本の巻子本へ移行した重要な瞬間といえるだろう。それまで巻子本の質は、そこに筆をしたためた書き手から完全に離れることはなかった。しかし唐代の社会において印刷術は、文字による経典をすみずみまで広めたものと同じ情熱から生まれた。政務文書であろうと、宗教的な教義であろうと、また哲学や詩であろうと、それは書物の形をした知識と想念を尊ぶ心にほかならない。

仏教は印刷術を東アジアにもたらしはしたが、その可能性を存分に活用できなかった。九世紀の半ばから中国仏教は衰退の道をたどるのである。国家によって寺院が破壊され、税の優遇措置は廃止され、外来の宗教を排除しようとするナショナリズムが叫ばれた。結果的に印刷術は官僚の手に渡った。記録をつかさどる政府機関が取扱う文書の範囲はそれまで以上に幅広くなり、使われる紙も増加した。唐代の官僚は文書を記録するための技量に秀でていなければならなかったが、印刷術によって簡単に大量の文書が作成できるようになった。とりわけ一〇世紀の初期に唐から王朝を引き継いだ宋王朝が、大いにこの恩恵に浴した。

とはいえ宋代以前においても印刷術の影響力は計り知れないものがあり、官僚の暮らしには常に大量の紙や報告書がつきまとった。八〇八年に白居易は自分がひと月に書く文書の数——漢字一〇〇〇字による二〇〇枚の詩文——の多さを嘆く詩を詠んでいる。彼は、それを酔いが回った頭で「走り書き」したと宮中の文書保管係に語ったという。

月に二〇〇枚もの建白書を書いて
年俸三〇万の身の辛さよ

その二年前、白は中国北部の中ほどに位置する県の尉（じょう）［県の軍事や治安を担当する官職］に任命された。八〇七年には集賢殿（しゅうけんでん）で校正にたずさわり、古典や注釈書の抄録を編纂した。それは決して大きな仕事とはいえなかったが、彼の仕事ぶりに皇帝が目を留め始めた。同じ年、ひとりの宦官が白の屋敷を訪れて、白が翰林院の官職である翰林学士に任ぜられたと伝えた。翰林学士は、宮廷内で抜きんでて権威ある官職のひとつだった。

翰林学士となった白は、皇帝付きの秘書官として勅書を起草する業務にたずさわった。皇帝は白の書いた草稿に目を通し、承認し、みずからの朱印をそこに押捺した。今日、そういった勅書が二〇〇枚以上も残っている。白は職場に幾人かの親しい友人ができたが、みな文書や草案作成の腕前を評価されて選ばれた者だった。白が翰林院に召された頃、学士たちのあいだには宦官の権力を抑えようとする改革派と、波風を立てるべきではないと考える保守派との対立があった。白は改革派で、熟練した専門職の手に権限を戻すことを強く望んでいた。
八〇八年に、白は宮廷の侍従として、六人の左拾遺のうちのひとりに選ばれた。左拾遺は決して高位の官職ではなかったが（彼の位は従八品上となった）、職務自体は特権的なものだった。それによって白は皇帝が目を通す「建白書」（上書）を書き、皇帝の言動を諫め、詔勅や行政の過失を正す役目を担うこととなる。その地位は、施政の現場に最も近い場所だったのだ。白は、多くの同僚のなかから自分が選ばれたのは、自作の詩のおかげだと考えた。そして、皇帝の立場なら貧しい民の暮らしを改善できると信じた。だが、皇帝の行動は、ときとして遅きに失することもあった。

天子は、賢明なる詔勅を白い大麻の紙に託して発布する
そこには地方税を一年間免ずると記され……
しかし民の九割は、すでに税を納めたあとであり……

白は立場上、皇帝の言動を諫めることしかできなかったが、宦官や官僚、后妃が権勢を振るう腐敗した宮中の現状や、貧困にあえぐ北部の農民の姿を常に見てきた身であった。新たな地位についたことで、白はみずからの報告を裏付ける証拠がなくとも皇帝に進言できる権限を手に入れたのである。ある詩のなかで彼は、よこしまな后妃と弁ばかり立つ廷臣は、一本の木に巻きついて最後にそれを締め殺す美しいフジだと謳っている。また、良き役人はスイレンのようなもので、泥が淀む池に浮かんでいるためにみずからの芳香を放つことができないと謳った詩もある。それまでもずっと政治改革

を唱えてきた白は、真に取り組むべき問題は宮門の外にこそ存在するのだと皇帝に伝えようとした。八〇九年、彼はみずからの役割を詩で表現した。中国中央部の宣城(せんじょう)で生産される筆は、その目的だけのためにとらえた野ウサギの被毛の「千万本のなかのひと束」を選び出す筆匠の、巧みな技の賜物であるという詩である。さらに、この詩文には、次のような戒めの言葉が続く。

それら宮廷に献上するためにつくられた筆を
天子や顧問官は決してぞんざいに扱ってはならない。
彼らが引き起こした事件を記録するためにこそ使うべきである。
拾遺や史家はその筆を、悪意ある者を根絶やしにし
拾遺も史家も、この筆を何より貴いものと肝に銘じて
取るに足らぬ失政を諫めることや
小さな勅令の文言にこだわることのために使ってはならない。

その同じ年、白は民謡を集める官署を復活させることを皇帝に建言した。一〇〇〇年前の周王朝の時代には、音楽をつかさどる楽府という官署の役人が中国各地を旅して、民衆に愛された歌謡を採取していた。白は、この方法によって民衆の思いも皇帝の耳に届けられると考えたのだ。

……いまでも民衆のあいだでは、天子を讃える謡が歌われている。

天子を褒めそやす詩や散文ばかりが横行し
良き助言や反対意見を進言する者はもういない。
官僚は、諫官に言動を慎んで口を閉ざすことを強いるばかり。
諫言の太鼓は高く掲げられたまま捨て置かれ……
天子よ、どうか私の言葉に耳をお貸しください。
もし民の本当の心を知りたいとお望みならば、
諫官がしたためた詩のなかから彼らの思いをくみ取ってくださいますように。

そして白はみずからの詩のなかに警告を込め、宦官の巧妙なやり口や、地方官の不正行為とそれに起因する地方の貧困が、唐王朝を衰退に導くことを皇帝に伝えようとした。白はまた、銅銭の価値は、貨幣として用いられるときよりも溶けた状態のほうが高いと主張した。そして購買力の変動は貧民層に打撃を与えるため、貨幣価格を制御するためにすべての銅地金を没収すべきだと主張した。だが、彼の建言は無視された。農産物の価格が下落したとき、白は地方の民が貧困にあえいでいるのは租のせいではないとある友人に訴えている。白は、湖南地方の役所から毎年、侏儒(しゅじゅ)［身長が並外れて低い人］が貢物として宮廷に献上されていることも批判した（朝貢の一環として、あらゆる属国から貢物が都に届けられ、土地の名産品も多く献上されていた。南部から献上された侏儒もそのひとつであり、珍しいものを好む皇帝の歓心を買った）。

その頃の数年間は、白の政治に対する関心や愛国心が最も高まった時期だった。彼はみずからの見解や感情の一切を紙にぶつけた。三七歳となった彼は、一年前に娶った妻と都の閑静な地区で暮らしていた。ある詩のなかでは、ありふれた朝の光景が描かれている。皇帝に謁見するために夜明け前に起き、肌を刺す寒風のなか、彼は蛇行する川の岸辺を馬の背に揺られて三マイル北の銀台門に向かう。そして口ひげを凍らせながら、城門の外の漏刻（水時計）が時を知らせる音を待つ。白は友人の元稹が日が高くなるまでも毛布にくるまって眠る姿を想像しながら、みずからの未来をほのめかすような言葉でその詩を結んでいる。

皇帝の信用に加え、白は八〇八年に宰相に任ぜられた男の支持も受けた。友人の元稹もまた、新任の宰相から高位の官職を授けられた。八〇九年になると、白の詩は政治的な色を帯びてくる。個人的な詩のいくつかは、友人の元について、あるいは元のために書かれたものだった。

ある日、都の通りを歩いていたとき、白は元にばったり出くわした。元は、左遷の憂き目にあっていた。人望あるひとりの税務官が亡くなり、その税務官の汚職や資産の違法な没収を非難したことで、役人たちから敵視されたのである。白は元とともに馬に乗って南部に向かい、しばらくのあいだ滞在した。ひとりで都に戻ってからも、白は駅站（唐代のあいだに道路と水路を利用した通信網が発達し、帝国中に駅舎が設置された）を利用し、遠く離れた友に二〇篇の新作の詩を送っている。皇帝宛に抗議の書簡も書いたが、元の左遷を覆すにはいたらなかった。

その白も宦官や古株の官僚から敵視されるまで、さほど時間はかからなかった。にもかかわらず彼は、臆することなく皇帝に進言し続けた。じかに進言することをはばかられるようなデリケートな問題は詩に託し、匿名でばらまいた。その詩が都中で話題になって皇帝の耳に届くことを期待したのだ

（最も著名な白居易の英訳者アーサー・ウェイリーは、この詩を「『タイム』誌への投書」と評した）。そういった詩のなかには、ある晩、投獄された罪人が凍死寸前であるにもかかわらず、刑部尚書の官僚たちが宴を楽しむ状況を描いたものもある。

ある意味では、白は皇帝の治政を諌める手段を模索しながらも、官職や人生を棒に振るまでにはいたらなかった多くの文官のひとりに過ぎないといえる。中華帝国の歴史において、皇帝に建言するために最も多く行なわれた手段が詩だった。そして治政を風刺するために、一輪の花から歴代の皇帝、天候の変化にいたるまで、あらゆる題材が選ばれた。やがて白の詩は、知識人階級のあいだでも熱心に読まれるようになった。だが、それは危険の伴うゲームでもあった。

現存する白の三〇〇〇作の詩は、あくまでも一個人の民が書いた作品であり、また農夫に救いの手を差し伸べようとする者、あるいは彼らの心に訴えようとする者の作品でもある。のちのある詩人によれば、白は詩を書き上げると、まず洗濯女に読んで聞かせ、それがきちんと民衆に理解されることを確認してから公表したという。しかし、その中身が官僚社会のこととなると、彼の詩は処罰を受けかねないものも多かった。たとえば八〇九年、官僚たちが皇帝の歓心を買うために、最高級の絨毯を四苦八苦して探す様子を綴った詩がある。

この数尺の絨毯をつくるためには
一〇〇〇両分もの絹が要る。
だが、床は寒さなど感じない

民衆の背から衣服をはぎ取ってまで最高を求める必要があるだろうか。
絨毯は、ただ床に敷くことができれば、それでいいではないか。

八一〇年、白は異動を命じられる。給料も上がり、病気の母親の面倒を見ることもできる人事だ。だが秋になると、彼は病気を患い、春まで職を離れることになる。そして丘陵地帯で過ごすうちに、自分には自然に囲まれた田舎の暮らしが向いていると思うようになった。さらに翌年、母親が井戸に落ちて溺死し、白は儒教の習慣にもとづいて三年間喪に服すため、八一一年に職を辞して都を去る。当時の白の書簡を読むと、彼の政治に対する思いが薄れてきたことがうかがえる。その頃の白は、自身のキャリアを過去のものとして語りさえしている。

八一一年に家族とともに黄河の西の支流付近で暮らしていた白は、金鑾子(きんらんし)という三歳の娘を亡くした。娘の夭折を綴った詩からは、白の悲しみがうかがえる。

娘をもつと何かと心煩わされることは多いにせよ、
息子がいない私にとって、これほど愛おしいものはない
(中略)
いまもまだ衣架には衣が掛かり
枕元には、飲み残した薬が置かれている
私たちは、お前が村から送り出されて

小さな墓に埋葬されるのを見届けた
お前の眠る場所が、ほんの三里先だなどと言わないでほしい
この別れは終生の別れなのだ

八一四年、喪が明けた白は都に戻り、皇太子付きの顧問役となったが、翌年に左遷された。彼が書いた二作の詩が儒教の道徳観である孝に欠けていると見なされたためだ。だが大きな理由としては、白の『新楽府』のなかに収められた風刺的な詩が、多くの上級官僚に対する批判や、皇帝の政務への否定的な見方をうかがわせるものであったからだ。それらの詩は、五〇年前から続く、いまや巨大化した後宮の制度に異議を唱えるものでもあった。白はそこに閉じこめられた女たちが将来もなく、家族や夫もいない暮らしに縛られる制度を嫌悪した。そして皇帝に税の負担と後宮の人数を減らすことを建言した。彼の要求は応じられたが、それ以降、白に対する風当たりは強くなり、ついには都を追われることになる。だがそれも、儒教の精神にもとづく彼の清廉さの証といえるだろう。

八一四年、白は元稹に手紙を書き、詩について意見を交わしながら互いの気持ちが通じ合うことや、書きためた詩が手元に山ほどあることを伝えている。さらにその翌年にも、詩にまつわる手紙を三〇通、送っている。これもまた、自己の内面を表現する手段が紙によってもたらされた証といえよう（このような書簡は、王朝の郵便システムの発展をも象徴するものであり、唐代の官僚と知識人階級の生活の特筆すべき一面である。何より当時の郵便システムは、詩が大衆のあいだで広く読まれるのに大きく貢献し、それが詩人のグループの出現にもつながった。そして作家が発表する詩をより早く、あ

らゆる地域に運ぶことも可能になった)[48]。

白は元稹に宛てた手紙のなかで、元が書いた二六枚の詩巻を偶然に見つけ、それを読んで元が眼の前にいるような気持ちになったと記している。また韻文で感情を具体的に表現した『詩経』に始まり、儒教の経典は人々の暮らしにとって太陽や月や星と同等のものだと説いている。しかし、過去の詩人たちは自然を表現するために自然を描いたのであり、詩を利用して政治的な役割を果たそうとはしなかった。中国を代表する偉大な詩人、李白や杜甫でさえ、政治に関する詩はときおり書いただけだった。

そのとき、私はこの結論にいたった。

文学の役割は、それを書いた者の時代において果たされるべきである、と。

詩人は、作品の力で政治に影響をおよぼせるのだ。

白は、都を離れる旅の途中で、自分の詩を知る人々——唄を歌う妓女や教師、仏教僧、政府の官僚たちにたびたび出会ったと手紙に記している。また、宿屋の壁や船べりに自分の詩が書かれているのを目にしたり、官僚や僧、年老いた寡婦、若い娘が暗誦するのを耳にしたりもした。彼は、心の痛みは名声によって報われたと記している。白は、自分の詩を校合し、諷論詩、閑適詩、感傷詩、雑律詩の四つに分類することを新たな目標にした(だが民衆が憶えているのは雑律詩ばかりだとこぼしている)。そして微之(元稹の字)に、ふたりの友情が韻文のなかで続いてきたことを伝え(白はそこに「紙の上の」という言葉を加えたかもしれない)、末尾は親しげに楽天(「呑気」という意味合いがある）というみずからの字（あざな）によって結んでいる。

今夜の私を想像してほしい。灯籠のかたわらで紙を広げ、筆を手に座っているところを。あたりは静寂に包まれている。思考が具体的な形を取り始めると、私は順序構わずそれを書き留めていく。この長く取り留めのない手紙が、その結果なのだ……だが微之よ！　きみは私の心を知り過ぎるほどに知っている！　楽天は二度、頭を下げよう。

八一七年、白は中国の五大霊山のひとつに位置する東林寺にほど近い、香炉峰のふもとに草庵を構えた。そしてそこに儒教や道教、仏教の書物をいくらかと、木製の長椅子を四脚、屏風を二隻というわずかな調度品だけ運び入れると、世間から距離を置いた隠遁生活を始めた。元稹は、数百点の自作の詩を彼に送った。白は、それを調度品にしようとする。

きみのことを思いながら、私は衝立（ついたて）に書くきみの詩を選んでいる。
それから集中して衝立に詩を書き、それを読む。
完成したら、そこにしたためられた詩をみなが書き写すことだろう。
そして、南中の紙価は上がる。

昔、ある晩に、きみへの手紙を書き送った。

ちょうど夜が明ける頃に金鑾殿（翰書院）の裏で。
この明け方も、こうしてきみへの手紙に封をしているが、ここがどこかといえば、廬山の庵堂の燈の前だ。

しかし二年ほどすると、白は左遷を解かれて都に呼び戻され、いくつかの官職を歴任した。翌年、やはり左遷されていた友人の元も都に召還され、翰林院の長である承旨に任ぜられた（しかし、その任期は短かった）。白は長江の河口付近の杭州に異動を命じられて刺史（長官）となった。元稹が訪ねてきたとき、ふたりの友情はすでに世間に広く知れわたっており（白の詩によるところが大きい）、ふたりが連れ立って散歩する姿を見ようと人だかりができるほどだった（白と元の詩は、機械的な印刷によって量産された初めての詩作品といえるだろう）。杭州の刺史となった白は、農民のために堤防を建設した。八二四年に杭州を離れるときには、それがその地で自分がなしえた唯一の功績だと述べている。民衆は通りに立ち並び、彼の出立を見送りながら名残を惜しんだという。洛陽に戻り、皇太子付きの新たな職務に就いてから、白は老の心境を詩にしたためるようになった。彼はそこに、それまで自然や土地の風俗、習慣を題材に一〇〇〇点以上もの詩を書いたこと、またいつまでも詩を書き続けようという思いを書き連ねている。

白は左遷や時代、敵対者たちによって政治的な大望の芽を摘まれるという苦い経験を味わった。紙の上で古典を学ぶことに一〇年の月日を費やして官僚の道に入った白は、紙の上に宮廷の堕落を批判する詩や、農夫たちの痛みを代弁する詩を書いて二〇年の歳月を過ごした。彼は自分の生きた時代を芸術や学問や富裕な階級と照らし合わせて具現したが、その時代が貴族と役人の支配下にあることも認識していた。堕落は国家の土台を揺るがし、貧しき者は唐王朝の繁栄の分け前にあずかることはなかった。やがて白は官僚の生活に疲れ果ててしまう。中国の古典詩において、左遷は大きなテーマのひとつであり、それが彼を自然に囲まれて無為に暮らす人間へと変えた。その無為によって詩や手紙——とりわけ大親友の元への手紙が数多く綴られることになった。

赤い箋と白い紙の束が、ふたつ三つ。
そのなかの半分にはきみの詩が書かれ、半分はきみからの手紙だ。
身体を患っていたので何年も開けなかったが
今日広げてみたら紙魚(しみ)に喰われていた。

元は同僚の学士で、役人、また詩人であり、おそらく彼も白と同様、歯に衣着せぬ詩を書いたために昇進の望みを断たれていた。白は左遷されて孤独を嚙みしめながらも、元の詩が書かれた紙巻を紐解くことで日々を過ごした。八一五年に、都を追われて江州へと向かう小舟に座っていたときもそうだった。

きみの詩巻を船の灯の前で読む。

読み終える頃には灯りは今にも燃え尽きようとしているが、夜はまだ明けない。
目が痛んで灯りを消し、まっくらな闇のなかにただ座っている。
逆風が川面を波立たせ、船べりを打つ音がしきりに聞こえている。

ふたりの別離は避けられないものだった。中国の役人は、ひとたび学士になると国中の都市に送られ、ふたたび顔を合わせることは滅多になかった。しかし学友同士の友情は、かけがえのないものだった。そして白と元にとって、詩をしたためた書簡のやり取りは、実際に顔を合わせることに代わる交流の手段でもあった。

きみは寺院（閬州寺）の壁に私の詩を書いて、
私はこの部屋の屛風いっぱいにきみの句を綴る。
いつまたきみに会えることだろう。
私たちは、さながら大海に漂う二枚の浮き草だ。

白が紙にしたためた詩は、自身の経験（譴責、喪失、成功、愛）、そして役割（官僚、詩人、追放者、友、哀悼者）について語るものであり、現代の読者はその題材の幅広さに驚嘆を覚えることだろう。当時、ものごとの本質を表すものであった漢字を、白は幼い頃に習得した。官僚の道に入る唯一の方法は儒教の経典を学ぶことであり、白は紙の巻子本を通してそれらをつぶさに学んだ。だが、彼が学んだ場所は仏教寺院であった。その時代、仏教は読み書きの文化をより広く普及させる役割を果たし、紙に文字を印刷する営みも盛んに行なった。白は宮廷の図書館に勤め、古典文献を校合し、注釈をまとめ、概要を記した。そして、宮廷と宦官の堕落はもちろん、農民の貧困や痛みをも認識していた彼は、紙に詩を綴ることで皇帝に訴えて問題を正そうとした。また、親しい友人に向けた詩や手紙にみずからの心を注ぎ込んだ。白の人生は、彼がつくった幾千にもおよぶ詩を通して読者の前に差しだされる。

私が生きているあいだは、金持ちになることも名誉を勝ち得ることもないだろう。
しかし死ぬときには、私の書いた書物が生き続けることを知っている。
このような狭量で高慢な物言いを許してほしい——
今日、私の作品は一五巻になった。

年老いた白は、閑居の暮らしを慈しんだ。使用人が寝床のかたわらに鉢と櫛を運び、日当たりの良い場所に椅子を置き、燗酒と詩集を机に置く。ときには山に散歩に出かけた。八三九年に卒中で左脚に麻痺が残ると、それまでの作品の改訂を始めた。そして、およそ三五〇〇点の詩と散文による書物が完成した。彼は五か所の寺院にそれらの書物を送ったが、みずからの不敬な作品が神聖な文庫を冒瀆することを詫びている。

白は、多くの友人よりも長く生きた。誰よりも親しかった元稹は八三一年、急な病でこの世を去る。その九年後、思いがけず元の記憶が白の脳裏に蘇った。

彼の詩を戸棚や箱の奥深くにしまい込んで、ずいぶんになる。
だが最近、誰かがそれを口ずさんでいた。
私はその一節を耳にして——
その言葉を聞き取るよりも前に
私の胸に刺すような痛みが走った。

白は、悠々自適の隠遁生活を愛した。だが七三歳という年齢の頃で、河川を安全な交通機関として整備することを気にかけていた。白は自分にとって詩作とは苦悩や執着が原点であり、何より本能的な衝動こそが筆を取らせるのだと考えていた。詩をつくることが世の中をあるべき姿に改善する彼なりの方法だったのだ。八三七年に娘が子を産み、八四六年には遺作となる詩を寝床のなかで書いているが、そこにも詩を愛でる彼の姿が描かれている。

私の寝床は、質素な屛風のそばに運ばれた。
私の火鉢は青い帳の前に置かれた。
孫たちが、巻物を広げて私に詩を読み聞かせる。
使用人が湯を沸かしている。
私は筆を走らせて友の詩に答え、

懐に手を入れて、薬の代金を探る。
とりたてて珍しいことがあるわけでもない時間のなかで
私は枕に背を預けて南の方角を見やる。

第八章　中国からアラビアへ

知を求めよ、はるか中国までも

（預言者ムハンマドの言葉とされる）

中国の紙の文化は、学問や詩歌、宗教、市場の世界で隆盛を極め、白居易や彼と同じ時代に生きた者たちもまた、そのなかで大輪の花を咲かせた。彼らの業績は、中国の紙の文化が最高潮に達したことを象徴するものだった。その後の数世紀のなかで中国が過ぎ去った黄金時代を振り返るとき、真っ先に思い浮かぶのは唐の時代だった。とりわけ詩人は、白居易、李白、杜甫という唐代の最も愛された詩人たちの栄光の影からは決して抜け出せないことを思い知らされた。中国では、このほかにも紙の上で発展した分野がある。なかでも際立っていたのが唐代末期（九〇七年に滅亡する）から一二世紀初期にかけて急速に発展した風景画だ。とはいえ、唐の時代が未来の世代と最も共鳴を起こしたものは、詩と書法の分野であった。

そして紙により、近代以前の中国の国民性は宋代（九六〇年～一二七九年）の中期までにほぼ確立された。紙は書法や詩歌、絵画、宗教的文献、官僚のためのツールとして有用性を徹底的に試され、それに匹敵するライバルは皆無であることを世に知らしめた。もちろん、紙にはほかにもトイレットペーパーや凧、障子などさまざまな用途があったが、近代以前の中国で何より重宝された機能はやはり「文字を書ける」というものだった。大きな変化は、近代を迎えてから起こる。口火を切ったのは、清朝（一六四四年～一九一一年）後期に発行された革命的な定期刊行物と新聞である。それらは二〇〇〇年におよぶ中国の帝国制度の崩壊を加速させ、都市部に読者層を形成し、読者の政治的な意見交換を促して、諸外国の政治的情勢を伝えた。しかし、紙が特に革新的な役割を果たしたのは、一九一九年に発生した五四運動のなかで、学生たちが新たに建国された中華民国政府への抗議のデモを行なったときだ。発端は、中華民国政府がヴェルサイユ条約に調印し、山東半島（北京の南部）の支配権を日本に引き渡したことだった。ただし、直接的な理由が山東半島を失うことであったにしても、デモの目的はほかにもあった。それは、中国を近代化すること、国民が平等に扱われ、誰にでもチャンスが与えられる新たな時代を築くことである。デモ参加者は「全国の民」に奮起するよう呼びかけた。そして、三〇〇〇人におよぶ民衆が通りを行進して、デモへの参加を呼びかける印刷物を配布した。彼らの活動は国内のあらゆる地域に広がった。上海では、六万人の工場労働者が工具を置いて持ち場を離れたという。

抗議に賛同した教養ある人々は、西欧のモダニズムの戯曲を読み、演劇を観て——なかでもイプセンのファンが多かった——植民地支配や階級社会、性の束縛からの解放を夢見た。五月四日の新聞（一九一九年の抗議運動は五月四日に始まり、この日付がのちに運動自体を象徴するようになった）や記事、評論は、その土地の方言で書かれた。デモの聴衆は中国の国民であり、紙の上の口語表現を

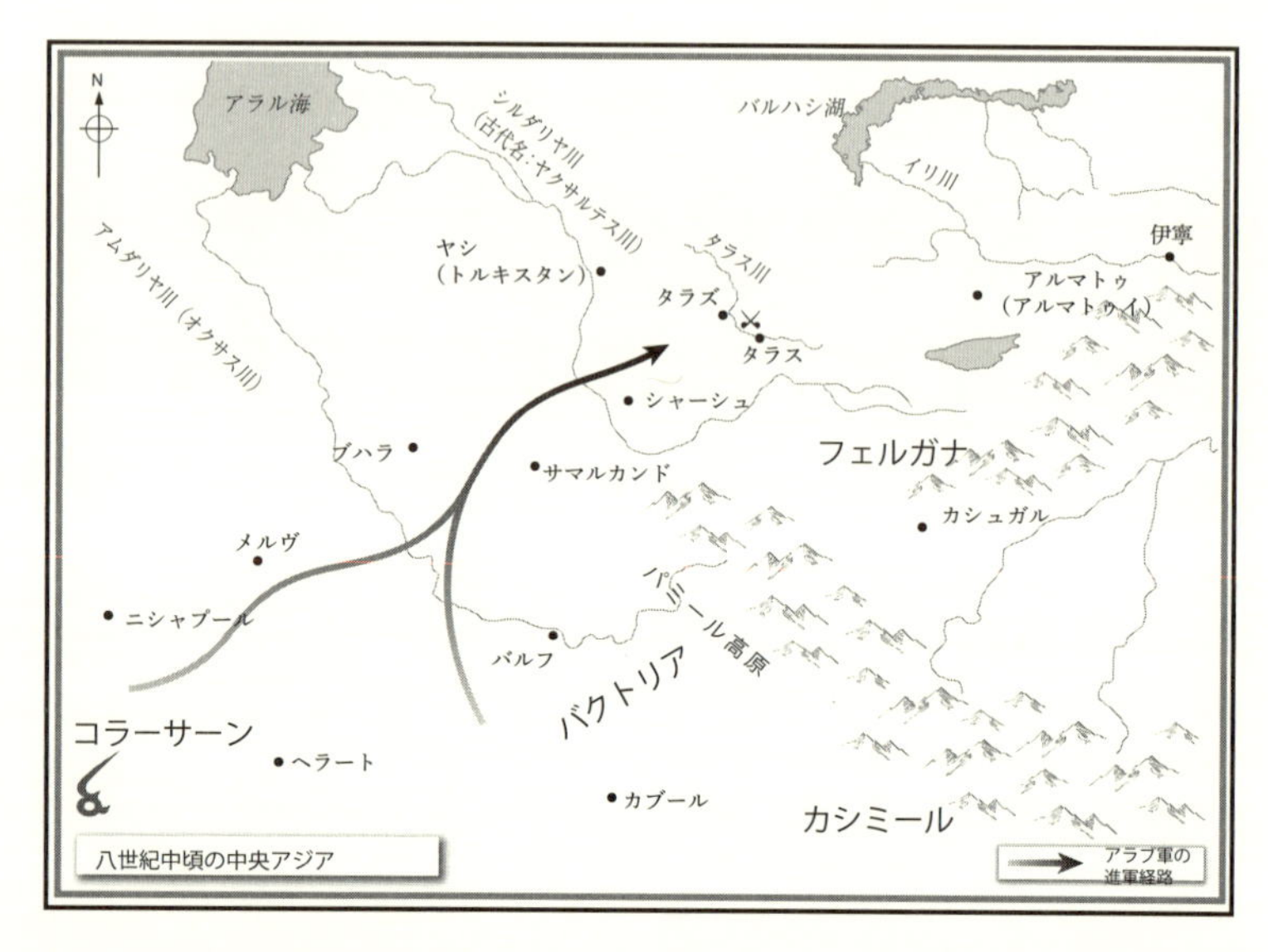

12◉タラス川の戦いの頃の中央アジア。戦場は現代のカザフスタン共和国のタラズと、キルギス共和国のタラス付近とされているが、正確な場所については今も論争が続いている。

普及させることもまた抗議者たちのひとつの目的だったのである。彼らの活動は、死んだ言葉は生きた文学を生むことはできないと訴えた胡適（こてき）（のちにノーベル文学賞の候補となる）のような知識人を支えた。

ほかにも変化を訴えた人物として、劉半農（りゅうはんのう）という学者がいる。劉はのちに漢字の簡略化を促すことになるが、その流れは中国の階級社会の最下層の人々も使うことのできる文字をつくるための決定的な一歩だった。一九一八年、劉が翻訳した「我行雪中」という詩が、国内で多大な影響力を有する『新青年』誌に掲載された。その序文によれば、彼は異なる翻訳の手法を試し、そのなかで仏教的なアプローチが最も有効だったと記している。

二年前に『ヴァニティーフェア』誌に掲載されたこの詩を読んだとき、初めは伝統的な漢詩の形式にのっとって訳そうとした……だが厳格な決まりごとが足かせとなって、うまくいかなかった。そこで私は仏典の翻訳の手法に倣い、意味をそのまま伝えることにした……

劉と改革派の学生は、紙に記す言葉を近代化する戦いに勝利した。一九二〇年代の終わり頃には、中国語の日常的な言い回しや文章が公式なものとして紙に記されるようになった。かくして一般大衆が儒教徒を打ち負かし、書籍や法律上の文書、行政上の文書、新聞に記される文章は平易な口語で書かれることが多くなった。その流れも、元をたどれば劉が気づいた通り、一世紀、幅広い読者に届けることを目的として、仏典をごく普通の口語に翻訳した時代を発端とする。当時、外国語の言葉や名称は、文語体という枠にはめず、意味をそのまま伝える形で漢訳された。二〇世紀に起こった革命によって、西洋の小説や芸術作品、詩が中国語に翻訳されたとき、翻訳者の多くはこの仏典翻訳の手法を使った。となれば、彼らは単にヨーロッパのモダニズムによる革命の継承者だっただけでなく、それよりもずっと古い、中国の書き言葉の革命の継承者であったともいえよう。そしてその火種となったのが、紙の上で発展した仏教だったのだ。

一九世紀に入ると、中国ではヨーロッパの書物や西洋式の新聞が続々と発行され始め、多くの読者を獲得していった。こうして西洋化の波が押し寄せると、立場は完全に逆転した。世に初めて紙をもたらした中国が、今度はヨーロッパとアメリカから運ばれた紙によって生まれ変わったのである。

そして、ここから本書は、このような逆転劇が生じた経緯を順を追ってたどることになる。言うまでもなく、唐代の中国はそれ以前よりも領土が広く、諸外国の文化を存分に享受していた。だが、その唐の時代でさえ、国境は依然としてヨーロッパから数千キロメートルの場所にあり、ふたつの大陸が直接交流することはなかった。さらに製紙術が（おそらくは宮廷に知られることなく）ようやく東アジアから飛びだしたのがこの唐という黄金時代だった。偉大なイスラムの歴史家はひとつの説を提唱している。製紙術は中国から遠く離れた場所で行われた戦いを通して、アラブ社会に手渡されたのだ、と。

タラス川は、現代の中国国境からおよそ三二〇キロメートル西のキルギスの山岳地帯を水源とし、カザフスタンのムユンクム砂漠を通り抜けて、かつてトルキスタンと呼ばれたテュルク系民族（またはテュルク語を使用する民族）の居住区域の中央に横たわっている。トルキスタンはカスピ海東岸から東に広がり、万里の長城の西端から三二〇キロメートルほど手前にまで達している。何世紀にもわたり、この地域の砂漠や山間部、交易路は、異なる国によって繰り返し分断されてきた。ここ最近では鉱山や油田、天然ガス井が分割の対象とされている。

しかし、七世紀に南のイスラムの軍隊が東アジアに侵攻しようとしたとき、その地域一帯は突厥（とっけつ）という国家が単独で支配していた。七三四年にカガン（君主）が大臣に毒を盛られたとき、帝国にまで上りつめようとしていた巨大王国は崩壊への道をたどることとなった。五世紀の初期、すでにトルキスタンは世界の十字路として栄え、そこから中国やインド、ペルシア、ローマ帝国に向けて交易路網が広がっていた。絹は西に運ばれ、金と羊毛は東に運ばれた。宝石、伝染病、繻子、宗教、馬、言語、奴隷、文字、思想といったものがユーラシア大陸を横断し、テュルク系民族がその交易路の仲買人の役を担った。長安とローマを結ぶそのルートは、シルクロード（絹の道）と呼ばれている。

ところが、何世紀にもわたって製紙術が東アジアに流出するのを妨げていた無人地帯に小規模の軍隊が進軍し、その障壁を崩す。七世紀、中国で漉いた紙は贅沢品として中央アジアやササン朝ペルシアに輸出されていたが、七五一年にタラス川の河畔で起こった戦争を境に、紙漉きが中央アジアでもごく一般的に行なわれるようになったのである。製紙術そのものの伝搬は、わずかな数の高級紙の輸入よりもはるかに意義があった。最初から紙そのものではなく製法が伝搬されて普及していたならば、紙はこの社会の文化にとっても必要不可欠な素材となっていたはずだ。

シルクロードを単独で行き来していた商人は、自分たちが売りさばく物品のように、遠く旅をすることはほとんどなく、物品は商人の手から手へと売られていた。そのなかで思想や製法を伝搬することは、商品を運搬するよりもはるかに難しかったはずだ（もちろん、それが紙に書かれていない限りは）。それに、紙の製法が商人たちによる物品の受け渡しによって、中華圏から中央アジアやペルシアにたちどころに伝わったとは考えにくい。製紙術伝搬の経緯を述べた最古のものとして、一一世紀の文書が残っている。これによると、運命的ともいえる流れが製紙術をまたたく間に伝搬したという。

タラス河畔の戦いは、見方によってはふたつの強大な権力――イスラムの最高指導者カリフが治める王朝と、中国の唐王朝――のあいだで行なわれたものというわけではなかったのかもしれない。

七五〇年、新たに成立した王朝はイスラム帝国であることを公言し、現代のバグダードの南、クーファに首都を置いた。いわゆるアッバース朝である。アッバース朝は、クーファからメソポタミア、シリア、先のビザンティン帝国の一部、アラビア半島全域、北アフリカ全域、イベリア半島、先のペルシア帝国、そして中央アジアの大半を支配していた。その領土は地中海沿岸の三つの領域にまで広がり、歴史上で指折りの民族大移動が行なわれ（アラブ人がシリアやペルシアなどに移住し、その地は"イスラムの家"（ダール・アルイスラーム）と呼ばれるイスラム圏となった）、芸術はそれまでにないほどに極められ、科学も画期的な進歩を遂げた。しかし東方には、同様に目覚ましい発展を遂げた敵がいた。

七世紀の半ば、全世界の人口が五億に満たないなかで、五〇〇〇万人の人口が中国に集中していた。中国はシルクロード東部の実権を握り、隣人である遊牧民の大国とも良き関係にあった。その隣国は強大な軍隊を保持し、八〇万以上もの納税者（こちらも唐の進軍に伴い分裂した）によって潤い、東アジアや南アジア、東南アジア一帯の海と陸において交易を行なっていた。当の中国では、北と南をつなぐ一六〇〇キロメートルの運河が穀物や織物、金銭を次々に都に運んでいた。中国は統一国家として、また権力や富、すぐれた芸術の象徴として、東アジアの中心に君臨していた。

八世紀前半、中国とイスラム王朝はトルキスタンを手中に収めようと画策していた。中国は国境地帯に駐屯する軍隊と中央アジア各地に置いた都護府を利用し、七五〇年代には現在の国境西部にまたがるタリム盆地とイシク・クル湖一帯を支配下に置いていた。当時の中国はバクトリア（現在のアフガニスタン北部とそれに接する地域）の保護者であり、パミール高原一帯ににらみを利かせる司令官でもあり、またカブールとカシミールの支配者でもあった。

一方、イスラム王朝の軍隊はトランソクシアナ［アムダリヤ川とシルダリヤ川に挟まれ、サマルカンドを中心として栄えた地域。アラブ人に征服される前まではソグディアナと呼ばれていた］の大半を獲得し、トルキスタン東部に進軍して、中国軍の駐屯地の一部をも切り崩しにかかった。何より重要な点は、トルキスタンの民族の大半がイスラム教に改宗させられたことであろう。それは武力によって、あるいは職業や納税面での差別が横行したため、あるいは多神教徒や無神論者は極刑か追放を迫られ、度重なる迫害が行なわれ、古い寺院や偶像は破壊され、なかには礼拝の慣習に感銘を受けた者もおり……そういったさまざまな要素が重なってのことだった。イスラム王朝は、絶大な権力を誇り、抵抗するのはおよそ不可能であることを世に知らしめていった。

戦いのきっかけは、高句麗出身の唐軍西域の武将、高仙芝（こうせんし）が犯した重大な過ちだった。彼が政治と経済の重要国家であったシャーシュ（現代のタシケント）の王をとらえるにいたった経緯は諸説ある。はっきりしているのは、高仙芝がシャーシュの王を長安の都に送り（降伏する代わりに大赦を与える習わしを無視して）、処刑したことである。

その結果、シャーシュの王子がアッバース朝を頼り、父王の復讐のために支援を要請した。そこで王朝の東部の総督、アブー・ムスリムが選り抜きの武将を東に派遣する。このとき父親の死を嘆く王子はアッバース朝に、中国の同盟国で広大な領地をもつフェルガナではなく、東トルキスタンの四つの都市――中国が地域一帯ににらみを利かせるための拠点となっていたクチャ、カシュガル、ホータン、カラシャール――を手中に収めることを提案した。だがアッバース朝はすでにフェルガナを迂回するつもりでいた。中国の東の国境地帯を陥落できれば、フェルガナは孤立し、おのずと自分たちの手に落ちると考えたのだ。そして、彼らはタラスを目指す。

七五一年、唐とアッバース朝の軍隊は、タラス川の河畔で相まみえた。タラス川は西方へと流れ込み、その長さは四〇〇キロメートル以上にもおよんでいた（だが直線距離にすれば三五〇キロメートルを超えない）。天山山脈を水源とする川は、北側にそそり立つ標高二五〇〇キロメートルを超える山々と、南岸に連なる標高二〇〇〇メートルあまりの山々のあいだを抜けてカザフスタンの国境まで達している。天を貫くがごとくそびえるそれらの山々のあいだをうねるように、タラス渓谷の荒涼とした道なき道が砂漠へと続いている。谷間の平野部は、何千もの兵士が戦いを交えるのに充分な広さがある。ここは、軍隊が相まみえた無数の戦場のひとつに数えられる。

中国の歴史書によれば、唐軍は三万の兵を有していた（イスラムの歴史書では七万と記されているが、古代アッバース朝の歴史において数の誇張は珍しいことではなかった）。そのうちの二万は中国人兵士で、それ以外の大半はテュルク系民族だった。唐軍にはフェルガナから加勢した兵士もいた。徒歩、あるいは馬で三〇〇キロメートルあまりの距離を移動してきた唐の兵士の多くが、休息を必要としていた。一方、アッバース朝軍の兵は四万だった。両者の兵力は、ほぼ互角といえた。

アッバース朝軍の歩兵と騎馬兵は若く、騎手としても優れていた。さらにシャーシュとその周辺の地域からテュルク系民族の援軍が加勢した。一方、中国側の歩兵と騎馬兵は忍耐強く、戦士としての経験も豊富だった。唐軍についたテュルク系民族は、戦場において最も優れた弓騎兵として活躍した。唐軍兵士はアッバース朝の兵士と同様に、弓をつがえ、槍を突き、剣を振りかざし、そしておそらく紋章が入っていたであろう盾を手に敵に挑んだ。唐軍には、蠟で煮込んで硬化させた革の甲冑を身につけた兵士も多くいた。

高仙芝は、敵方のズィヤード・イブン＝サーリフと同じく、優れた武将として知られていた。彼は七四七年と七五〇年に見事な軍事作戦を展開したが、その成功の裏には皇帝という黒幕がいたとも考えられている。

戦いは、五日間続いた。歩兵たちは防御と攻撃を交互に繰り返し、騎馬兵は戦場を駆け巡りながら敵方の弱点を探り、矢を雨のごとく浴びせ、小さな勝利を重ねていった。アジアに君臨するふたつの巨大な王朝の対決は容易には決着がつかず、休戦協定を結ぶか、あるいは両者とも撤退するかという選択が迫られた。だがそのとき、唐の同盟国であるウイグル族に従っていたテュルク系カルルク族が背後から唐軍を襲った。カルルク族は、バルハシ湖（現在のカザフスタンの一部）近辺の地域において歴史上重要な役割を演じた部族だった。唐軍のなかのカルルク族の兵士も、この時点で寝返ったと思われる（カルルク族はシャーシュの王の統治を支持していたため、高仙芝がその王を裏切ったことが、アッバース朝側に寝返った理由だったかもしれない）。二万近くの兵を失い、高仙芝は味方の逃亡者をかきわけるようにして数百の兵とともに撤退した。

アッバース朝軍は、そのまま前進すれば勝利を勝ち取れたのかもしれない。だが彼らもまた疲れていた。ブハラの民衆が反乱を起こしたばかりであり、中国東部国境地帯の民衆が問題を引き起こすという懸念もあった。そのためアッバース朝軍は撤収し、中央アジアの本拠地に引き返した。このタラス河畔の戦いが、イスラム教を中央アジアに根づかせたという説もある。のちに中国は、ほぼ一〇〇〇年にわたって現代の新疆ウイグル自治区を自国の領土であると主張することになるが、この戦いの際には、いかなる権利も主張しなかった。

そして多くの点では、とりたてて変化は起きなかった。中国は二万の兵を失ったが、東トルキスタンの四つの重要な都市は依然として手の内にあった。その後の数百年のあいだ中国が中央アジアに進出できなかった理由は、タラスでの戦いで惨敗したためではなく、国内における反乱や分裂、侵略によるところが大きかった。一方、アッバース朝にとって、この戦いは、中国西部とのあいだに存在する広大な緩衝地帯を保持したに過ぎなかった。軍事的な視点では、タラス河畔の戦いは何の変化も引き起こさない、歴史的な興味を駆り立てるだけの瑣末な出来事だったのである。

しかし、中央アジアの都市に凱旋したアッバース朝軍は、戦利品として多くの捕虜をサマルカンドに連れ帰った。サマルカンドは、かつてアレクサンドロス大王が地球上で最も美しい街と表した都市である。捕虜たちは新たな住処と主人に、中国の知識や技術をもたらした。そしてそのなかに、東アジアや東南アジアの一部で何世紀にもわたって守られていた紙の製法があったと一一世紀のイスラムの歴史家、アル＝サーラビは記している。トランソクシアナ一帯のさまざまな都市に定住した捕虜たちが、紙の製法をアッバース朝に伝えたということになる。また、紙を進んで使おうとする地域もあった。七世紀に中国からインドに赴いた仏教僧の玄奘は、サマルカンドの少年たちが五歳で読み書きを教わることを伝えている。

紙は、タラス河畔の戦いよりも少し前の時代から中央アジアに存在していたが（六世紀のものとされるひと揃いの紙の文献が、パキスタンのギルギットで出土しているだけではあるが）、現存するものはほとんどなく、わずかに発見された紙から推測できるのは、その地ではまだ本格的に紙漉きが行なわれていなかったこと、あるいはそれが単に中国から運ばれた紙であることだった。紙に書かれた最初のアラビア語はkaghadで、中央アジアの現地語（ソグド語とウイグル語）に由来する言葉だった。タラス河畔の戦いの後に中央アジアで紙の文化が花開いた事実が、その戦いによって製紙術がアラブ社会にもたらされたという説を無視できないものにしている。偉大なイスラムの歴史家が唱えたこの説こそが、私たちに与えられた何より真実味のある説明として今日までいたっている。細かい部分に虚偽はあるとしても（多くの点が議論されている）、この出来事の時期や地理的な条件はその説を裏づけるものとしてきわめて理にかなっている。タラスの河畔の戦いは、互いの首都が七〇〇〇キロメートルあまりの距離を隔てた巨大な帝国が、武器を手に火花を散らした唯一の戦争だった。そしてアル＝サーラビは確信していた。それが製紙術をアジアに横たわる道へ――そして世界へ送り込んだことを。

第九章　書物を愛でる者たち

ズィンディク［マニ教徒］には困ったものだ。彼らは真白な紙を買ったり光沢のある墨を使ったりすることには少しも金を惜しまない。加えて彼らの文字へのこだわりようときたら。とにかく美しい文字を書かねば気が済まないと見える。だが正直なところ、私は彼らの書物に匹敵するものも、そこに書かれたものほど美しい文字も見たことがない。

アラブの文学者、アル・ジャーヒズ（八六八年没）に、友人のイブラヒム・アル＝シンディが語った言葉[49]。

中華圏から抜け出した製紙術は、新たな後ろ盾を必要とした。そのひとつが紙の美術的な可能性に執心した新興の宗教だった。もうひとつは中国の漢族とは別個の歴史や展望、文化を有したテュルク系民族だった。そして唐代初期の漢族からすれば、そのテュルク系民族は、いささか執着心が過ぎる人々であった。

六三〇年代に中国の皇太子、李承乾が、長安の都城の東宮の敷地にゲル［遊牧民の移動式住居］を張り、そこで暮らし始めた。彼はゲルの入口にオオカミの頭部でつくった軍旗を掲げ、中国北西部出身のテュルク系ウイグル族の顔立ちに似た者を従者に選び、ウイグル語を学び始めた。羊を丸ごと焼かせて、その肉を剣でそぎ落として口に入れ、従者たちには遊牧民風に髪を結わせ、羊革の衣服を着せ、宮廷の庭で羊飼いをするように命じた。またテュルク系民族の葬儀を再現し、みずから死者の役割を演じて地面に横たわり、そのまわりを馬に乗った従者が雄叫びを上げて旋回した。世界のどこよりも揺るぎない文明を築き上げた帝国の後継者は、ゲルで暮らすテュルク系遊牧民の君主にその身をなぞらえたのである。

ウイグル族は中国人から見れば異邦人で、ヨーロッパからの移住者にとっては放浪者だった。そして唐代初期の中国人は、その異文化に引きつけられた。長安の市場には、ごく当たり前のように舶来の衣料品や珍品が並んでいた。露店には中央アジアから運ばれたペルシア製のフエルト帽や、男物のヒョウ革の帽子が、こまごまとした派手な装身具や婦人用のヘアピンの横で売られていた。女たちは遊牧民が身につける襟や袖口の詰まった衣服を着込み、八世紀初期になると中国北東部の遊牧民を真似て男装もするようになった。テュルク系民族の楽士は、宮廷でハープを演奏した。文字文化においても、中国は彼らの文字からいくつかの書体を採り入れた。たとえば倒韭書、虎爪書、風書、月書、偃波書などの雑体書といわれるものである。たいていの中国人は外来の文字や書物を珍しがり、なかでも北西部のテュルク系民族による文字や書物には格別の関心を寄せた。

現代の中国北西部は、新疆ウイグル自治区と呼ばれている。新疆とは、〝新しい土地〟という意味だ。

ウイグル族は八四〇年に北部の大草原からやって来てその地に移り住み、定住した。唐軍の防衛兵が不足しているときはウイグル族が徴兵され、その見返りとして交易面で優遇された。そして都で暮らす多くのペルシア人や中央アジア人が、彼らの衣装や髪型を採り入れるようになった。

都の酒場の多くは、外国人が経営していた（常連の客は詩人だった）。酒場は東の城壁に沿って軒を連ね、中央アジア出身の金髪の女たちが客の相手をした。緑色の目と白い肌の女たちは歌や踊りで常連客の気を引き、エールや酒の注文を取り続けた。その一方で、ウイグル族の男たちは浴びるように酒を飲んだ。そして長い年月のあいだに、彼らは都会の中国人よりはるかに豪傑だというイメージが定着した。

馬を乗りこなし、酒好きで喧嘩っ早く、また旅を好んだウイグル族は書物をも愛したが、それは西から伝来したマニ教に影響を受けたところが大きい。やがて彼らは書くことや書き写すこと、書体、絵画、紙漉き、装幀、読書にこだわりを見せるようになった。この変化は、九世紀に中国の北西部に移住した彼らが、アジアの交易路の仲買人として恩恵を受けたことにも要因がある。以来、東西の交易路は、南の山岳部や北の未知の部族を避けてその地域を通ることになり、ウイグル族はそこに定住して富を蓄え、遠い国々から運ばれた思想や宗教を享受した。そして書写に限らず多くの用途が見込める紙を讃え、書物を尊ぶべきものに変えた。結果的に、紙そのものも高く評価されるようになった。一九一〇年代の後期、中国領トルキスタンに住みつき研究に没頭していたロシア人地質学者は、その地で暮らすウイグル族が、完成した紙を小さな箱に収める様子に目を留めた。彼らは、そうやって紙を神聖な目的以外に使わないようにしていたという。

とはいえ二〇世紀の中期でさえ、その地域一帯のウイグル族の大半は読み書きができなかった。しかしウイグル族の多くの集団はイスラム教に改宗しており（仏教やマニ教を継続して信仰する地域もわずかにあった）、手書きや印刷された言葉に神秘的な力が宿ると考えて崇めていた。実際にそのなかには、クルアーン（コーラン）は神の言葉をただ書き留めただけの書物ではなく、超自然的な力を有していると唱える者たちもいた。占い師はクルアーンを使って未来を告げた。さらには新規事業の成功や健康の祈願、吉凶を占うため、富を得るため、また自分に関心のない相手を振り向かせるため（isitma　熱を上げさせるの意）、あるいは逆に相手と別れるため（sogutma　熱を冷ますの意）に、ほかの祈禱書とともにクルアーンを使った。敵対者を亡き者にするため呪術的な文句を紙片に書いて糸を結び、墓地に埋める者もいた。紙は商売のため、相手を説得するため、守護のため、呪いや祝福のための手段となった。単に文字を運ぶための媒体にとどまらず、儀式的な言葉を書くことで神秘的な力をも与えられたのである。

ウイグル族は儒教徒ではなかった。また、彼らに代々受け継がれる伝統的な集団生活は、書物の未来とは異なる次元にあった。とはいえ、紙の文化が西方に伝わるための導線の役割を果たしたのが、このウイグル族だった。そして、彼らに多大な影響をおよぼしたのは中国の儒学者でも中央アジアの仏教の伝道師でもなく、みずからのつくった教えを世界に広めようとしたイラン人、マニだった。

マニは、ササン朝ペルシア（二二四～六五一年）が建国されようとしていた三世紀の初期に、バビロニアで生まれた。彼は、神がもたらした幻視（ビジョン）のなかで、キリストの使徒となるように命じられたという。彼の言葉によると、洞窟のなかで、みずからの霊的な同伴者（彼はそれを「双子の聖霊」と呼んだ）からこの啓示を受けたという。マニは、キリストがユダヤの預言者であり（だが地上では物質としての肉体をもたなかった）、ゾロアスターはイランの預言者で、仏陀はインドの預言者だと説き、自分の教団は異文化の壁を越えることができるため、キリスト教徒や仏教徒、ゾロアスター教徒よりも優れていると主張した。「我が福音は、すべての国にもたらされる」と彼は説いた。確かにマニ教は急速に遠い国々まで広まったため、最初の世界宗教と表する者もいる。

マニは、ユダヤ教のアポクリファやグノーシス派の教義から神話や神学を採り入れたが、彼の教えの核は、宇宙が対立するふたつの等しい力によって成り立ち、人間界はその力の戦いの場でもあるという論理で、ペルシア人が信仰していたゾロアスター教の二元論を借用したといわれている。マニは、宇宙の霊的な光（善）の粒子が物質的な闇（悪）の粒子によってとらえられており、光の粒子は解放を必要としていると考えた。聖霊（またはヌース）は人類を教え導いて救済を与え、アダムやアブラハム、一二人の使徒、そして三つの宗教の始祖――仏陀、ゾロアスター、キリスト――などあらゆる偉大な師は、このヌースが物質化した存在だと説いた。彼は自分がそういった流れの頂点においてこの世にもたらされたと考えた。なぜなら世の光イエスから直接、啓示を受けたからだ。

マニのもとで、信者はふたつの集団に分けられた。教義の核となる厳格な禁欲生活を送る「選ばれた者」と、物質的に満たされた一般人の生活を送る「聴聞者」である。「選ばれた者」は死後そのまま天に召され、「聴聞者」は永遠の輪廻を繰り返してさまざまなものに転生するとされ（果実の姿が特に神聖なものと考えられた）、魂が聖なるヌースによって目覚めていない非信者は、獣に生まれ変わって永遠の罰を受けるとされた。「選ばれた者」は「封印」と呼ばれる三つの制約を課せられた。口の封印（嘘や肉食を禁じるもの）と、手の封印（人間や動物を殺すことを禁じるもの）、そして胸の封印（「肉の業（works of the flesh）」を禁じるもので、そこには生殖行為だけでなく果実を摘み取ることや植物の栽培までもが含まれていた）である。「選ばれた者」が「封印」された場所を清浄に保てば、体内の消化器系統を通して食物に含まれる光の粒子を抽出し、とらわれていた物質から解放できるとされた。その粒子は、食事のあとに賛美歌を唱え、おくびを出すことで解放された。マニ教における食物の消化は、キリスト教の聖餐の儀式に通じるものがあった。

肉体的な労働や生活費を得るための仕事を禁じられた「選ばれた者」は、食事や祈り、睡眠に多くの時間を費やすことはなかった。「有益な営み」として自由なふるまいを許されたのは、「書くこと」。これが、マニ教における最も神聖な営みとされた。一枚の文書を作成するために、丸一日費やすことも少なくなかったと思われる。

マニは、パピルスやアルファベットを、世界のすみずみまで教義を届けるための手段だと考えた。そして自分の教えは、ほかの三つの宗教よりも勝っていると説いた。なぜならマニ教の経典はゾロアスター教や仏教、キリスト教とは異なり、始祖であるマニ自身が「神聖な同伴者」から受けた啓示を記したものだからである。中国北西部のトゥルファンで出土したパフラヴィー語の文献（そこに記された内容はマニによるものとされる）が、その言葉を裏付けている。

ふたつの教理と我が生きた聖典、我が英知と知識の啓示は、従来の宗教よりも広範であり、優れている。

教えを広く伝播するために、マニは論証ではなく絵図や神話を選び、それを運ぶ媒体として紙を使った。

マニは教義が曲解されるのを防ぐために、みずから経典を書いた。彼が残した文献は主に七点が確認されている。『大福音書』、『生命の宝（いのちの書）』、『シャープーラカン』（ペルシアの君主に捧げたマニ教の概要）、『秘儀の書』、『巨人の書』（大洪水以前の一連のユダヤの逸話を基盤に書かれたもの）、『賛美歌』、『祈禱集』である。[50] 彼はキリスト教において使徒パウロの言葉にある〝肉の人〟(man of flesh）や〝霊の人〟(man of the spirit）の思想や、キリスト教の聖歌を借用して、彼自身のグノーシス主義的な教義に転じた。またタナハ（ヘブライ語の聖書）に異論を唱えていたにもかかわらず、その教義も採り入れた。

筆記者は、伝道者と同様にマニ教を布教する役割を担った。マニは、みずから文字をつくらなかった。マニ経典の文字は、古代の聖書で使われていた地中海東岸のシリア文字を改良したものだと考えられてきたが、年代は一致しない。ひとつの可能性として、マニ文字はシリアの古代都市パルミラの文字に由来するという説がある。[51] パルミラは二七〇年代半ばに破壊されたため、マニ文字は遅くとも二七〇年代前半までには出来上がっていたのだろう。マニはイランや中央アジアの言語で経典を書くために、この表音文字を使った。こうして神聖な言葉はマニ文字となって紙に書かれるようになり、そのおかげでマニ教は言語の障壁を越える力を手に入れたのである。

言葉を尊んだマニ教の筆記者は、どの宗教よりも高い理想を実現した。マニ教においては、経典のカリグラフィの美しさは、それを筆記した者の精神が整っている証拠、神性を宿す証拠だと信じられていた。筆記者は、神の言葉を伝える者でもあった。彼らが文字を記したページは、読み手に神をもたらすとされたので、美しく書き、装飾され、整えられ、善き言葉と同じく輝きに満ちていなくてはならなかった。それは、書いた人間の内面の光を映し出すものだとマニは説いた。美しく仕上げられたページは、読む者を神へと導く光そのものとされたのである。

経典の筆記者は、不具合のある尖筆や筆、作業台、パピルス、絹帛、そして（やがてもたらされる）紙を使ったときには、カリグラフィを軽視したことの許しを乞わねばならなかった。道具でさえも神聖視されていたのである。あるソグド人は、次のような言葉を残している。

> もし私が文字を書くときに怠惰な気持ちに負け、その仕事を見くびり、軽く扱ったら……なにとぞお許しくださいますように。[52]

主たる目的は書写であったが、それは仏典の写経のように徳を積むためではなく、顔料と墨で神聖な美と光をとらえるためだった。現存するマニ経典のある細密画には「選ばれた者」が木の下に並んで座り、筆記具を手にして写経を行なう様子が描かれている。高昌（こうしょう）（現在は新疆ウイグル自治区の砂色のゴーストタウンとなっている）で出土したその紙片は、九世紀前後に描かれたものとされ、色鮮やかな彩色がほどこされている。身をかがめて座る数人の僧のなかには両手にペンをもつ者もいる。かたわらには、マニ教徒にとって特に神聖な果実とされた大きなブドウの房が垂れている。断片にもかかわらず、この上なく神聖な絵であることが伝わってくる一片だ。

筆記者は、腕前が上達するにつれて文字を小さく書くようになった。ある祈禱書は、縦が六・五センチメートル、横が二・五センチメートルで、それぞれのページに鮮明な文字で一八行ずつ書き入れてあった。中国の北西部で出土した文献では、縦がわずか五センチメートルのページに一九行の文字がひしめきあっていた。エジプトで出土した五世紀のものとされる『ケルンのマニ写本』は、古代の極小書物のひとつに数えられている。サイズは縦が四・五センチメートル、横が三センチメートルで、驚いたことにほとんどのページが二三行の文章で埋められている。

文章の節は赤と黒のインクで交互に書かれることも多く、文章の一部のみが赤いインクの線で書かれていることもあった。二〇世紀の初期に、ドイツ人の考古学者、アルベルト・フォン・ル・コック（敦煌の探検においてオーレル・スタインと競い合った）は、中国北西部で出土した貴重なマニ教の文献をベルリンに持ち帰った。彼は日記に、マニ教徒はただ黒いインクで文字を書くだけでは飽き足らないようだ、と記している。彼らは書物のページに鮮やかな彩色をほどこし、花や文様で飾り、色彩のコントラストによって絵柄を引き立たせ、ときには一行ごとに黒と別の色のインクを使って文章を書いた。

マニ経典のテキストの美しさの理由は、カリグラフィだけにあるわけではなかった（確かに、文様や装飾、イラスト、あるいはアラベスク風の花や文様に彩られたカリグラフィも美しいが）。フィリップ・ラーキンは、もし自分が宗教の教祖だったら「水」を利用しただろうが、マニは「色」を使って製本（紙漉きの段階から文字や最終的な挿絵の段階まで）し、経典をひと目見れば釘付けになるような美術工芸へと転じたと記している。このような手法で美と教義を結びつけた多文化的宗教の始祖はひとりもいなかった。キリスト教の学者もイスラム教の学者も、「マニ経典には驚くべき求心力が備わっており、それらは美術工芸品として、またマニが出会ったとされる神聖な内なる光のしるしとして享受された」という点では意見が一致している。

マニは、〝生きた福音〟を例証するために書物をつくった。彼はペルシアで「絵師マニ」として知られた。その人生について記したペルシアの記録によると、マニは挿絵画家を中東やペルシア、中央アジアへの伝道の旅に同伴させたという。マニ自身はおそらく――文化的な習慣や、名前（イラン北東部に建国された帝国に由来する）、またヘブライ語の聖典などのようなパルティアの文献にも挿絵があることを鑑みると――パルティア人だったと思われる。きっとメソポタミアの故郷でも、装飾的な文献を目にしていたに違いない。

しかし、マニがなぜ経典にここまで重きを置くのか、そして何より、なぜそれを美しいものに仕上げ、美しい文字を書き、美しく装丁し、美しい装飾による書体を用いるのか、その答えはそう簡単に見つけることはできない。マニ教の文献で現存するものはほとんどなく、また、その後の迫害と衰退によって、マニ教は迷える宗教となったからだ。現存するのは、エジプトとトゥルファンから出土した文書のみ。教団は中央アジアやペルシア、中東の各地に散らばっていったが、そういった国々に記録は一切残っていない。さらに、現存する文献はみな宗教的なものばかりなので、彼らが一体どのような生活をしていたのかを詳しく知ることはできない。マニ教の文献に使われたインクに鉄分が含まれていなかったことも、問題をさらに難しくした。一般的にはインクに鉄分が含まれていると、色が褪せたり、水に流されたり、また拭きとったりしたのちも、長いあいだ筆跡が残るのである。

要するに、マニ教徒が書物にこだわりを見せた理由を明らかにすることも、アジアにおけるマニ教の写本文化の正確な実態を知ることも困難なのである。これはその時代の宗教特有の問題ではなく、限られた文献しか残っていないマニ教ならではの問題といえよう。古代末期は、西アジアや中央アジアの各地に驚くほど多種多様な宗教が存在した。宗教以前の哲学的な思想をも含め、仏教やユダヤ教、ミトラ教、マニ教、キリスト教、グノーシス主義、ゾロアスター教、やがてそこに加わるイスラム教などの教えが、あらゆる場所で説かれて信者を獲得した。だが、そういった宗教の相互の関連を正確に説明するのは容易なことではない。それぞれの宗教の相互作用を指し示す証拠はあるにせよ、具体的にどのような影響を与え合っていたのかまではわからない。たとえるなら、すべての宗教が別の宗教と互いにかみ合う歯車だとしたら、おそらくマニ教は全宗教とかみ合っていたといえるだろう。だが、どの歯車もいくらかの歯が欠けているため、それぞれがどのように影響し合っていたのかは、依然として謎のままなのだ。

宗教がもたらした影響の糸口を提供してくれるものは、書物である。エジプトで出土したマニ教の文献は、五世紀の年代のものまでパピルスを使用していた。だが中東では、四世紀にはすでにパピルスから羊皮紙への移行が済んでいた。この不可思議な現象を説明する答えは明らかになっていない。マニは常に上流階級の信者を獲得しようとしていたうえ、羊皮紙よりもパピルスのほうが古代の知識を記すにふさわしく畏敬の念を抱かせるのに好都合だと考えていたのかもしれない。マニ教では殺生を禁じていたため、獣皮でつくる羊皮紙を忌み嫌ったとも考えられる。もっと平凡な理由としては、言うまでもなくエジプトはパピルスの原産地だったという考え方もできる。

一方、トゥルファンで出土した文献は、エジプトのものとは異なり、中国で漉かれた紙が使われていた。この紙は年代が進むにつれて厚みを増し、きめも粗くなっていくが、その傾向は中央アジアで発見された数々の出土品にも同様に見られる。これは東方に広まったマニ教が、中国を中心として大きく発展した写本文化の一部であったことを示すものだ。のちにペルシア人は、書物を中心としたマニ教の文化が中国に由来すると決めつけるがごとく、マニを「中国の絵師」と表した。だが、マニ教徒が中国人と同様に筆を使用していた可能性は低い。筆で書かれた写本もあったかもしれないが、それを証明するのは難しく、また文字には長い筆の運びに見られる墨独特のかすれも見られない。確かにマニ教の書物には、「苧麻（カラムシ）」の繊維でつくられた紙や、頻度は少ないが大麻の繊維による紙が使われていた。どちらも中国を原産とする植物だった。だが紙が中国製だったとしても、別段不思議ではない。それは、紙の文化が中国の地理的、政治的な範疇から飛び出して西方へと進んでいたことを反映しているだけなのだ。

中央アジアや中国仏教では、紙の裏面を利用するだけでなく、すでに書いたテキストを消したり、切り抜いたり、洗ったり、拭きとったりした面をできるだけ活かして使うことも少なくなかった（現代ではパリンプセストという名で知られている）が、マニ経典の筆記者は、同じ紙を好んで二度使うことはなかったようだ。これも、マニ教徒が異常なほどに聖典を崇敬していたことを示す事実といえよう。

エジプトとメソポタミアに伝来したマニ教が、現地の影響を受けたことは明白である。シリア語のキリスト教の聖歌（たとえば、二世紀の異端の聖歌――グノーシス派の詩人で哲学者のバルダイサンの作品――から、教父――特に四世紀に教会から禁じられていた歌曲を進んで採り入れ人々を信仰の世界に呼び戻したエフレムなど――による聖歌まで）も、マニ経典の内容に多大なる影響をおよぼした。

そして西方に伝来したマニ教が、シリアのキリスト教が借用したルーツ（たとえばバルダイサンなど）と同じところから内容を借用したのなら、書物の形式もそっくり借用したことは十分に考えられる。最古のマニ教の書物は五世紀のギリシア語とコプト語によるものだが、これは、現存する古代の書物のなかでは最大規模のサイズを誇る。パピルスは大きさに限界があるが、羊皮紙なら限界はなかったのだ（現存するものは、Ａ４のサイズに近い）。シリア語の文書と同様、西方に伝わったマニ教のテキストは、二段組あるいは三段組で書かれていることが多かった。さらに東に伝わるにつれて、段組の少ないものが好まれるようになるのだが、初期の頃のテキストの影響は明らかだった。段組が多いほど空白のスペースも増し、結果的に優美な装飾がほどこされるページも多くなる。とはいえこの、いわば割付の実験には、羊皮紙よりも紙のほうが適していた。紙は羊皮紙よりも長く、幅広く裁断することが可能で、羊皮紙よりも薄いからだ。羊皮紙よりもはるかに安価であったことは言うまでもない。このように、西方に伝来したマニ教の書物で行なわれていたデザイン上の実験は、東方のマニ教の文書の媒体において――すなわち紙の上で成果を出したとも考えられる。

中国北西部で出土した一一世紀のマニ教文献の断簡は、現在ベルリン国立アジア美術館の地下に所蔵されている。挿絵はテキストに対して九〇度反転した状態で横向きに描かれているが、この割付はシリア語によるキリスト教の聖書ではごく普通に見られるものだ。マニ教は羊皮紙、そしてのちに使用可能になった紙の上で芸術と装飾の可能性を追求し、アイデアの多くをシリア語のキリスト教に求めた。マニ経典の細密画は同じページに書かれたテキストに必ずしも関連しているわけではない（現存するほかのマニ教文献においても同様である）。おそらく、挿絵自体が情報を伝えるための独立した媒体として考えられていたからだろう。もとよりイメージを重視していたマニがシリア語のキリスト教聖書や祈禱文に出会ったことで、細密画に熱心に取り組むようになったとも考えられる。彼の「生きた福音」に添えられた挿絵が中国に広まると、中国人はそれを「見事な絵図」と讃えた。経典の主たる目的がテキストの言葉ではなくイメージを伝えることだったからであろう。マニは自身が洞窟で受けた啓示を細密画で再現しさえしている。彼は紙を使うことによって、斬新な手法とみずみずしい才能を活かしたのである。

たとえ書物に対する熱意がマニ独自の考えではなく、借用したアイデアであったとしても、マニ教が急速かつ広範囲に伝播したことに変わりはなく、その決定的な要因は、マニ自身の文化的な野心だったに違いない。細密画は読み手の言語にかかわらず内容を端的に伝えることができるが、マニは経典をできるだけ多くの言語で書いて広めようとした。マニの教義は無国籍のまま広まっていった。これは、大陸を視野に入れた彼の野心と、来世を重視する禁欲的な教義の両方に適合していた。とはいえマニは、王や王子の後押しも必要とした。そしてついにマニ教は、各地の王を味方につけながら、中央アジアに根付いていった。マニ教の書物は、エジプトから東に移動するにつれてヒンドゥー教の神々や仏教の偶像を採り入れ、ペルシアでは花の絵や文様、庭の絵図を採り入れて、その魅力を高めていった。中央アジアのソグド人の商人がこの多文化的なメッセージに飛びついたことは間違いない。マニの存命中に、中央アジアでは多くの民がマニ教に改宗した。なかでも複数の国と交易が盛んだったサマルカンドは、この新たな信仰の拠点となった。

五世紀になると、中国北西部の国境地帯、タリム盆地のオアシス都市で仏教徒の集団が改宗し、次第に信徒は増えていった。七世紀には、大勢のマニ教の信者が、アラブ系イスラム教徒の軍事作戦に追われる形で中央アジアに流れ着いた。ウイグル族が八四〇年代にオルドバリク（カラ・バルガスン）北部の都からタリム盆地に逃れた時点では、まだ仏教徒がマニ教徒の数を上まわっていたが、天山ウイグル王国が建国されると政府はマニ教を国教として採り入れる。マニ教の僧たちは日が暮れると、しばしば信者の家に集まって数百人で聖典を朗唱し、統治者を祝福したという。ウイグル族の宮廷では、王が写本と細密画のための作業所を提供し、一般市民の支援者が書物を彩飾するための資金として布施をした。マニ教は独自の経典をつくって外国語に翻訳することにより、アジア中で改宗者を獲得し、ようやく身を落ち着けると、それまで以上に書物に執心して資金を注ぎ込むようになった。そして紙に秘められた美の可能性をひたすら追い求めた場所が、ウイグル族によって数多くの国家が築かれた中央アジアだったのである。

中央アジアにおける書物の制作過程は、四つの段階に分かれていた。まずは製本職人が絹帛や羊皮紙、あるいは紙の寸法を測り、裁断して綴じることから始まる。紙は通常、苧麻、ときには大麻の繊維を漉いてつくられた。仏教徒が増えたことで紙の需要が高まり、結果的にソグド人の商人は紙漉きの技術を向上させ、マニ教徒の審美的な充足の終わりなき旅を支えたのである。マニ教徒が再生紙を利用しなかったために紙の需要はさらに増加し、中国から紙や墨を輸入するために、多額の資金が投入された。

マニ教は、中央アジアで使われていた文字（古形シリア文字、ソグド文字、突厥文字、漢字）を幅広く用いたばかりか、書物の形態においても多文化主義を実践した。そのなかには伝統的な中国の巻子本の形態や、インドの貝葉経のように各シートの中央の穴に糸を通したものもわずかにあった。地中海沿岸に近づくと、書物の大半は背を左にして開く西洋式の形態――コデックスとなった。印刷による書物は一冊もなく、現存する細密画の断片も、その書物が実用品（説教を目的とする）としてだけでなく、美術工芸品（華やかな細密画や波形のモチーフで縁取られた表紙など、繊細な装飾が巧みにほどこされていた）としてつくられていたことを指し示している。

「選ばれた者」は、書物を制作するプロセスの第二段階、カリグラフィにもたずさわった。トゥルファンで見つかった断簡の場合、筆記者は見開きの左右のページの上部の余白にまたがって装飾的な見出しを書いていたようだ。文字の線を長く伸ばしたり、さまざまな色を使ってアウトラインを描いたり。見出しは緑色や朱色、青色に塗られることもあった。筆記者は六色のインクを使い、単色や多色で、ときには装飾的な書体でアウトラインを描き、句読点やほかの記号を際立たせるための図案も書いた。左右対称の花の図案もある。また書き込みを入れるためのスペースとしてしばしば空欄を設け、聖歌のテキストの場合には音の要素や音節ごとに分かち書きにすることもあった。

プロセスの第三段階は彩飾であり、そこでは資金力が物を言った。中国人の絵師が雇われることも少なくなかったが、それは中国原産の金や青金石(ラピスラズリ)を使ったことによる。見出しのカリグラフィにも人間や動物、植物などの図案による装飾がほどこされ、細密画は四つの様式から選ばれた。西アジア向け輪郭画と多彩画、そして中国向け輪郭画と多彩画である。絵図を鮮やかに際立たせるために最高級の紙が使用され、たいていは下地の色を最初に塗ってから輪郭を描き、そこにしかるべき色を加え——青や赤、黄、緑の濃淡を使い分けて——仕上げた。紙葉に光沢をほどこすため、最後に金箔が貼られることもあった。

そして最後に、写本は製本職人の手で綴じられる。例えば巻子本なら通常は一〇センチメートルから二五センチメートルほどの長さで、広げると二・五メートルから四メートルにおよんだ。彩飾されたコデックスの寸法は縦が一五センチメートルで横が八センチメートルほどのものから、縦が五〇センチメートルで横が三〇センチメートルのものまでバラエティに富んでいる。現存する断簡からは、書物の多くが革で装幀されていたことがうかがえるが、装幀された状態のものはひとつとして残っていない。おそらく品質と美しさゆえ、別の本として、または別の目的のために再利用せずにいられなかったか、あるいは単に売られてしまったのかもしれない。

この類いまれな書物は、記された言葉と物質的な要素の両方から読み手に教養を伝える手段であった。そして、文字の形、ページの順番、挿絵と文様の繊細な美は、言葉の意味そのものと同じく重要な要素だった。言うまでもなく、それは紙という素材のもつ機能をも象徴していた。ほかにも彩色がほどこせる平凡で持ち運びのできる書写媒体はあるが、それでも、ここまで繊細かつ緻密にほどこせるものは紙以外にありえない。

マニ教は遠く西のアルジェリアや、はるか東の中国南海岸までも伝わった。その教えはさまざまな言語に訳されて紙やパピルス、絹帛、羊皮紙を介して運ばれたが、（東方に渡ったものには）マニ文字も多く使われた。書物の形態はコデックス、インドの貝葉、伝統的な巻子本とさまざまだった。マニ教は、ほかの文化の神話や信仰を採り入れ、改良を加えられながら、マニが神から受けた啓示を伝え続けた。マニ教は芸術家とカリグラファーによる宗教として、経典に記された言葉のみならず、そのページの上に創造された美の力で信者を勝ち取った初めての宗教だった。それは中国の南東部の秘密結社を通して一六世紀まで継承された。

キリスト教とイスラム教が伝播したばかりの時代、それら宗教にとってマニ教の多文化主義は脅威となり、多くの者たちから怒りや嫉妬を買い、非難を浴びた。その最たる人物が、アフリカの神学者、聖アウグスティヌスだった。彼自身も九年にわたってマニ教の信者であったが、のちにキリスト教に改宗した。[53] アウグスティヌスは、何度もマニ教を批判する著作を書き、討論を戦わせた。マニ経典の美しさが、それを手に取った者に多大な影響をおよぼすことを彼は知っていた。そして、それを目を奪われるほどの経典だと評しながらも、人々を罠にはめる虚飾に過ぎないと言い捨てた。彼が四〇〇年頃に書いた、かつての友人の著作を攻撃する『コントラ・ファウストゥム』（Contra Faustum）は、肉体という悪が善なる魂を閉じこめていると説いたマニ教の教義をもじる形で持論を展開した。

あなたの羊皮紙と、それらの精巧な彩飾による書物をすべて焼き払いなさい。そうすれば、あなたは背負う必要のない重荷を下ろし、分厚い書物のなかに閉じこめられたあなたの神を解放するであろう。[54]

イスラム教の神学者は、教義と価値観に加え経典の美しさによって改宗者を増やすマニ教を強力なライバルとみなし、中央アジアとペルシア一帯の民族の魂の敵とした。一一世紀のペルシアの歴史家、イブン・ムハンマドは、次のように記している。ペルシアの偉大なるスーフィー教徒で神秘主義者のアル＝ハッラージュの弟子たちは、マニ教典の装幀を模倣し、中国製の紙に金色の文字を記し、絹や金襴で装飾し、高価な革を用いて装幀した。この宗教をそれほど魅力的なものにしたのが書物の美しさならば、その美はおそらく偽物である、と。

マニ教がイスラム教に直接およぼした影響は、はっきりしていない。古代のイスラム教の書物が、どちらかというとシリアやヘレニズム期の祖先からより大きな影響を受けていたとしても、一〇世紀のバグダードの学者、イブン・アン＝ナディームのように、イスラム教徒の歴史家や注釈者でありながらマニ教の書物について語る者はいた。しかし、自身の教えこそが唯一無二だと主張するマニの姿勢はほかの宗教集団からの反発を買った。マニ教が影響力を有するなら、それは教理よりも物質的な文化と形態のなかにあったことは確かであるが、その痕跡は今日、ほとんど残っていない。

中国において、唐王朝のある皇帝は、首都にマニ教の寺院を建立した。だが結局のところ、ウイグル族の不品行に怒りを募らせた政府によって、マニ教は中国の主流から外れていった。中国は次第にウイグル族を、ただ騒々しいだけの酔っ払いの荒くれ者と見なすようになったのである。ヨーロッパでも、マニ教は異端と同義語になった。ペルシアと中央アジアでは長く続いたが、アラブ人による征服やジンギス・ハンの襲撃、またイスラム教への改宗が徐々に進んだことで、やがては終焉のときを迎えた。

マニは、自分の教えがいかなる不純な教義にも毒されないよう、また世界を制することができるように書いた。しかしその経典はほぼ現存せず、今日、マニ教は歴史のなかにしか存在しない。マニ教は、ページの上に世界を創造し、文字や細密画、文様で埋め尽くして美しく飾った。そして、中東のペルシア人やイスラム教徒は、この世界で最も素晴らしい書物を生み出すたぐいまれな技量を決して見過ごしはしなかった。

西アジアや中央アジアにおいて、古代末期の宗教は、ジグソーパズルさながらの様相を呈したが、マニ教はそのピースのひとつに過ぎなかった。しかしキリスト教やイスラム教の学者や文人の怒りや嫉妬からうかがえるように、マニ教徒は書物を高度な芸術品とした草分け的な存在であり、多くの民衆の心をとらえたのだ。そこにしたためられたメッセージは忘れ去られてしまったが、経典のページを美しく飾るなかで見出された力はその後、はるかに大きな運命とともに、ある宗教によって利用されることになる。マニ教は、その道を示したのである。

第一〇章　本を築く

……死は休息ではない
サマルカンドを目指す黄金の旅路を行く者の
美しく輝かしい信仰を秘めた
東方の砂よりあたたかく深い

ジェイムズ・エルロイ・フレッカー
『サマルカンドへの黄金の旅』（一九一三年）より

イリ渓谷は中国の北西の果てより始まり、蛇行してカザフスタンへと続く。谷の北側を進むと、ワイン畑や綿畑、黒い墓碑がまるでトースターに挿し込まれたパンのように頂上に立つ、ピラミッド型の丘陵、赤銅色の丘、積み藁、リンゴ畑、銀色のブナ並木、家から数百メートル先の道端にテーブルを出して果物を売る農家の出店などが目に入る。石炭を積んだトラックは、群れを連れた羊飼いたちを追い越して丘を登る。谷を背に進むにつれ、北の空に浮かぶ雲が晴れると、雪を頂く暗い青色の山が姿を現す。ふもとの草原はくすんだ緑色と黄色だ。道を進み霍城（かくじょう）の町の近くまでやってくると、塀に囲まれた庭がある。そこからリンゴ園に沿って小道を歩き、羊と二頭の牛の前を通り過ぎると、つきあたりに、二本の背の高い木にはさまれた両開きの扉がある。

その扉から六メートルほど進んだところに霊廟がある。形は立方体に近く、背の高い尖頭アーチが目を引く。ターコイズブルーの地に白い碑文が書かれた帯がアーチを縁取り、アーチの両側を上下に走る浮彫りのラインは、その上にわたされた梁にぶつかり、長方形をつくっている。アーチの迫腰（せりごし）［アーチの迫元から頂部の膨らんだ部分］の上部の壁面には、白いメダイヨンとダークブルーの十字が対角線をなすように配置されている。アーチの左右の外側には、青みがかった緑色の幅広の帯にまるで音符のように白い文字が書かれ、文字の両側には花のモチーフが垂直の柱をなすように並んでいる。

ティンパヌム［アーチと梁のあいだの壁］には、小さな長方形の金属の周りに、線と四角形からなる迷路がクロスワードパズルさながらに配置されている。ファサードの上には高さ二メートル弱の装飾のない白いドームが載っている。地面から高さ三メートルまでの壁は色が剝がれ落ち、残っているのは石でできた基礎部分だけだ。建物の右後方には、天山山脈が見える。暗い青色を帯びた山は、頂上に近づくにつれ白くなっていく。

中国の西の国境へ向かうとき、最初に目にする異国の宗教的建築物が、この霊廟である。かつて中央アジアを支配し、紙の書物に関心を寄せ、高い技術を注いだ文明圏へ入ったことを告げるものといえよう。この建物は、一四世紀中国北西部にあった国、モグーリスターンの支配者でイスラム教に改宗した、トゥグルクを祀った廟だ。しかし、彼が何者であったかは、建物自体が象徴するものに比べればたいしたことではない。彼が取り入れた文化を読み解く鍵は、霊廟のなかに、一〇世紀のアラビア文字の書体であるナスヒー体で書かれている。柱の両側の碑文は一一世紀にスルス体で書かれたもので、文字の三分の一がまるで地滑りでも起こしたように曲がり、傾いた筆記体だ。

中央アジアには、このようなイスラム様式の墓碑が何百と点在する。トゥグルクの霊廟は一三六三年に建てられ、この地域で最も古いもののひとつだ。ここは、東方の別の文化圏へと通じる入り口であると同時に、新たな文化の気配がいち早く届く場所でもあった。霊廟の建設の七年後、ティムールと呼ばれる支配者が中央アジア一帯とその西まで広がる帝国を築いた。西洋では、クリストファー・マーロウの戯曲の「タンバレイン大王」、エドガー・アラン・ポーの叙事詩の「タマレーン」としても知られる人物だ。

一四世紀、ティムールは中国北西部からコーカサス、トルコ東部、メソポタミア、はるか南東のインダス川にいたるまで、中央アジア一帯を征服した。みずからをチンギス・ハンの末裔と称し、モンゴル帝国の再建を目指したのだ。だが、実際に彼が築いたのはどちらかといえばペルシア的な要素の強い帝国であり、野心的なモンゴルと洗練されたペルシアの文化を融合させることに、その才能を発揮したといえるだろう。ティムールは、中央アジア一帯にモスク、マドラサ［イスラム教の高等教育機関］、霊廟を建て、自分が思い描いている統一された帝国の未来図を、レンガとタイルと石のなかに表現した。バグダードの郊外に、討ち取った九万人の首をピラミッド型に並べるなど、しばしば人々の恐怖心をあおって利用することもあった。だがティムールがすぐれていたのは、帝国の目的を達成するために芸術を利用した点である。

ティムール朝の建築物はイスラム様式だが、独自の性質をもつ。中央アジアの砂漠や草原、灼熱の大地に点在する建築物は、いわばひとつの〝橋〟であり、石という手段を用いた神学的主張なのだ。建物の薄黄色の土台は地面と溶け合い、ターコイズブルーの丸いドームは上空に広がる空とひとつになっている。トルコでは、空は人々に霊感を与える存在とされ、〝ターコイズブルー〟はそれを象徴する色だ。これらの建築物は、イスラム教以前の空の神への信仰を表し、おそらくは空そのものと同一視されていたゾロアスター教の神アフラマズダをも示唆している。ティムールにとって、建築物は帝国の文化の多様性を表すモニュメント（記念碑）だった。トルコ人とペルシア人を結びつけるのみならず、新しいティムール体制と天をつなぐ役割をも果たしていたのである。

ティムール朝時代に中央アジアにつくられたドームで最も巨大なものは、カザフスタン南東部にあるアフマド・ヤサヴィー廟を覆うドームである。幅一八メートル、地面から頂点までの高さは二七メートルにも及ぶ。大きなイスラムの記念碑的建築によく見られる三方を壁に囲まれた空間（イーワーンと呼ばれる）が東側を向いて開いており、その両側の八角形の基台から、角を面取りしたような形の二本の塔がねじれながら空に向かって伸びている。大きなイーワーンのなかのくぼみに、さらに小さなイーワーンがふたつあり、ふたつのうち小さいほうのイーワーンの窓をのぞくと、クーフィー体の碑文が見える。青い縁取りのある白い碑文で、クジャク石で装飾した砂色の壁に書かれている。鳥たちはレンガからレンガへと飛び、陰鬱とした前庭でけたたましく鳴いている。

廟のなかには、数人が座れるくらいの大きさの、重さ二トンもの銅製の大鍋がある。ティムールが寄進したと伝えられるこの鍋の表面には、植物の葉の装飾模様と絡み合うように碑文が書かれている。鍋の下の砂色のタイルには、それとはまったく趣を異にする細長く白い精密な文字が書かれている。

ある空間は、ムカルナスと呼ばれる鍾乳石状の装飾が施されたコーベル・ボールト［持ち送りという技法を使ってアーチ状にした天井］で、両側にはふたつのイーワーンがあり、なかに小さな天井が配されている。背後のイーワーンの壁には、高さ一・五メートルまで花模様の縁取りと装飾陶器[56]のモザイクに囲まれたアクアマリン色のタイルが並び、扉が静かにたたずんでいる。タイルの上の複雑な花模様をたどっていくと、ようやくカリグラフィにたどり着く。

トルキスタンの古都の空に輪郭を描くドームと中央のイーワーンは、ティムールの新しい世界秩序の番人である。この地域一帯では、ティムールの巨大なイーワーンが崇高な門としてそびえ、付随するオベリスクと柱も空高く伸びている。かつて、ペルシアにも、ホラーサーン［東イラン、北西アフガニスタン、南トルクメニスタンにまたがる地域］にも、トランソクシアナにも、これほどの記念碑的建築を残した人物はいなかった。だが、ティムールは、これらのすべての地域に軌跡を残したのである。

巨大建造物を飾るのは、クルアーンの節だ。ティムールの偉大なモニュメントでは、タイルに覆われた壁面に言葉の帯がアラベスク模様のように躍っている。アフガニスタン北部のバルフにある緑のモスクでは、らせん状の柱と畝のあるドームが内側のピシュターク（イーワーンの入り口）の骨格をつくり、クーフィー体で書かれた幅広の碑文が広場をぐるりと囲んでいる。帯状の碑文から外に向かって流れ出る線が幾何学的な形を描き、まるで書かれた文字そのものから芸術が芽吹いているかのようだ。ドームを支える石柱が環状に並ぶ鼓状部の外に出ると、アクアマリン色の背景に白い碑文の書かれた二つの層が見える。ひとつは、やわらかい曲線を描く走り書きのような文字で、もうひとつは直線的だ。ティムール朝の一五世紀の君主、ウルグ・ベクが治めていたサマルカンドのマドラサでは、ピシュタークと呼ばれるくぼみ部分や、出入り口の両側の柱の上にかかるアーチや帯を、金や青のクーフィー体の碑文が覆っている。二一〇キロメートルほど西のブハラにあるカラーン・モスク（現存する建物はティムールの死から一世紀後に建てられた）では、手書きの字が書かれた太い帯がイーワーンの三方の壁面の幅いっぱいを埋め、イーワーンの内側も碑文で覆われている。

ティムール自身の墓、サマルカンドのグーリ・アミール廟は、金、銀、青の格子や複雑なムカルナスの天井に飾られた非常に装飾的な建物だ。ドームを支える鼓状部の外側は、クーフィー体のカリグラフィのタイルでぐるりと覆われ、ドームの両脇の二本の柱に壁紙のように広がるアラベスク模様や幾何学模様とほぼ重なりあっている。私財を投じて碑文の入った建築物をつくりあげた人物にふさわしい安息の場だろう。

これらの建築物と紙の書物とのつながりを特に明確に示しているのは、サマルカンドのビビ・ハヌム・モスクだ。ティムールの建てたモニュメントにおいてもクルアーンの言葉を賛美して引用し、建築様式のなかに組み込んでいるが、ビビ・ハヌム・モスクにおいては書物そのものが記念碑的なサイズで使われている。ティムールはこのモスクの巨大な石の書見台に置くために三平方キロメートルのクルアーンをつくらせた。一ページが縦二メートル、横一・五メートルを超える大きさだ。このクルアーンを一冊つくるためには、一六〇〇ページ、八・八四キロ平方メートル、つまり三平方キロメートル弱の紙が必要だった。紙は権力の象徴であり、書物というモノが、ティムールの建立した最大のモスクの中心的存在であった。彼が紙に書かれた文字をこのように用いたのはこのときだけではない。権威を誇示するために、一五メートルもの紙を使ったこともある。彼の図書館同様その紙はもう存在しないが、建築物が、私たちにすべてを教えてくれる。

紙をめぐる旅の次のステップへ進む鍵は、中央アジアのモニュメントを縦横に行きかうカリグラフィだ。書き言葉に支配されていた地域の最も華やかなりし頃へと、数世紀の時を超えて私たちを連れ戻してくれるのは建築物なのである。クルアーンへの賛美は、建築にさまざまな形で現れる。花模様に編み込まれて、精巧な幾何学模様のなかに組み込まれて、門の頭上で建物を守護する詩句として。しかし、このような言葉を書き記す喜びは、もともとタイルではなく紙から、モスクやマドラサの壁ではなく本のページから始まった。ティムールの時代に、書かれた文章が紙のページから帝国内のモニュメントへとあふれ出し、実際の風景にクルアーンの言葉をちりばめたのだ。それは時の政治権力に宗教的な正当性を与えるために計算された動きであったが、同時に、イスラム教がいかに〝書かれた言葉〟(たいていは紙に書かれた言葉)に基づく宗教であるかをも示しているといえよう。


文化はペルシア人からもたらされる、というアラブの諺がある。そしてその文化は、紙に乗ってカリフの領土全域に広まった。イスラム軍は、アラビア半島からレバント地方と肥沃な三日月地帯[パレスチナからペルシア湾にいたる弧状の農業地帯]へと進攻するにつれ、芸術に関心をもつようになった。アラブ人は、芸術性の高い、職人の技術に満ちた文化に出会い、そこから少しずつ学んでいった。ペルシア人は、アラブの文化形成において指導的役割を果たしていたのである。

一四世紀の偉大な哲学者にして歴史家、北アフリカのチュニス出身のイブン・ハルドゥーンによると、アラビア語の文法を確立したのはペルシア人だったという。預言者の言行録であるハディースをまとめたのもペルシア人だった。すぐれた法学者、思想家、主だったクルアーンの注釈者もみな、ペルシア人だ。当時、知的な分野は、ペルシア人が支配していた。初期のイスラム教徒のなかで、誰よりも大切に知識を管理し、守ったのはペルシア人だったのである（現代においても、イスラム教以前の古代の歴史を大切に守っているイランは、イスラム諸国のなかでもきわめて特殊な国である）。イブン・ハルドゥーンは、もし学問が天上にしか存在しなかったならペルシア人は天まで昇っていくだろう、という預言者ムハンマドの言葉も引用している。

ペルシア人は二〇〇〇年以上前から、イラン、アフガニスタン、中央アジア地域に住んでいた。紀元前六世紀に建国されたペルシア人による〝最初の〟帝国であるアケメネス朝は、アジア、アフリカ、ヨーロッパにまたがる、当時最も強力で広大な王国であった。

そのためアッバース朝の軍隊は、ペルシアを征服したときには礼装をして進攻したといわれている。メソポタミアからトランソクシアナにいたるまでアジア各地に存在していたペルシア人は、新たに成立したイスラム帝国の政府でも官僚となった。やがて官僚の影響力が弱まると、今度はイマームと著述家たちが指導者の地位についた。政府の要職を務めたのはカリフだったが、彼らを支えた統治と行政の理論は、ペルシア由来のものだった。これらの理論の大部分は、文芸と宗教を学習することが行政においていかに重要かを強調するもので、そうした学習は紙の上で行なわれた。

だが、イスラム教徒はペルシアのアイデンティティをそっくりそのまま受け入れたわけではなかった。むしろ、アッバース朝のカリフたちとペルシア人は互いの考えを交わし合い、イスラム教をより普遍的な宗教にしようと考えた。アラビア語はイスラム教の言葉として残ったが、学者になったのはペルシア人だった。サササン朝ペルシアはイスラム教徒の侵略によって終焉を迎えたが、王室の芸術はイスラムの型に注ぎ込まれた。王室の表象、意匠、シンボルは宗教との結びつきが希薄だったので（異端の教義からも遠かった）、イスラムの象徴になることができたのだ。

初期のカリフたちは、異教徒を改宗させることにあまり関心がなかった。七世紀、第二代正統カリフのウマルは、改宗をアラブ人に限定した。改宗者が増えれば、戦利品を分ける兵士も増える。つまり、恩給の支払額が増加し、人頭税による税収が減少するからだ。中央アジアでは特に、都市部以外の人々が改宗することは困難だった。あまりに大勢が改宗したために、イスラム教徒への税制優遇措置が撤回されたこともあった。その後、続けて反乱が起こった。初めての世襲イスラム王朝のカリフの統治は七五〇年に終わりを迎えたが、その原因は、イスラム教をアラブ文化から普遍的なものへ翻訳しそこなったことにあったといえよう。その後のイスラム王朝の後継者たちは、富と同様に改宗者も獲得しようとした。遊牧民であるアラブ人のイスラム教をペルシア文化の肥沃な土壌に植えつけることで、新しい形のイスラム教が根を張り、育っていった。

ペルシア人は、アラブ人からベドウィンの詩を取り入れ、自分たちの好みに合わせて新たな型を生み出した。アラビア語で書かれた新しい詩は、広く人々の心に訴えるものであった。同時にペルシア人たちは、イスラム教とアラビア語を熱心に勉強した。九世紀半ばのペルシア人のある宗教学者は、クルアーンを読んで、右にいるアラブ人にはアラビア語で、左にいるペルシア人にはペルシア語で説明したという。

元来学ぶことや書くことが好きだったペルシア人は、マドラサで学び、間もなくカリフの書記として重宝されるようになった。散文によるアラビア語文学の先駆者となったのは、二人のペルシア人、イブヌル・ムッカファーとアブドゥル・ハミードだ。アラブ人がペルシア人のコミュニティで暮らすように、ペルシア人もアラブ人のコミュニティで暮らしていた。帝国では二つの言語が話されていたが、中心になるのはアラビア語であり、宗教が糊の役割を果たしていた。そして、書物をよりどころとする宗教を潜在的イスラム教徒に届ける際に大きな役割を果たしたのが、紙である。ペルシア人の製紙工は、一五世紀にはどんな形、強さ、手触りの紙でもほぼつくれるようになっていた。

アラブ人は聖戦と征服の旗印のもとでイスラム教を広めたが、ペルシア人はイスラム教が外国に順応するよう腐心した。ところが初期のイスラム帝国の偉大なペルシア人学者、注釈者、科学者、発明家、書家を詳しく見てみると驚かされることがある。彼らは、イスラム教が最初に出会ったペルシア帝国（当時すでに衰退の一途にあった）、つまりペルシア西部やメソポタミア地方の出身ではなく、ペルシア東部、ホラーサーン（現在のアフガニスタン、イラン、トルクメニスタン、ウズベキスタン、タジキスタンにまたがる地域）、オクサス川南部の地域、アフガニスタン北部の出身だった。メソポタミアを含むペルシアの西側では、多くのイスラム教徒がシーア派だったが、はるか東では主流派であるスンニ派が権力を誇っていた。

ブハラとニシャプールは、二人の偉大なハディース収集家、アル＝ブハーリーとアル＝ハッジャージを生んだ町だ。ホラーサーン一帯では、学者たちは急速にアラビア語を話せるようになり、間もなくクルアーン風のアラビア語を話すことで知られるようになった。実際、一〇世紀の地理学者ムカッダシーは、最も純粋なアラビア語を話すのは、ひたすら勤勉にアラビア語を勉強したホラーサーン人であると書いている。記録にある最古のアラビア語辞書は、八世紀にホラーサーン語で書かれたものだ。ホラーサーンとトランソクシアナは、バグダードの市場に大量の絹、毛皮、テキスタイル、銀製品などを供給していた地でもある。また、ホラーサーンには、ペルシアの中心部から逃げてきたゾロアスター教徒もいた。彼らの豊かな富と知識は、アラブ人居住者をも魅了し、ホラーサーンの新しい学問と発明の時代を支えることになる。

これらの地域は、新ペルシア語が生まれた場所でもある。できたてのペルシア語はアラビア語から数多くの言葉を借用し、アラブとペルシアの詩人の作品によって成長した。しかし、この言語が最初に確立されたのは、より多様な人々が住む東方地域だった。ホラーサーンは、アラビア語を科学の言葉、学習を容易にする言葉として採用し、ほかのどこよりもイスラム的な文明を生み出す工場となった。一方でペルシア語は東のカリフ領の口語となった。ペルシア人がひとつになったのは、紀元前四世紀にアケメネス朝ペルシアが滅ぼされて以来のことだった。

新しいペルシア・イスラム文化は、ほかの〝親文化〟の影響も受けている。中国の絵画やマニ教徒のテキスタイルは、ペルシア細密画の登場に一役買った。絵画学校はヘラート、シラーズ、タブリーズで始まった。新たなイスラム教の原動力は、力や恐怖や減税措置による改宗と同じくらい多くの人を平和的に改宗させ、さらに普遍的な宗教をつくりあげる力となった。九世紀末には、イスラム教の領土をいっそう拡張しようとする新たな兵士も多数生まれた。そんな兵士たちも、教育によってイスラム教を多文化的なもの、アラブ、ヘレニズム、イランに関する学びの融合物としてとらえるようになっていた。

イスラムの学校、マドラサは、ホラーサーンとトランソクシアナで誕生した。クルアーン、神学、法学はすべて、アッバース朝（七五〇年にウマイヤ朝に代わって台頭した。タラス河畔の戦いでの勝利は、アッバース朝初期の出来事である）の時代に宗教教育のための科目となった。中央アジアにおいては、イスラム法学者が地位を確立した。いまでも彼らは、より民主的なイランの機関ときまり悪そうに並んで業務に勤しんでいる。マドラサは一〇世紀頃よりモスクからの独立性を増した。間もなく、それぞれの町でプロの朗読者が雇われ、クルアーンを読む声が聞こえるようになった。一九世紀まで時代をくだっても、タジキスタンの町フジャンドには七〇人もの朗読者がいた。

一〇世紀、ムハンマド・イブン・イスハークはホラーサーンの紙はリンネル（亜麻布）でできていると書いている。ホラーサーンの紙は、当時すでに最高級だった中国の紙と競い合っていた。紙の新たなパトロンはイスラム教であり、信仰のおかげでカリグラフィはこの地域で最高位の芸術の形態とされていた。ペルシア人は、羊皮紙とパピルスの両方を使っていた。前者が使用されたのは、手紙や役所の手続きなどのためだった。エジプトに築かれたササン朝ペルシアの人々は、牛や羊や水牛の皮までをも書写材として用いていた。王族は、ときとして香りをつけた絹を用いて手紙を書き、それを多色織のダマスクの封筒に入れた。一九三三年、タジキスタンのムグ山でソ連の研究者たちが八世紀の手紙の束を発見した。多くは中国製の紙にソグド語［イラン語系に属した中央アジアの共通言語だったが、現在は死語］で書かれていた。しかしサマルカンドはその後すぐに、自前の紙産業で潤うこととなる。

一一世紀初め、バグダードの書籍収集家イブン・アン＝ナディームは、中国人は「草のようなもの」でできた紙に書いている、紙のおかげでサマルカンドは大きな収入を得ていると記録している。さらにアラブ人の製紙工は町にいる中国人の囚人から技術を学んだという説を述べている。この主張はアン＝ナディームの著作である『フィフリスト』に書かれている。アラビア語で存在していたすべての書物に関する概論ともいえる、彼の偉大な業績だ。そのような書物が、書籍文化をこれほど効果的に推進した紙について触れないはずがない。イスラム帝国は中央アジアで使用されていたさまざまな言語の混乱を、アラビア語というひとつの言語に集約させ、クルアーンという一冊の本にまとめた。その結果、中央アジア全域で出版業者が登場し、付随する製紙、製本、彩飾、カリグラフィといった技術が、神の芸術となったのだ。

二七〇〇年前に誕生し、アレクサンダー大王に征服された丘の町マラカンダで、羊が壁と水路のあいだで草を食んでいる。イスラム教徒に征服されたのち、アラブ人とトルコ人が大量に流入し、豊かな富のおかげで数多くの芸術家を輩出した町だ。夕暮れのマラカンダの廃墟から見ると、眼下のサマルカンドの町は温かな光を放っている。巨大なイーワーンとミナレットが、都市の景観のなかで突き出るように建っている。モンゴル人が古い町を滅ぼしたのち、ティムールの時代から残る建造物だ。町の周りには、何世紀にもわたる灌漑の末に実現した豊かな緑のじゅうたんが広がっている。マラカンダは昔から草原に囲まれた庭園の町だった。だが、紙づくりには水も必要であったため、水の供給と豊かなフラックス（亜麻）やヘンプ（麻）によって、マラカンダに製紙の一大ブームが起こった。ヘラートとともにマラカンダは、中央アジアを紙によってイスラム化していくための中心地となった。

この地で製造された新しい紙は、またたく間に広まった。八世紀、ペルシアではホラーサーンの紙が使われていた。まもなく中央アジアにおいて、紙の製造はクルアーンをつくる長い工程の最初のステップとなった。神の言葉を記すクルアーンは、物理的な美しさを求められた。そして、調和のとれたページをつくるために、寸法、挿絵、文字の大きさやスタイル、縁の装飾、章の見出し、細密画に関する規則や基準が発展した。理想どおりのクルアーンをつくりあげられるかどうかは、書家、装飾画家、製紙工、細密画家、製本工にかかっている。一五世紀になる頃には、イランの製紙工は大きさ、厚み、色、質の異なる何十種類もの紙をつくるようになっていた。一三〜一六世紀にかけては、これらの紙がイスラム圏の国々で製造される最良の紙だった。

中央アジアは、地域を統一する推進力を見つけた。仏教はカリグラフィより印刷を好み、マニ教はゆっくりと衰退しつつあった。そのなかで、聖典の唯一の言葉であるアラビア語をこの地域にそっと滑り込ませたことにより、文字そのものの構成が改めて強調されるようになった。筆やペンの運び方は、その文字が表す音と同じくらい雄弁だった。

間隔のあけ方、文字のプロポーション、全体の視覚的なバランスは、書家の研究するところとなった。ただし、ひとつの作品のなかで、筆運びを強くしたり弱くしたり、文字の幅を変えたり、また文字や単語のあいだの間隔を変えてみたりと、多様な形式を重ねたり絡み合わせたりすることもできた。ある書体は鋭く四角く、またある書体はページに閉じ込められたバレリーナのように流れる曲線を描いていた。これは単にまっさらな紙のページが、書き言葉の発展を促進したからというだけではない。芸術家でもある書家にとっては、文字自体が、どのような形にも雰囲気にもなりうる、まっさらなページのような存在だったのだ。ときには美しさが読みやすさの鍵となった。

曲線的な書体であるナスヒー体は一〇世紀に完成して東へ、ついにはティムールが建設した建物にまで伝播した（アラビア語の印刷物にも用いられる書体である）。一二世紀、書家たちが頻繁に使った曲線的な書体が二種類ある。ひとつはクルアーンのテキストに使われ、もうひとつはその注釈に使われた。ペルシア全域にわたって次々と書かれた注釈書は、この二重の記述法を採用した。ニシャプールの著述家アル＝スラバディィは、アダム、ノア、ソロモンの伝説を記すのにこの方法を用いた。中央アジアはイスラム教を介して、アラビア語を単なる書き言葉としてのみならず、陶芸家にとっての土のようにこの地域の芸術を受容する器として取り入れたのだった。

当時の本には、しばしば書家と彩飾師によるふたつの署名が記されており、それぞれの役割が重視されていたことがうかがえる。彩飾師は本の最初と最後の一ページに装飾をほどこし、本文のレイアウトや縁をデザインする。また、所有者の名前を書くため、最初のページの中央に大きなメダイヨンを記す。続く口絵のページには波形模様の章頭飾りをページいっぱいに描き、そのなかには書名と、クルアーンの第九章以外のすべての章の初めに繰り返される「アラーの名にかけて」という言葉が書かれている。この二ページ目には、しばしば王族による狩りの様子や、幾何学模様の迷路が描かれる。これらの口絵は書き言葉の世界への入り口だった。イスラム教は、ただ単に文章を紙に書いただけではなかった。建築家の目をもって、書物を組み立てたのだ。

さらに詳しく書物を見ていこう。本文は金と青の枠に囲まれ、章頭飾りのなかには章のタイトルが書かれ、縁はパターン装飾、植物、動物、鳥、貼りつけ装飾やはめ込み細工で埋められている。染色、マーブル模様、着色、金蒔絵など、多くの技術は中国から伝えられた（ヨーロッパの旅行者たちは、ペルシアのマーブル模様の技術を一七世紀にヨーロッパに持ち帰った）。紙の縁にはたいてい金が蒔かれているか、青、黄色、赤、オレンジ色などの彩色が施されている。そのような縁取りに囲まれて、預言者の言葉が紙面全体に書かれるなか、彩色された舞台で登場人物が台詞を述べる。

しかし中世のイスラム教の絵には、遠近法も明暗法もうかがえない。したがって中央アジアの風景画では、中国の様式が模倣された。一二二〇年代、チンギス・ハンに率いられたモンゴル人が西へ進攻した結果、中国の画法が中央アジアに伝わったのだ。ペルシアではシラーズとタブリーズが、さらに西ではバグダードが細密画の中心地となる。一四二〇年代には、ヘラートの町だけで四〇人もの熟練書家がおり、写本と細密画の熟練工はさらにたくさんいたと考えられている。

モンゴルは帝国を四つに分割した。中央アジアはチンギス・ハンの第二子チャガタイの手にわたり、一四世紀初めには書家、彩飾師、製本工が新しい注文を受けてクルアーンをつくり始めた。ハンにささげられたクルアーンは縦七一センチメートル、横五一センチメートルもあり、各ページにわずか五行ずつ、黒と金で交互に節が書かれていた。

アフガニスタン北西部の細密画の流派であるヘラート派は、派手できらびやかな文字の背景に、柔らかく軽い色調を用いた。細密画は徐々に緻密さを増し、絵画全体に注意が払われることなく、細かく書き込まれた部分が煩雑に集まった状態になった。さらにヘラートでつくられた本には、紙にまで多額の金がつぎ込まれた。一五世紀には、ペルシアの王たちの歴史を描いた一一世紀の叙事詩『シャー・ナーメ』の写本が、書家、彩飾師、縁の装飾家、画家を擁してつくられた。費用は四万二四五〇ディナール[57]もかかり、そのうち一万二〇〇〇ディナールが中国産の紙に費やされたという。

一四世紀末になると、ティムールは筆写者と芸術家をこの地域での製紙が始まった場所、みずからの新しい都サマルカンドへと呼び戻した。またこの頃、ナスタリーク体と呼ばれる、新鮮で流れるような曲線からなる筆記体が発明され、ペルシア詩の媒体となった。サマルカンドでは、細密画にぎっしりと書かれていた細かな模様が減り、控えめになっていった。かたやヘラートでは、書家はアラビア語の文字の曲線や跳ねを誇張して太くしたり、葦のペン先を斜めに切って用いたりした（すでに一〇世紀にはエジプトで万年筆が生まれていたが、ペルシアや中央アジアではそれほど人気はなかった）。デクパージュという、文字を切り抜いて別の紙に貼りつける技法も使われていた。

紙、書体、製本、本の装飾への強いこだわりは、イスラム教をこの地域に普及させるにあたり、大いに役立った。ただ、強制的に改宗させられた者や、税金や収入面での優遇措置につられて改宗する者も存在したものの、地方にまで伝わり、イスラム教を〝アラブ人が持ち込んだもの〟から世界宗教へと変えるまでには何年もかかった。ペルシア東部とホラーサーンの学者たちがイスラムの書をその土地の色や装飾で美しく飾ったおかげで、カリグラフィ、製紙、装飾模様、製本などが変化の土台となり、イスラム教は各地に根付くことができたのである。この学者たちの功績により、クルアーンの原文と注釈書が広範囲に広まっただけでなく、それ自体が中央アジアの高度な文化を示す存在となった。記された内容だけでなく物理的な美が、新しい宗教を美しく引き立てたおかげで、コーランは賞賛を勝ち取る芸術品となったのだ。

ところが、今日残っている、書かれた言葉、装飾された言葉へのティムールの愛の証は、紙ではなく主に石に刻まれている。実際、建物はティムール朝中央アジアに帝国の風景をつくりだした〝書物〟

の役割を果たし、たとえばスキンチ（ペルシアの建物で、ドーム屋根の重みを四角い土台に移行するための隅のアーチ）など、ありとあらゆる斬新なものを王朝に持ち込んだのだった。古都サマルカンドは今日ティムールによる建築の博物館となっている。ずらりと並んだ畝のあるドーム、幾何学的なデザイン、アラベスク模様、ミナレット、レンガやタイルに描かれた詩や模様、イーワーン、門、ミフラーブ（メッカの方向を示す壁龕（へきがん））、鍾乳飾りを施したアーチ型天井、中庭、ピシュタークのある建物正面、銀の象嵌、浮彫り、ラピスラズリ、金、イスラム書道の文字、タイルや石に書かれたアラビア語。だが、こうした特徴の多くはまず紙に書かれた、あるいは紙の本のなかですでに使われていた装飾が建物にあふれ出したものだった。これらの影響は後に遠く離れた場所でも感じられるようになる。今もラジャスタンには、ティムールの孫バーブルがムガール朝を設立した後、中央アジアの伝統にしたがって建てられた優れた建物が点在している。しかし、石やレンガやタイルに託されたクルアーンの美しさという点では、やはりヘラートの町に勝るものはないだろう。

ヘラートは金曜モスクと草原のあいだ、並木の植えられた道々にわたって広がっている。道の両側にはモスクが立ち並び、店では布地、墓石、カーペット、ブルカ、服、ライフルなどが、歩道に並ぶ屋台では靴、シャンプー、フルーツスムージーなどが売られている。ペルシアの芸術の偉大な女性パトロン、ゴーハル・シャードの霊廟は、町はずれの乾いた物悲しい庭園にある。ドームの色は失われてしまったが、いまでも古の栄光の跡がうかがえる。ドームの重みを支えているのは、二重の八角形に配されたスキンチだ。ミナレットは九本あったが、現存するのは歪んで壊れた五本のみである（四本は、一八八五年、アフガニスタンが一人のイギリス人士官の支援のもとでペルシアとロシアを相手に戦った際、その準備のなかで失われた)。

一四〇五年、ティムール朝の首都をサマルカンドからヘラートに移し、ふたたびペルシア語に影響力をもたせたのがゴーハル・シャードだった。今日のヘラートは市民の大多数がペルシア系だが、一五〇年前からアフガニスタンの支配下にあるため、ペルシアと中央アジアの文化が混ざった町としてその姿をいまでもとどめている。両者が複雑に混じり合っていることは、住民の顔や髭のみならず、町の中心にある金曜モスクにも表れている。

モスクの中庭は白く長い敷石で舗装されている。敷石とアーチの落ち着いた雰囲気が、ピシュタークとイーワーンの緻密な装飾にぴったりだ。中庭の内側のイーワーンは両脇の歩廊の倍の高さで、歩廊はアーチ三つ分の長さに延びている。基部にはシンプルな大理石のパネルが一・五メートルの高さまではめられているが、アーチ道と柱のパネルはモザイク模様をなしている。葉や枝、幾何学模様、メダイヨンなどが、点描画家の絵のように青と緑、まれに黄色が加わる三色のみで描かれている。歩廊の上、一・五メートルの高さには帯が延び、そこには青地に白い文字が、まるでジャクソン・ポロックの絵に電気を流したようにリズミカルに書かれている。さらに柱や中央のイーワーンにも文字が広がり、西側のイーワーンの上にはやわらかな黄色のクーフィー体で文字が躍っている。このモニュメントのいたるところで芸術と書が絡み合い、互いの装飾を引き立てあっている。その結果、地上で最も神々しい建物のひとつとなった。

複雑な模様に飾られた優美な金曜モスクは、真昼の熱気のなかでターコイズブルーに揺らめいている。壁面に描かれた書はこの建物が、ユーラシア全域に広がり書物の上に成り立っている文明の一部なのだということを思い起こさせる。紙の物語のなかで、これらのモニュメントは最も目を引く遺物であり、その存在なしにはこの時代に触れ、想像をめぐらすことは困難だっただろう。中央アジアのモスクとマドラサは、この地域に製紙技術が導入されて数世紀経ってから建てられたので、紙の道から続く道とはいいがたい。その代わり、これらの建物はおそらく紙にとって二番目に重要な文明の最良の成果であり、紙がこの地域に革命を起こした時代を示す展示品が並ぶ博物館であるといえるだろう。紙は、いまでも壁やアーチを飾っているクルアーンの節を書く媒体となったばかりでなく、絵画や数学を育ててこれらの建物の建設を可能にし、幾何学模様やアラベスク模様を考案して、その建築を世界有数の記念碑に仕上げたのである。

ティムール朝支配下の中央アジアでは、文字、幾何学、美術はすべて紙から建築へとあふれ出し、現在に

13⊙ヘラート、金曜モスク。ティムールの記念碑建築がペルシアの芸術性によって支配された、最たる例である。形は控えめでシンプルで、建物は高くそびえるというよりそこに浮遊しているかのような印象を与え、見る者の視線は優美なアーチのかけられた通路や葉の模様がどこまでも続く上部の壁面に惹きつけられる。紙の上の学問、特に幾何学は、このような建物の建設と装飾に対して大きな役割を果たした。

まで残っている。それ以前のどんな素材よりも安価で万能な紙のおかげで、書家と画家はより自由に実験し、本が伝えるメッセージだけではなく形態、装飾、イメージにも注目するようになった。これらの実験の跡はほとんど時とともに失われたり崩壊したりしてしまったが、その成果を帝国の最高の建物に用いるという決断のおかげで、遺産は驚くほど鮮やかなまま残っている。これらのモニュメントは、中国西部から地中海にかけての紙の進化が、本質的にはイスラムの物語だということを如実に表している。したがって、この進化のすべてをもたらした一冊の書物と、その著者であり、学者や支配者に対して書物の内容の決定をくだした人物の時代へとさかのぼらない限り、紙の進化の跡をたどることは不可能なのだ。

クルアーンはもともと、文字に書かれない、口承文化のなかでも暗唱されていた詩文だった。それがユーラシアに広がる文明を生み出し、その文明が書物を、ひいては紙をその中心に据え、社会階層の上から下へと識字を推進し、芸術と科学を比類のないレベルまで発展させ、紙による大規模な官僚制度による統治機構を確立した。大陸レベルで、書物に大きく依存する文化をこれほどまでに駆りたてた書物は、ほかに存在しない。しかし、初めてクルアーンを編纂した者はもともと、教義を紙に書き記すことをよしとしていなかった。

いま振り返れば、イスラムと紙とが協力関係を結んだのは必然だったと思われる。紙によってクルアーンは世界中を駆け巡り、スペインのコルドバからインドのデリーまで、遠く離れた各都市にも定着した。どんな宗教も、征服によって短期間に新たな土地を獲得することはできる。しかし何世紀にもわたってその地に根付くためには、何らかの不変的な権威が必要だ。クルアーンはまさにそれだった。イスラム教とその天啓の書クルアーンが成功をおさめるのに、紙がいかに役立ったかは想像に難くないだろう。

しかし、それはあくまで本に毒された私たちの目で見れば、である。ムハンマドが生まれた六世紀のアラビア世界は、書物との結びつきが希薄だった。口承文化に支配された、放浪生活と詩の朗誦を楽しむ文化だった。ムハンマド自身おそらく読み書きができなかったと思われ、文字を使用することに不安を感じていたかもしれない。だが、もし書かれた文章を軽視する習慣が残っていれば、紙の旅はまったく違うものになっていただろう。当然、偉大な中国の地を越えて成功するまでにもっと長い道のりを必要としていたはずだ。

中国では、紙が登場する数世紀も前から書き言葉が文明の柱となっていた。それゆえ、知識人たちがそれまで使い慣れていた絹や竹より低級な書写材である紙を一度受け入れてさえしまえば、紙の地位は安泰だった。しかしアラブ地方は、紙の世界進出を助けるパートナーとしては意外な存在だったといえよう。つい見過ごされがちだが、振り返るとこれは、稀に見る偶然の結果だったのである。

第一一章　新しい音楽

その者は知識を一枚の紙に託し、そして失った。紙きれなぞに知識を託した者に、災いあれ。

イブン・アブダル＝バール、一〇世紀

すべてはザイド・イブン・サービトの師が、ラクダの肩甲骨をひっかいて子音を書き記すよう弟子に命じたときから始まった、と伝えられている。

ザイドの師にあたる人物は、つまるところ、読み書きができなかったらしい。ザイドの故郷は、イエメンからパレスチナやメソポタミアへ続く交易の道の途中にある、オアシスの商人の町だ。ザイドの生きていた七世紀には、西アジアにおける最も一般的な運搬用の動物としてラクダが普及していた。ザイドと同じアラブ人たちはラクダを所有して交易を支配するようになった。しかし彼の師、ムハンマド・イブン＝アブドゥッラーフは、商人という職業に興味をなくしていた。オアシスでの生活や新しいタイプの商人の台頭を見ていると、彼らが古い社会の価値感をないがしろにしているのがわかり、ムハンマドはその結果起こる不正や自分本位の考え方に反発を覚えていたのだ。

ムハンマドは五七〇年頃に生まれ、大人になるにつれ、神はアラビアの民を決して忘れることはないという確信を深めるようになった。彼は、メッカのカーバ神殿を管理するクライシュ族という部族の出身だ。花崗岩でできた立方体のカーバ神殿には〝黒石〟が収められていて、熱心な信者たちが年に一度半島中から巡礼に訪れる。カーバ神殿は、もともとアブラハムによってつくられた祈りの場で、天と地が交わるところと考えられていた。今日、カーバ神殿の一角に安置されている〝黒石〟は、その古代の遺物であると考えられている。もちろんカーバ神殿はムハンマドが生まれる何世紀も前から巡礼の地として存在していた。〝黒石〟は最古の遺跡の一部であり、あまたの神々が祀られてきた。しかしムハンマドの時代には、そこは唯一の最高神の神殿として扱われていた。ムハンマドは、ユダヤ人コミュニティを知り、おそらくは放浪のキリスト教修道士や伝道師にも会っていたのだろうが、自分たちの民族の宗教観に満足していなかった。ムハンマドはこう思ったに違いない。ユダヤ教徒やキリスト教徒には預言者がおり、ペルシア人にもゾロアスターという名を借りた預言者がいた。なぜアラブ人にはいないのだろう?

同時代の人々と同様にムハンマドもカーバ神殿を訪れたが、メッカの近くのヒラーの洞窟にこもり、町の喧噪から逃れて瞑想することも好んだ。そんなある日の瞑想が、彼の人生、部族、そして究極的にはアラビア半島全体に大きな影響を与えることとなる。洞窟のなかで、ムハンマドは声を聞いたのだ。

「読め!」

「何を読めというのですか?」と彼は答えた。

「読め、創造主であられる汝の主、血の塊から人間を創りたもうた方の御名において。読め、汝の主は最も寛容な方で、筆によって人間に教えられ、人間の知らないことを示された」

ムハンマドは恐ろしくなり、妻のハディージャの待つ家へ急いで帰った。

ハディージャは最初、一五歳年下のムハンマドを、隊商で旅をする際の代理人として雇ったが、やがて、ムハンマドがもたらした利益と評判に惹かれて結婚した。洞窟から妻のもとに戻ったとき、ムハンマドは自分の聞いた声が本当に神のものだったのかどうか、わからなかった。しかしハディージャは夫を励まし、あなたは部族の善良な一員であり、客には寛大で、弱い者を助け、貧しい者に親切ではないか、メッセージは神からのものに違いない、と言って聞かせた。ハディージャは初めてのイスラム教徒として伝えられている。

これがムハンマドの生涯続く啓示の始まりだった。洞窟での最初の啓示から三年後、彼は新たな教えを説き始め、信奉者を集めるようになった。イスラム教の言い伝えによると、彼の教えはすぐさまラクダ、羊、ロバなどの骨、陶片、白い石、革、ナツメヤシの葉、羊皮紙、パピルス、木の板などに書き記された。イスラムの歴史学者は伝統的に、ムハンマドは読み書きができなかったとすることで、クルアーンの教えに奇跡的な色合いを与えてきた。もちろんムハンマドは書記を雇った。ムハンマドがメッカの信奉者に対して生活の指針として朗誦するよう伝えていた訓話を集めているうちに、それがだんだんと膨らんで、クルアーンを形成したのだろう。当時、アラブ人の多くはまだ書かれた言葉を信頼していなかった。当時のアラビア半島では、宗教儀式のための集まりがあるたびに、話し言葉を愛し、操る詩人による詩の暗唱の競技会が催された。伝説によると、ムハンマドはそのような催しに出席してはいたが、参加したことはなかったという。

今日でさえ、ほとんどのイスラム教徒は、本のページに書き記された言葉としてではなく、何よりもまず朗誦されるものとしてクルアーンに出会う。人生の重要な瞬間はすべてクルアーンの朗読によって刻まれ、書かれたクルアーンは一人静かに読む本というよりは演奏される音楽の楽譜のようなものである。預言者の声は、朗誦によって再現される。ムハンマドは自分の言葉を書きつけることをなかなか受け入れなかったが、彼のクルアーンは七世紀最大の散文詩集となり、見る、触る、話す、聞くなどの身体的な経験と感覚をすぐに呼び起こす書物となった。

ムハンマドの教えは、中央アジアからスペインに広がる〝記述の帝国〟を生み出した。西洋が活版印刷を始めるまで、クルアーンは読者の数においても地理的広がりにおいても異例の存在だった。近代社会においてはすべてのイスラム教徒の家庭、いや、すべてのイスラム教徒が一冊はもっている。またクルアーンは、辞書編纂や文法など、一〇以上の学問分野を生んだ。クルアーンの運命は紙のページに託され、時とともに紙はかつてないほど広大な帝国、イスラム帝国における行政上の伝達手段となった。紙は、クルアーンを新しい文明の求心力とし、その周りにコミュニティをつくりあげたアラブ商人たちによってもたらされた。

したがって、紙の物語におけるクルアーンの影響力はずば抜けている。クルアーンは、ほとんどの人が読み書きできず、書かれた言葉よりも詩の朗読を好んでいたアラブの町人と遊牧民のコミュニティで、朗誦されるものとして生まれた。けれども、その朗誦を文字に起こし、クルアーンを文明の求心力として、その周りにコミュニティをつくりあげ、そうすることによって紙の書物に新たな地位を与えたのも、ほかならぬアラブ人たちだった。書物はアラブとイスラム教の文化と生活の中心を占めるようになった。統治者と官僚は、東は中国、西はマグレブ、のちには北のヨーロッパにまで広がったイスラム教の支配下にあるすべての土地に、書籍文化を持ち込んだ。本を読む文化が（そして帝国による支配が確立すると、記述による官僚制度が）何千マイルも離れた人々のあいだにもたらされ、九世紀以降はそれが紙にも広がった。この壮大な流れの幕を開けたのが、書き記されたクルアーンである。

ムハンマドは六二二年、メディナ（当時はヤスリブと呼ばれた）に移り住み、共に移住した信徒たちを束ね、それを母体とした信仰に基づくコミュニティを形成することに成功した。同時に彼は、クルアーンの

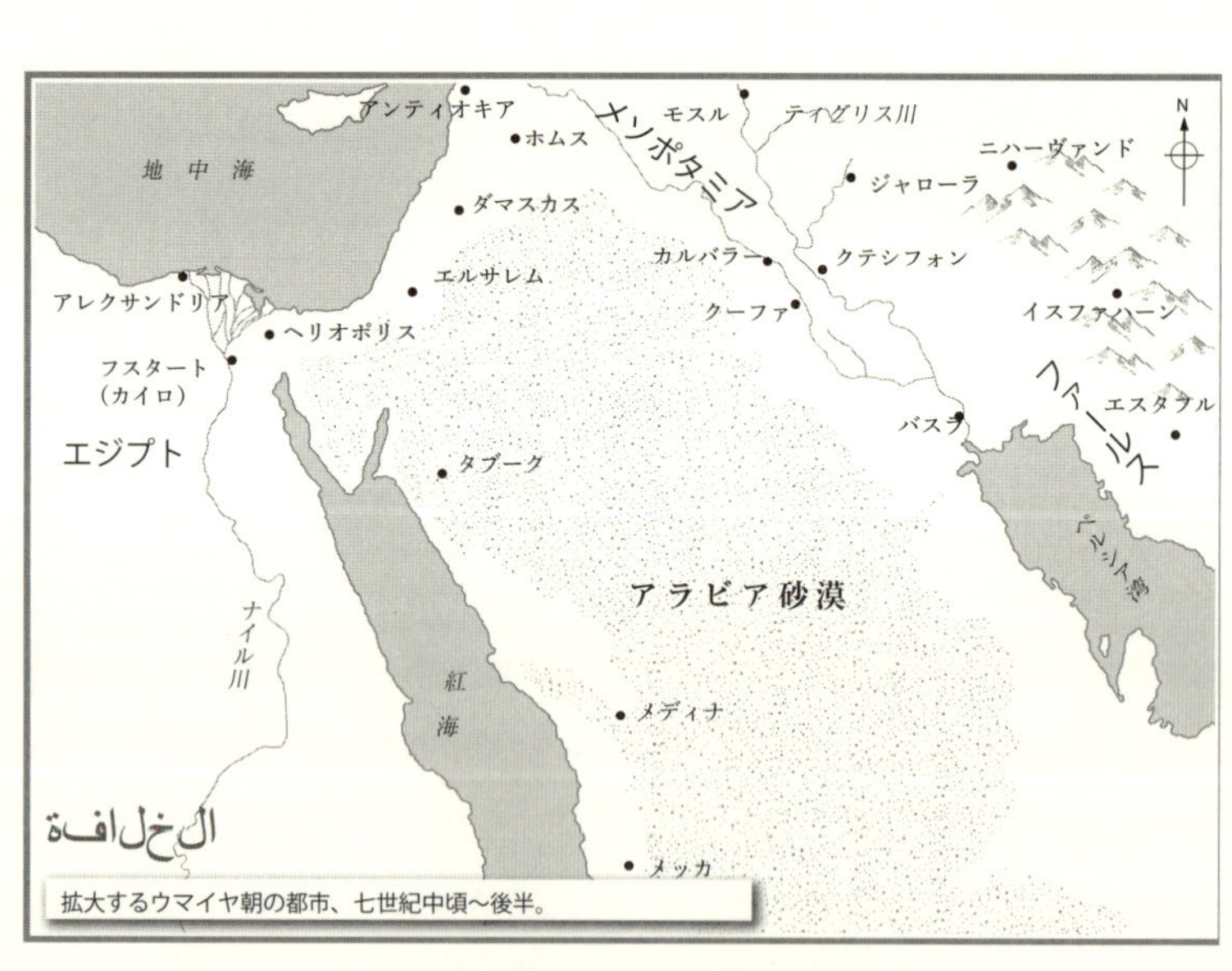

14 ⦿拡大するウマイヤ朝の都市、七世紀中頃～後半。

第三章第一〇三節に「神の絆」と表現されているみずからの教えを伝え続けた。イスラムの考え方によると、ムハンマドは神の言葉を天使ガブリエルから直接授かる代弁者に過ぎない。

　これはムハンマドの新しい教えがなぜ紙の強力な盟友になったのかを理解するうえで、重要な点である。ほとんどとはいわないまでも多くの人々が読み書きのできない、まとまりのない部族社会の宗教が、どうやって一冊の本とその教えのもとにまとまったか。これは、紙の物語における驚異のひとつだ。読み書きがコミュニティの生活様式の中心に据えられるようになるまでの過程も、決して単純なものではない。しかし、識字と非識字が同時に存在し、内外から宗教的な影響を受けていて、しかもコミュニティ独自の言語にくわえて、地方の言葉にも親しんでいるというような状況において、識字化の流れを進めるというのは、まさに至難の業である。

　クルアーン以前、アラビア語での重要な文書はまだほとんど登場していなかった。クルアーンには非アラブ文化の模倣や類似がいくつも見られる。ムハンマドとその信徒たちによるメッカからメディナへの移住の物語であるイスラム教のヒジュラには、出エジプト記からの引用が見られるという学者や、イスラム教の信仰告白「神のほかに神はなし」は、サマリア人の古い祈禱句「神はただひとりのみ」[58]とよく似ていると指摘する学者もいる。キリストは最後の瞬間にすり替わったために実際には十字架の上では死んでいないとするクルアーンの主張は、初期キリスト教の異説に通じる。クルアーンの物語は初期ユダヤ教のミドラシュ［古代ユダヤ人の旧約聖書の注釈］や外典［聖書の正典に含まれなかった文書］にも登場する。またクルアーンは創世記、新約聖書の福音書、キリスト教外典などの物語からもかなり引用しているようだ。この時代の歴史研究の第一人者であるシドニー・H・グリフィスは、もともとヘブライ語、アラム語、ギリシア語で書かれていた聖書は、イスラム教の勃興以前はアラビア語に翻訳されていなかったという証拠を示している。[59] さらに、言語学者クリストフ・ルクセンブルク[60]のように、シリア語の強力な宗教的影響を指摘する者もいる。ルクセンブルグは、クルアーンの詩句は五世紀から六世紀にかけてのシリア・キリスト教聖歌にそっくりだと主張し、論議を呼んだ。けれどもこれは驚くことではない。聖典は、常に信仰や文化を超えた交流の一部として交わされていたのである。クルアーン自体、たとえばユダヤ教の聖典に関して「我々はダビデに詩篇を与えた……」（第四章第一六三節）と述べるなど、他の宗教の文書にさりげなく言及することさえある。クルアーンは、ユダヤ教やキリスト教の聖典になじみがある読者を想定して書かれている。ユダヤ教の聖典に登場する天使ガブリエルは、クルアーンでは決して天使とは書かれていないが、それでもなお明らかに天使とみなされている。

どんな宗教的文書も、他者の影響を受けないものはない。しかしクルアーンの成り立ちにおいて、たとえ聖典の形であったとしても、イスラム教以前の人間の手が介入しているという考えは、イスラム教の学説のなかでは伝統的に歓迎されてこなかった。クルアーンが人間あるいは文書から何らかの影響を受けているという考え方は、クルアーンを固有の神の啓示ととらえる伝統的な概念上、問題があるのだ。これがクルアーンの起源の研究の足かせとなっている。

それでも一九三〇年代、ふたりの西洋人学者、オーストラリア人のアーサー・ジェフリーとドイツ人のゴットヘルフ・ベルクシュトレッサーは、クルアーンのテキストの成立過程を年代順に並べ、あらゆるアラビア語文献からクルアーンの異文の資料を集めて、その歴史に関する研究書を書くことを決意した。ふたりは最も古いクルアーンの写本を求めて旅し、おそらく一万五〇〇〇枚もの初期のクルアーンとその異文の資料の写真を集めた。ところがセム語研究の教授であり熱心な反ナチス主義者であったベルクシュトレッサーは、一九三三年、山の上で不自然な形で死を遂げた（あるエジプト人学者はベルクシュトレッサーの死にはナチスが関与していると主張している）。

そこで別の学者、オットー・プレッツルがジェフリーとともにプロジェクトを続け、一九四一年にセヴァストポリ近郊で発生した飛行機事故で死亡するまでにほぼ仕事を完成させた。戦後の一九四六年、ジェフリーはエルサレムの講堂で、ミュンヘンにあった写真アーカイブはすべて爆撃と火事で失われたと聴衆に説明し、重要な書籍の編纂は一世代では実現しないだろうと結論を述べた。ジェフリーは一九五九年に死去した。一九七〇年代には、ミュンヘン大学のセム語教授アントン・シュピタラー博士が、コレクションは破壊されたと断定した（ジェフリーにアーカイブの損失を伝えたのはおそらくシュピタラーだった）。

これで話は終わったかのように思われたが、その後、新たな学者がこれらの資料すべてを再び手にし、研究のために必要な資金や政治的後ろ盾も確保できることとなった。一九八〇年代にシュピタラーが引退した後、実は四五〇本のフィルムが見つかり、シュピタラーがかつての教え子にそれを託していたことが発覚したのである。現在ベルリン・ブランデンブルク科学アカデミーにおける一八年間にわたる研究プロジェクト〝コルプス・コラニクム〟で徹底調査されているのがこれらの写真だ。プロジェクトでは、世界中から古代のクルアーンの写真を集めて公共の研究アーカイブとしてカタログ化している。このプロジェクトが主に注目しているのは、相互テキスト性、つまりクルアーンとそれに影響を及ぼしたと思われる他の文書との関係である。プロジェクトの運営にあたっているミヒャエル・マルクスは、これを最初期のクルアーンを地図化する試みととらえている。「私たちはクルアーン研究という荒々しい野獣を支配しようとしているのです」とマルクスは話してくれた。「聖書やシェイクスピアやゲーテの歴史と同じように、クルアーンのテキストの歴史を示したいのです」

クルアーンが他の信仰や文化や文書と活発な交流をもっていたことを示す手掛かりは数多く存在する。イスラム以前にもメッカへの巡礼はすでに行なわれ、イスラムの言い伝えによればカーバ神殿はイスラム教の主要な聖地となる前は、キリスト教の像を安置していたという。

クルアーンはすでに存在していた信仰の要素を取り入れたが、強い自意識によって他を否定してきた。したがって、クルアーンの内容がユダヤ教やキリスト教の聖典と一致することもあるが、ユダヤ教やキリスト教と反対の立場を取るために、創世記と福音書の内容を統合することもある。たとえば二世紀に書かれた聖書外典である『トマスによるイエスの幼児物語』に、イエスが泥から鳥をつくって命を吹き込むとその鳥が飛び去っていったという逸話があるが、これは幼児期にすでに表れていたイエスの神性を示す物語だとされている（熱心な信者にはこれを否定する人もいる）。ところがクルアーンではイエスの神性を否定するので、この同じ逸話を採用しながら、神がこのときにだけイエスに力を与えたために鳥に命を吹き込むことができたのだという注釈を加え、教えの意味を意図的に逆転させている。

ほかの箇所でも、クルアーンは神学上の定説を取り上げてはその意味を逆転させ、シリア語でかかれた聖書の物語を再解釈している。たとえばクルアーンは「神はただおひとりの永遠なる方で、生むことも生まれることもない……」（第一一二章第三節）と説いているが、これはイエスの神性を無視し、さらには神が人間となることを選んだという可能性を否定することを前提に書かれた教えである。さらに文体についていえば、クルアーンはタナハ［ユダヤ教の聖書］もキリスト教新約聖書の福音書や手紙も継承していない。多くの事柄をキリスト教と共有しているにもかかわらず、クルアーンは単なるキリスト教の神学理論の再構成ではないのだ。ミヒャエル・マルクスは、イスラム教とキリスト教を比較する際にイスラム教の歴史的な新しさが見逃されることがあると指摘する。「イスラム教は聖書外典第九九番ではありません」とマルクスは説明する。「まったく新しいものです。異なる考えをもつ預言者がいて、彼は教会史やそれ以前の古来の教団などを背景に、新たな宗教の概念を導入したのです」

その〝背景〟には、当時、トルコ東部、シリア、メソポタミア、アラビアに栄えていたシリア・キリスト教コミュニティのみならず、アラビア半島の大規模なユダヤ人コミュニティなど、イスラム教と共通点のある集団が多数存在した。多神教の教団やマニ教のコミュニティなどもあった。イエメンは名目上ユダヤ教であり、残されている記述によるとイエメンの支配者たちは一神教を受け入れていたが、たいていの場合はユダヤ教の細かな宗教儀式を省略していたという。そのようななかで、シリア・キリスト教とその多くの文献の存在を知っていたアラブの支配者たちは、自分たちの宗教にはキリスト教やユダヤ教に見られる、洗練された神の教義や承認された聖典などの特徴をもたないため、独自の宗教的アイデンティティを切り拓く必要があると感じていた。そのような状況であれば、キリスト教徒やユダヤ教徒がムハンマドの新しい追随者たちに、なぜ自分たちの聖典をもっていないのかと尋ねたであろうことは容易に想像できる。

クルアーンと既存の文書の関係は、紙の台頭にとって非常に重要である。その関係こそが、誰もが認める口承文化がどのようにして紙の最大の協力者となり、アジア、北アフリカ、ヨーロッパにまたがって紙を生むようになったかという疑問に答えてくれるからだ。しかしこれらの影響を特定するのは難しい。実際、クルアーンの始まりに関して、学者の意見は割れている。イスラム教の言い伝えの通り、クルアーンの起源は純粋に朗誦のみにあるのかどうかさえ定かでない。〝quran〟(朗誦、典礼文)という言葉と〝kitab〟(本)という言葉はいずれもクルアーンの全一一四章を通じて登場し、どちらの形態もある程度は受け入れられていたことを示唆している。クルアーンの編纂において、書かれた情報源がいかに重要かを指摘する言葉もいくつか登場する。クルアーンのなかで〝救済〟と〝戒め〟を意味する〝furqan〟という言葉には、シリア語・アラム語で救済を意味する〝purqana〟と、シリア語で戒めを意味する〝puqdana〟のふたつの語源がある。このふたつの言葉は発音こそまったく違うが、字面はとてもよく似ている。つまり、書かれた文字を通じてひとつの言葉に融合したということだろう。[61]

イスラム暦はムハンマドとその追随者たちがメッカを後にしてメディナに移った六二二年のヒジュラ(聖遷)から始まるが、西暦の〝紀元前〟にあたる〝ヒジュラ前〟を意味する言葉はアラビア語には存在せず、それ以前の古い源泉を示唆するものはない。形態に関しては、初期のクルアーンはユダヤ教の聖典のような巻子本ではなく、すでにキリスト教で用いられていたコデックスという綴り本の形態を用いていた。しかし文字はキリスト教の聖典と異なり、右から左に向かって書かれており、コデックスの形はすぐに水平方向に広がり、独自性が際立っていった。

クルアーンの公式な編纂の過程については、正確に文書に記録されている。イスラム教の伝説ではムハンマドの死は六三二年とされている（それより後とする文献が少なくともひとつは存在する）。このときにはすでに、アラビア半島の西部と南部ではムハンマドは神の預言者であり指導者であると認められていた。しかしその預言者の死により、新たな難題が持ち上がる。彼はもう二度と神から受けた教えを人々に伝えたり証明したりすることができなくなるうえ、彼の説教を収めた図書館もなかったのだ。しかもその年に起こったヤマーマの戦いで、数百人の優れたクルアーンの朗誦者が、砂漠のオアシスのヤシ畑に住んでいた何千人もの東アラブ人とともに殺されたという記録も残っている。

多数の朗誦者の死は、カリフとしてのムハンマドの後継者であるアブー＝バクルを悩ませた。ムハンマドの教えが忘れられてしまうか、曖昧になってしまうという深刻な危険をはらんでいたからだ。そこでアブー＝バクルはクルアーンの詩句の収集、つまり神の言葉の収集を命じ、羊皮紙、骨、ナツメヤシの葉など何に書かれているかを問わず、また、書かれていない人の記憶にいたるまで、何もかも集めさせた。収集品は口述の伝説と照らし合わせて確認されたが、やはりこれは記述された文章のプロジェクトであった。

書物としてのクルアーンの生みの親と記憶されているのは、ムハンマドの義理の息子で、六四四年にカリフに選ばれたウスマーンだ。中世イスラム教の文献では、ウスマーンは編纂者と呼ばれることもあれば、収集者、筆写者たちの長、クルアーンの製本師などと呼ばれることもある。だが、ウスマーンは何よりもまず、聖典の認証者だった。

彼が優れた外交官であったことも幸運だった。というのも、シリアのホムスの町において、シリア人イスラム教徒とイラク人イスラム教徒のあいだで、クルアーンの異なる表現についての論争が巻き起こったからだ（王朝内の主要都市ごとに少しずつ表現の異なるクルアーンが存在していた。それぞれの〝mushaf（ムシャフ）〟、つまりコデックスは預言者自身の付き人の朗読に基づいている。書き起こされた文章で異なるのは、言い回しや文章構成のみである）。ウスマーンの将軍のひとりが、両方の集団がまるで信仰心のなかった祖先たちのようにつまらないことで言い争っているとして、メディナへと発ち、部族の慣習を無視してウスマーンに直訴にきた。彼はカリフにクルアーンの異なる表現を統一しないと、イスラム教徒はまるでユダヤ教徒とキリスト教徒のように混乱した議論にとらわれてしまうだろうといった。

イスラム教の言い伝えによると、ウスマーンはかつてムハンマドと並んでラクダの肩甲骨に子音を刻んでいた筆記者ザイド・イブン・サービトを、クルアーンを統一するという新しいプロジェクトの編集責任者に任命した。さらに三人の編集者、そして生き残っていた預言者の付き人がザイドを補佐した（すべての〝付き人〟はムハンマドと個人的なつながりがあり、特別な権威をもっていると考えられていた）。ザイドは最も優れた筆写者とされ、ウスマーンが収集したすべてのテキストを書き取る、言語に秀でた付き人が彼を手伝った。まさにこのとき、アラブ・イスラム教文化において書かれた文章が口承伝説と対等になり始めたが、それは特にこのプロジェクトが、紙面（当時はまだ羊皮紙だった）が正確さを得るために最も有効な手段であるという前提の上に成り立っていたからである。

ウスマーンは各地の駐屯部隊や、メッカやメディナの信奉者たちに、詩句の原稿を提出するよう命じた。また提出の条件も定めた。まず詩句が預言者の目の前で書かれたものであること、預言者の朗誦の際に少なくともふたりの証人がいたこと、編集委員のあいだで言葉の選択について意見の相違があった場合、ムハンマドの出身部族であるクライシュ族の方言が優先されること。また言い伝えによるとこの編集委員会は、ウスマーンの文章を最も信頼すべきものとする、すべての提出物を朗読する、言い回しについての疑義には預言者から直接〝アーヤ〟(詩句)を聞いたもののみが答えを出す、ウスマーン自身が作品を監督する、といった決まりを守っていた。

こうしてウスマーンは、帝国をひとつにするための統一文書、ムハンマドの代わりに宗教的権威の役割を果たす書物を創造した。六五〇年代初頭までに、ウスマーンは七万七〇〇〇強のクルアーンの言葉を集め、筆記者たちはウスマーンの原本を書き写すのに四か月を費やしたと伝えられている。原本はメディナでウスマーンが保管していたが、四冊の写本(帝国内で一般的になっていた羊皮紙の形式の本だった)は東西南北に一冊ずつ送られたか、または一冊はメディナに残して三冊はそれぞれダマスカス、バスラ、クーファに送られた(四つ目の都市はクーファではなく、メッカだったという説もある)といわれる。そしてウスマーンはその版以外のクルアーンの写本をすべて焼くように命じた。

クルアーンは、帝国のどの地域でもすべて羊皮紙でできていた。羊皮紙は柔軟で耐久性に優れており、何度も読み返すことができたので、神の言葉にふさわしいパートナーだったといえる。すべてのページが同じ大きさでつくられているクルアーンをムシャフといい、数百冊のムシャフが今日まで残っている。クルアーン自体、羊皮紙とパピルスという二種類の書写材に間接的に言及しているが、パピルスは、羊皮紙と違って輸入に頼らなくてはならなかった。六四〇年にアラブ人がエジプトを征服してからようやく、アラブ人もパピルスを使い始めた。アラビア語の文字が書かれた現存する最古のパピルスは六四二年のものだ。一四世紀の優れたイスラム社会史家のイブン・ハルドゥーンは、イスラム教の初期には人々は豊かな暮らしをしていたので、羊皮紙は学術的な作品、政府の書簡、信用状、その他公式な記録に使われていたと書いている。しかし書籍文化が育ってくると、手に入る羊皮紙が足りなくなっていったという。

九世紀初頭には、紙はイスラム帝国においてますます主要な役割を果たすようになっていた。クルアーンはまだ羊皮紙に書かれていたが、おそらくそれは、ほかの文書が持ち運び可能でなくてはならないのに対して、クルアーンはただ後世まで残ればよかったからだろう。ところが、紙は携帯性と耐久性を兼ね備えていた。さらに、一冊のクルアーンは約三〇〇頭の羊の皮を必要とするため、非常に高くつくのも問題だった。紙でクルアーンをつくれば、ずっと手に入りやすくなる。アラブの紙ででき た写本で完全な形で残っているもののうち、最も古いものは、九世紀初頭につくられている。まさに帝国に文芸作品があふれ始めていた時期だ。紙がなければ、素材の値段が大きな打撃を与えていたかもしれないので、紙の登場はまさに絶好のタイミングだった。クルアーンは聖典であったため、知恵と教えを何世紀も伝えられる羊皮紙という高価な素材から紙に移行していくのが、他のアラビア語書物に比べて遅かったのかもしれない。羊皮紙と比較すると、紙は平凡なものと見られがちだった。しかし一〇世紀には、そのクルアーンでさえ紙に変わった。

初期の紙のクルアーンは、ナスフ体と呼ばれる書体を用いていた。そのため、縦方向に長い形のコデックスが再び採用された。それ以前のアラビア語の書体は横長のコデックスが適していた。一〇世紀、クルアーンに紙が使用されるようになったが、マグレブは例外で、一四世紀まで羊皮紙を用いていた。

紙の物語におけるクルアーンの役割は独特だ。クルアーンはユーラシア大陸の大部分に広がる新しい帝国と文明に必要不可欠な存在であり、クルアーンが紙になったことによって、イスラム帝国全域で羊皮紙とパピルスの時代が終焉を告げた。それでもなおクルアーンは、書かれた書物であるのと同時に朗誦されるものであり、朗誦に伴う身振りや記憶はペンやインクと同じくらいクルアーンの独自性にとって重要な意味をもっていた。クルアーンのカリグラフィは朗誦を文字の形にしたものととらえられ、朗誦は聴覚的なカリグラフィととらえられた。もともとクルアーンのルーツは口承にあったが、カリフの統治領が広がるにつれ、そのメッセージを途中で変えることなく遠く離れた土地まで伝える必要が生じ、紙に書かれたクルアーンという作品が生まれた。今日にいたるまで朗誦と文字の緊張関係は続き、クルアーンは黙読するものではなく朗誦すべきだと考えられている。

イスラム教の最初の数世紀は、師がクルアーンを口頭で教えたり朗誦したりして、弟子たちはそれを記憶にとどめようとした。弟子たちが師の手記を読むことはなく、手記は師が死ぬと燃やされてしまうこともあった。イスラム教の伝統では、文字という伝達方法はとても信頼できるものではなく、クルアーンにふさわしい媒体は人間の声であるとされている。だが、たとえクルアーンの伝達の過程で口述が好まれていたとしても、またたとえクルアーンが朗誦から始まり、その後ほかの文書が紙に乗り換えたのちも羊皮紙と結びつき続けていたとしても、そのクルアーンこそが、紙の文明に必要不可欠な存在だったのだ。

クルアーンは、単にルネサンス以前のアジアにおける紙の成功を助けた主要な一神教の経典のひとつとして、キリスト教やユダヤ教の聖典と並ぶというだけの存在ではなく、紙の物語のなかで抜きん出て重要で、特別な位置を占めている。ユダヤ教の聖典もキリスト教の聖典も、西アジアに紙が登場するまでは、何世紀にもわたってパピルス、羊皮紙、ベラム［15ページ参照］に記されてきた。しかしイスラム教は、これから見ていくように、比較的早い段階で紙への転換を果たした。そして紙の時代、アジアを征服していたのは、キリスト教ではなくイスラム教だった。つまり紙は、ユーラシアの半分を支配していた文明、カリフによる征服だけでなく、書物を中心とした宗教への改宗者を増やすことを目指していた文明と手を組んだことになる。キリスト教はキリスト教で紙に移行していったが、それは何世紀も後のことであり、文化的な転換だけでなく、大きなそしてキリスト教内の神学上の変化に伴った移行だった。それまで、ローマとコンスタンティノープルには羊皮紙とベラムがすっかり定着していた。

ルネサンスに先駆けて紙がアジアを征服していくなかでクルアーンが特別な力を発揮できたのは、それがイスラム帝国――アッバース朝(七五〇～一二五八年)時代には最大で二〇〇〇万の人口があった――の主要な書物だったからでもある。だがそれだけでなく、クルアーンの理論体系も重要だった。ユダヤ教徒とキリスト教徒にとっては、タナハと聖書は最初からずっと存在したものととらえられてはいない。だがイスラム神学者はクルアーンを、「本質的に永遠のものであり、創造されたものではない」ととらえている。初期のイスラム教においては、神学者はクルアーンを唯一の偉大な存在と見ていたが、これは初期の教会においてキリスト教神学者がイエスを唯一の優れた存在と見ていたのと同じである。キリスト教において神が人間に与えた言葉を体現するのはイエス・キリスト、つまり神がつくった人間だが、イスラム教において神が人間に与えた言葉を体現するのはクルアーンそのものである。イスラム文明では、数十年の論争を経て、「クルアーンこそが神の永遠の言葉である」という考え方が正統的なものとなった。

するとイスラム教神学者は、神自身が被創造物でないように、クルアーンもつくられたものではないと考えるようになった。当初は議論を呼んだ考え方だったが（ムータジラ派とアシュアリー派の重要な相違点である）、九世紀のあいだに徐々に受け入れられていった。この結果として、クルアーンの起源は問うてはいけないことになった。ただ、この考え方は矛盾をはらんでいた。なにしろ、次章で見るように、クルアーンの言葉がイスラム帝国のドア、壁、たんす、カーペット、建物、本の装丁や家具にあふれ出るとともに、物理学、言語学、哲学、神学などの科学が確立されていったのだ。どれほど学問が発展しようと、歴史的文脈のなかでも、書物の体系においてにも、完全にはクルアーンを位置づけることはできなかった。ある法律学派では、神の言葉に関するどんな疑問に対しても答えは〝bila kayfa〟つまり「理由はない」としている。

この考え方が原因で、誕生から一三〇〇年経った現在、初期の写本を参照したクルアーンや、写本の歴史を分析してつくられたクルアーンは存在しない。今日広く使われている一九二四年のエジプト版クルアーンも、原典を分析してつくられたのではなく、長らく「正典」とされてきたものにのっとっている。つまり古代の慣習ではなく、「イスラム教の歴史を通じてコミュニティが認めてきた」という事実が重視されている。イスラム教の誕生から二〇〇年のあいだに書かれたクルアーンのテキストは、四〇〇〇ページ（初期のヒジャーズ文字ではクルアーン七冊分に相当する）ほど現存するが、最初期のテキストに立ち戻って、初期の写本の歴史をたどろうとする試みは頓挫したままだ。ここ数十年は規模の問題もあり、プロジェクトは実施されずにいる。しかし（イスラム教徒、非イスラム教徒を問わず）多くの学者が、原典あるいは最初期の正確な言い回しや発音に近い改訂版が必要だと感じている。あるクルアーンと研究者はそれを「クルアーンと

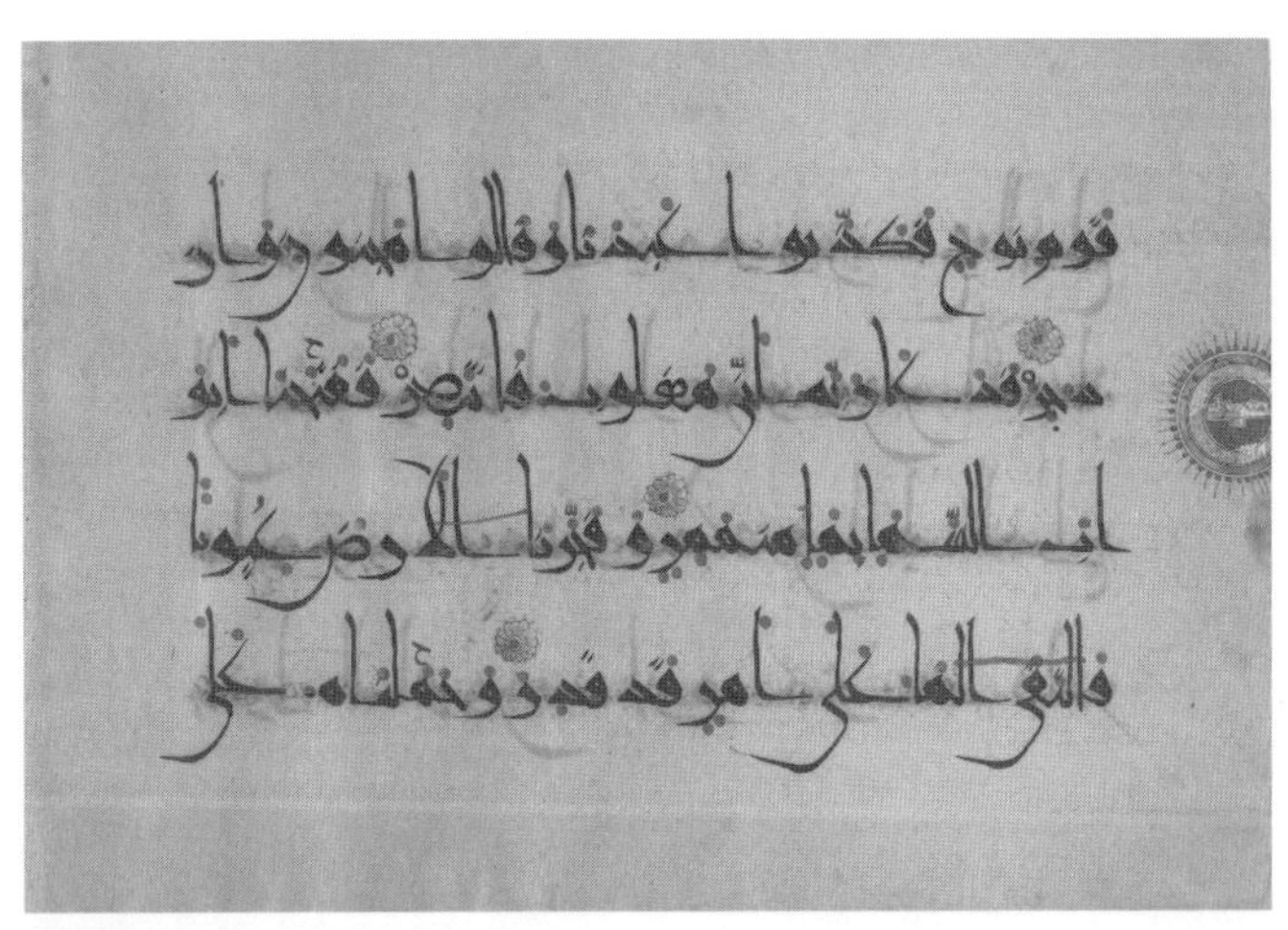

15◉初期の紙のクルアーン。このイラストのない写本は九九三年（ヒジュラ暦三八三年）、イランのイスファハーンで製作されたもので、縦二三センチ×横三三センチの大きさだ。本文は黒いインクで書かれ、丸い発音記号（母音を示している）は赤、装飾のメダイヨンには金が使われている。字体は羊皮紙で一般的に使われていた書体より角の多いクーフィー体だ。この写本にはイスラム教の聖なる書の形態に与えられた新しい影響も見て取れる。それはアラビア半島の砂漠でも東地中海でもなく、帝国領の東の土地からの影響である。（C. Metropolitan Museum of Art/Art Resource/Photo SCALA、フィレンツェ、二〇一三年）

もに働くすべての人のもっとも貴い夢」と表現した。[62]
疑うことの許されないクルアーンの権威によって、紙はほかに類を見ない役割を担うこととなった。なぜなら、クルアーンはもはや単に神の言葉を伝えるだけでなく、つくられたものではない神の言葉を伝えることになったからだ。永遠の真実であるだけでなく、永遠の書物になったのである。いったん社会のための書物として確立すると、このような教義に意義を唱えたり、少しでも崩したりすることは難しい。紙の歴史という視点で見ると、この教義があったがために歴史上最も優れた文明が世界的に広まり、書かれた言葉がその中心に据えられることになったといえよう。

このような状況は、最初のクルアーンがどのように編纂されたかについての学術的な研究を困難にした。一九七二年に、一万二〇〇〇のクルアーンの断片を含む大量の写本が、イエメンの古いモスクの屋根裏から建設工によって見つけられた。この奇跡的な大発見があってもなお、教義は変わらなかった。ふたりのイスラム史とイスラム美術の研究者、ヘルト・プインとハンス・カスパー・フォン・ボトマーが、七世紀から八世紀のクルアーンの詩句が書かれたそれらの写本を調査し、その結果、それまでまったく記録になかったテキストのラスム（母音表記）のわずかな変化を発見した。プインは音読によるクルアーンの伝承に変化があったと結論づけ、（初期のクルアーンの朗読に使われていた）アラム語から借りてきた言葉の意味はアラビア語の定義と異なっていたものの、イスラム教の文法学者、哲学者、そしてのちにこれらのテキストを訳した解釈学者たちによってほとんどがアラビア語の定義に置き換えられたとした。この見方はクルアーン研究者のあいだでも意見が分かれたままだが、これらの文書に関する発言がイスラム世界で火花を散らしているため、イエメン当局は文書を回収してしまった。写本はサヌアで大切に保存され、撮影は制限されている。しかしプインもフォン・ボトマーもこれがクルアーンの最古の写本の一部だと信じている。実際、フォン・ボトマーは基準となるクルアーンの完全版がイスラム教の最初の世紀には存在していたと結論づけている。

これらの発見はクルアーンにとって重要なだけでなく、紙の伝播にとっても重要である。それはアラブの口述中心の文化が、どうやって書物を拠りどころとした宗教をアジアの半分にも及ぶ地域に広めることができたかを説明する手掛かりとなった。また、クルアーンが本当に独自の発明なのか、あるいは書物とより密接な関係をもつ他の文化の影響を受けているのかの答えの手掛かりともなった。口頭による朗誦か、あるいは書かれた本か、つくられた天啓か、あるいは永遠の書物かというクルアーンの本質に関する議論の道筋は、紙面によって広がり、発展していった。紙は議論を帝国の隅々まで運ぶことができたからだ。基準となるテキストの統一や、クルアーンの編纂にまつわるさまざまな問題も、次章で詳しく見るように、書物による学問と言語学に息を吹き込んだ。ムハンマドのつくった新しい宗教コミュニティが、ただ一つの書物を基礎とした生き方を獲得するうえで、これらのすべての要素が役割をはたしたのだった。

この書物がまだ紙には記されていなかった時代のこと。四世紀、西アジアにおいて羊皮紙とベラムはますますパピルスと互角の勝負をしていたが、その頃、巻子本からコデックスへの移行が起こった。それまではエジプトのパピルスが主要な書写材だったが、パピルスは分解しやすく、コデックスにするために折るのには適していなかった。ナツメヤシの樹皮、動物の皮、パピルスや骨に続いて、羊皮紙とベラムはイスラム教の聖なる書物の初期の書写材となった。パピルスは通常、法的な書類や商用の書類に好んで使われ、巻子本の形で保管されていたが、コデックスはより持ち運びが簡単で扱いやすかった。コプトとシリアのキリスト教徒は、すでにコデックスを聖書に用いていた。この形式はもともと、二枚の板のあいだに複数の羊皮紙を挟むところから始まった。

コデックスは、一枚の紙に二ページ分の文章を書いて二つに折り、それを重ねて縫い合わせてつくる。クルアーンの場合、本文は一段組みで書かれるので、まるでモスクで祈る人々が並んでいるように見えるが、ヨーロッパの伝統的な聖書では、大聖堂の身廊の両側に並ぶ信者席のように各ページが二段組みになっている。紙はゆっくりとクルアーンを支配していったが、その変化は北アフリカ以外のすべてのイスラム教世界で起こっていた。

クルアーンはしばしば三〇の部分に分けられ、毎日一章ずつ読めば、ひと月で読み終えるようになっている。八世紀には、アラビア語の手書き文書において文字の混乱を避けるために書体に斜めの字体が導入された。しかしウスマーンのクルアーンの内容自体は基本的に変わらなかった。そこで筆記者たちは黒いインクで書かれた神の文字と区別をつけるために、加筆をする場合には赤や黄色のインクを使った。

クルアーン写本の歴史は、アラビア語の手書き文字の歴史でもある。アラビア文字はシリア語とナバテア語の影響を受けてできあがった。イスラム教以前、アラビア語の文字はごくわずかな碑文にしか現れない。しかし七世紀以降、その他の競合文字を追い落とし、現地語ができるほど広い地域に浸透した。それでもなおエリート官僚たちは帝国をひとつにつなぎとめる接着剤として言語の統一に力を注ぎ、その野心をクルアーンに反映した。

間もなく筆記者がイスラム文明の立役者になる。彼らは師匠のもとで数年間訓練を積んだのち、免状を取得した。師匠は詩を書くための葦のペンをどうやって整えるか、鉄と動物の胆汁もしくは樹脂からどうやってインクをつくるか、本文をどのように彩色するかなどを教えた。多くの場合、書家と彩色師は同一人物が兼ねていた。別々の人の場合は、ふたり以上が共同でページのレイアウトをすることになる。一〇世紀のハディース専門家アル＝バイハキの記述によると、字を書けない人々が羊皮紙を手につかみ、そこに字を書いてほしいとモスクにやってきたという。またハディースには、裁きの日に学者たちのインクの重さを量れば、殉教者の血より重いだろうとも書かれている。

クルアーンを開くことは、聖なる建物に足を踏み入れるようなものだった。多くの場合、最初は六線星形と文字が絡み合うアラベスク模様で装飾されたページから始まる。六四〇年代のエジプト征服以降、書物は注意深く製本され、またモロッコの影響から、金で型押しがされるようになった。なかを覗くと、手書きの文字によって筆記者の性質が明らかにされていた。最良の手書き文字は、聖職者の署名だった。各ページには主に金が用いられていたが、青、赤、緑、黄色によってさらに装飾されていた。太陽や木がページにちりばめられていた。木は、天国とその光を表す青と金で装飾され、クルアーンが地面から天に伸びる様子を象徴していた。

一四世紀初頭のエジプトの、マムルーク朝におけるクルアーンには各巻に凝った装飾を施したコロフォンがついていた。[63] 第七巻のコロフォンは、ピンク色の葉のような模様の背景に浮かぶ雲が描かれており、両側には青地に金色の優美な線の装飾が施されていた。パトロン、書家、彩色家の名前もすべて書かれている。各巻は、見開きの口絵で始まる。文字はすべて金色だ。クルアーンはイスラム文化の栄華の証となったのである。

イスラム史初期から中期にかけてクルアーンが到達した図版と書画の美は、魅力にあふれている。イスラム教徒にとってクルアーンは、羊皮紙に言葉を書き留めた、永遠の聖なる書物であった。クルアーンの主任編者であったカリフ・ウースマンは首を刀で切られて暗殺されたが、最後まで手にもっていた世界初のクルアーンに血がついたといわれている。しかしこの、ときに断片的でときに神秘的な文書、内容と同じくらいリズムと抑揚が重んじられ、教えの書であると同時に聖なる書でもある文書は、すぐに羊皮紙では収まりきらなくなった。そしてクルアーンは、イスラム教の最も実り多い時代に数多くの科学を生み、アジアの西半分における紙の時代の幕を開けたのだ。

第一一章　バグダードからもたらされた紙と学問

息子たちよ！　市場で店の前に立つときは、いつも武器や書物が売られている店の前にだけ立つのだ。

アル＝ムハラビ、一〇世紀[64]

本を書くことについていえば、これほど厄介な仕事はない。
新芽も出なければ果実もならない。
この仕事を請け負う者は、まるで手に針をもって
自分は裸のまま人の衣服を縫うようなものだ。

アブドゥッラー・イブン・サラ、一一二一年[65]

イスラム文明の産物、知識、素晴らしさを知る手掛かりは、英語の辞書のあちこちに記された、私たちがアラビア語から拝借してきた言葉のなかに見ることができる。例えば、レモン、ライム、オレンジなどおなじみの柑橘類。花、ハーブ、菓子、スパイス類では、シャーベット、サフラン、シュガー、

シロップ、ジャスミン、ライラック、マジパンなど。衣服や布地では、サテン、サッシュ、コットン、カソック［司祭や修道士が着る裾の長い平服］、ダマスク、モスリン。動物ならジラフ（キリン）やキャメル（ラクダ）。飲み物ならアルコールやコーヒー。楽器ならタンバリンやリュート。スピナッチ（ほうれん草）、タンドーリなど食べ物や調理法にもある。そのほか、アジュール（空色）、サファリ、アマルガム（合金）、ハシシ、サタン（悪魔）、マフィア、ラケット、エリクシール（万能薬）、クリムゾン（深紅）、マミー（ミイラ）、マガジン（雑誌）、チェックメイトなど、さまざまな種類の言葉がある。

もともと、これらは輸入品としてヨーロッパに押し寄せてきた。すべては、タラス河畔の戦いに勝利し、当時科学と知識において最も進んでいた文明——首都バグダードからイスラム世界を支配していたアッバース朝——からやってきた。とはいえアッバース朝の偉大さと、モスリンやほうれん草やサファリはあまり関係がない。それよりも、ヨーロッパに該当する単語がなかったために、アッバース朝の叡智から借用した単語を見るとよくわかる。数学用語ならば、代数、方位学、アルゴリズム、ゼロなど。地球科学の用語では、錬金術、化学、アニリン、カラット、アルカリなどがアラビア語からヨーロッパ言語に導入された。さらに天文学ではアストロラーベ［昔の天体観測儀］から天底、天頂まで多くの言葉がアラビア語からもたらされた。

すべての言葉、少なくともその背後にあるすべての思想が、アッバース朝の帝国内で育ったわけではない。アルゴリズムとゼロはヒンドゥー語から、錬金術とアストロラーベはギリシア語からの借用だ。しかし、イスラム教徒はこれらの言葉を取り入れて、後世に残した。彼らは知識を蓄えるために巨大な図書館を建てたが、単に書物を保管しただけではない。それを読み、議論し、提案し、試し、分析し、調査し、発見したのである。アッバース朝の人々は既存の知識を受け入れ、再生産し、拡大して整理した。彼らはビザンティン帝国の人々を、ギリシア人の知恵を無視していると批判さえして、自然哲学に関するギリシアの文書を翻訳のために提供するよう繰り返し求めた。彼らにとって、翻訳とは単にひとつの言語から別の言語に訳すという作業ではなかった。アラブの筆記者たちは、ギリシアのパピルスや羊皮紙に書かれた手稿本を紙へと書き写したのだ。

最盛期のアッバース朝は、哲学、天文に関する学問（占星術、天文学、宇宙論）、言葉（詩、言語学、文法）、地球に関する学問（科学、植物学、地理学、地質学）、数学（幾何学、代数、十進法）などを発展させた黄金期でもあった。同時に、魔術や錬金術、神学など、より秘儀的、内省的な学問、料理、性愛文学のような快楽的なテーマも広く関心を集めた。

古代アラビア語は習得が難しい言語だ。文法、辞書学、語源学、文献学はすべて、短命に終わった最初のイスラム王朝、ウマイヤ朝と、その後継者であるアッバース朝がクルアーン研究を進めるなかで発展した。これらの言語学は記述を用いた研究の時代の幕開けとなり、そのすべてのきっかけとなったのはクルアーンだった。

クルアーンの注釈であるタフシールも、イスラム法研究と同様、ひとつの科学的な学問と認識されていた。イスラム法には、科学的に難しい問題を投げかけるものもあった。イスラム教において礼拝の呼びかけを行う役割の人、ムアッジンは、どうすれば一日五回、正確に礼拝の時刻を告げられるのか？　建築家はどうやってミフラーブ（モスクで祈りをささげるための壁のくぼみ）がメッカの方向を向いていることを確認するのか？　帝国全域でこうした疑問に正確に答えることは、専門的に発展した科学や数学によってのみ可能だとされていた。

都市部のムアッジンは、多くの場合、補助的な道具を使いながら、星を観察することで礼拝の時刻を告げていた。彼らの手引書には、帝国内のあらゆる都市の礼拝の時間が一覧表にされていた。しかし、このような知識は、単に受け身的に発展したものではない。メッカの方向であるキブラを特定する計算式は、すでに三角法、天文学、地理学などに精通していた人々によって割り出されていた。こうした発見は書き記される必要があった。哲学、医学、占星術、天文学は言語学とともに発展していく。記述が盛んになると間もなく、パピルスの供給量の限界や羊皮紙のコストの高さが問題になった。

一一世紀の歴史家アル＝サーラビは、帝国内の市場で売られている商品について、製品と原産地を結びつけた詳細なカタログをつくった。レバント地方では、エジプトの綿とパピルス、シリアのリンゴとガラス製品とオリーブオイル、イエメンの刀と外套、ルーム（ローマ）の衣服、ジュールのバラが売られていた。コーカサスとペルシアでは、アルメニアのカーペット、イスファハーンのはちみつ、メルブの布地、レイの外套が売られていると賞賛をこめて書かれている。さらに東については、チベットの麝香（じゃこう）、そしてついに、サマルカンドの紙を挙げている。一〇世紀の歴史家イブン・アル＝ファキーフは、ホラーサーンの人々は、まるで中国人であるかのように製紙業に熟練していると記している。しかし製紙業が栄えたのは、ホラーサーンと東アジアだけではなかった。それにはバルマク家が大きく関係している。

（バルマク家から派生した）「バーマサイド」という言葉もまた、アラブからの輸入品だ。バーマサイドとは、英語で「見せかけのもの」や「空想のもの」を意味する。これは、バルマク家のある人物が物乞いをたくさんの食事でもてなしたが、実は皿の中身は空っぽだったという、『千夜一夜物語』のエピソードに由来している。シャーカバーという名の物乞いはなんでもおもしろがる男だったので、食べているふりをした。これが最初の「見せかけの饗宴」である。

アッバース家を別にすれば、バルマク家はバグダードで最も栄えた有名な一家であり、当然ながら東方からやってきた。一族は何世代にもわたって中世の主要都市のひとつ、アフガニスタン北部のバルフの仏教寺院の管理をしていた。寺院は仏教徒の巡礼者を惹きつけた、最も聖なる場所のひとつだった。

六六〇年代頃、バルマク家は北部のトランソクシアナ王家と婚姻関係を結び、イスラム教に改宗する。一家は政治的にも転向し、アッバース家に忠誠を誓った。七五〇年、アッバース家が権力の座につくと、ハーリド・イブン・バルマクは帝国の官僚社会に身を投じ、二度と東には戻らなかった。代わりにアッバース朝初期の財務官となり、ペルシアのファールスの知事に任命され、そこでたちまち人気を博した。さらには考古学にも手を広げ、古代ペルシアの宝物を集めてはアラブ軍に攻撃されないように山の上の安全な場所に避難させた。

バグダードに戻ると、彼は七世紀にホスロー一世のもとで建設が始まったクテシフォンの宮殿を破壊しないようにとカリフを説得した。ササン朝ペルシアの再発見は、学問とコスモポリタニズムの推進力となり、アラブの支配への反発から親ペルシア運動まで起こった。バルマク家の寛容と包容力は、一族のペルシアへの忠誠心や、さらにはイスラムへの個人的な距離感の現れかもしれない（そのような距離感を見せないように注意していたが）。彼らの家には神学者や自由な思想の持ち主が集まり、神学、言語学、科学について議論していた。ハーリドはまた、主税局と軍務局に巻子本に代わってコデックスを導入した。

七八〇年にハーリド・イブン・バルマクが死去したとき、その息子たちはすでに上級官僚になっていた（息子ヤフヤーはあまりにも強烈な個性の持ち主だったので、息子をもうける男はいるが、ヤフヤーの場合には父親をもうけた、という冗談をカリフがいうほどだった）。ヤフヤー・イブン・ハーリドは、千夜一夜物語にも登場する英雄であるアッバース朝第五代カリフのハールーン＝アッラシードから、バグダードの大臣に任命された。彼の子どもたち、ファドルとジャアファルも高官になり、やがてアッバース朝の行政はバルマク家が支配することとなった。カリフの私事までもヤフヤーが管理するようになり、カリフは祭祀上の役割を担う存在となる。バルマク家は巧みに帝国を取りしきり、芸術を興隆させた。

紙をアッバース帝国の中心に据えたのは、ヤフヤーのふたりの息子だった。パピルスはイスラムでもアラビア語でもすぐに使われるようになったが、土壌と気候の気まぐれにより、シチリア島を除くと、エジプトがパピルスの生産を独占していた。しかしそれでは帝国一帯の記録媒体の需要を満たすことはできなかった。八三〇年代、カリフはバグダードの少し北にパピルス工場をつくろうとしたが、うまくいかなかった。一方パピルスは巻子本には適しているものの、端がすぐにすり減ってしまうのでコデックスには向いていなかった。イスラム文学はシリア・キリスト教からの影響で、二枚の表紙のあいだに挟まったコデックスの形を取ることが多かったのだ。

羊皮紙は筆記者や著述家の数が少ないうちはよかったが、アッバース朝の最初の半世紀で官僚制と学問が一気に広まったために、必要な量の羊皮紙を手に入れることができなくなった（その資金もなかった）。ほかにも問題はあった。帝国全土にわたってアッバース政府の伝達手段は記述だったが、羊皮紙に書いた文字は、水と布を巧みに使えば跡形もなく消すことができたのだ。文字を消せるということは、つまり書き換えも可能であることを意味していた。

バルマク家のふたりの兄弟は、羊皮紙から紙に転換すべきだという結論にいたった。ファドルは製紙所で有名な町サマルカンドを擁する地域、ホラーサーンの知事をつとめており、この転換は当然ながら彼の案によるものだったが、ホラーサーンの紙を使用することを決定したのは政府高官のジャアファルだった。ジャアファルは、そのような変革を促進させるのは学者や書店や神学者ではなく、イスラムの支配による平和をつかさどる指導者たち、つまりアッバース朝の官僚であるとわかっていたのだ。

北アフリカの偉大なイスラム史家イブン・ハルドゥーンは、一四世紀末には羊皮紙が足りなくなったと書いている。原因は官僚制度と学問の両方の拡大だと彼は論じている。

> 紙は行政文書と証明書に使われている。のちに人々は学術的な著述に紙を使うようになり、紙の製造はその質を高めていった。

中国製の高品質の紙を輸入することもできたが、イスラムのカリフ統治地域はペンを使用していたので、東アジアの筆に合わせてつくられている中国の紙は柔らかすぎた。それにシルクロードで運ばれる製品は高価だった。それより何世紀も前に、プリニウスは、シルクロードを東から西へ運ばれるだけで商品の値段は一〇〇倍も高騰すると書いている。一一世紀のイスラム書家、イブン・アル＝バウワーブなど、一〇〇ディナール金貨と栄誉の礼服の代わりに中国製の紙の束（おそらくせいぜい二、三〇〇枚だった）を受け取ったことがあったという。

つまり、一三〇〇マイル離れたサマルカンドから紙を輸入するのは、長期的な解決策とはいえなかった。幸いバグダードの町自体が八世紀に建設された素晴らしい世界都市であり、そこには学べるものはなんでも学ぶという素地があった。バグダードは、幾何学的に計画された、権力と秩序と学びの象徴である。建設者であるアル＝マンスールは、中心から放射状に延びる〝円形都市〟を設計した。彼はバグダードを地上で最も優れた都市、世界の英知と科学の一大都市にしたいと考え、その野心を達成した。アラブで最初の学術機関はここに建てられ、近隣諸国から書物が集められ、この町は学者と科学者が遠方からも集まる中心地になった。

七九五年、ついにバグダードに自前の製紙所が建設された。何世紀ものあいだ、東アジアに隔絶されていたともいえる紙の生産が、五〇年もたたないうちに二〇〇〇キロメートル以上の距離を越え、中国の西の国境からメソポタミアへと広がったのだ。それどころかバグダードの製紙所は、公共サービスの行政記録の媒体を、パピルスと羊皮紙から紙へと転換するのに十分な量の紙の生産が可能だった。

だがバルマク一族は、自分たちがもたらした知識革命のほんの始まりしか見届けられなかった。失墜の原因は定かではないが、おそらくはジャアファルがカリフの妹と関係をもったことが知られたからだといわれている。理由はなんであれ、八〇三年、カリフは従者のサラム・アル＝アブラシュにジャアファルの財産を没収するよう命じた。サラムがジャアファルの家に着いたとき、すでにカーテンが引かれており、ジャアファルその人が、まるで世界の終末だと訴えていたという。結局彼は首を切られた。バルマク家の没落によって、バグダードから最も華やかで文化的な一家が消え、ハールーンの残り六年間の統治は輝きを失った。この一家が残した大きな遺産のひとつが、製紙術だった。なかにはジャアファリー紙という名前の紙もあったほどだ。この町の紙は、すぐにあちこちで知られるようになった。ビザンティンのある著作家は、この紙をバグダティクソンと名付けた。

紙がイスラム帝国から輸出され、ヨーロッパにもたらされると、さまざまな話題について記述されるようになった。現存する最初期の文字の書かれたアラビア紙は、Doctrina Patrum（ドクトリーナ・パトラム）と呼ばれる、教父の教えに関するギリシアの手稿である。これはダマスカスからきたもので、制作年代は八〇〇年頃と考えられる。現存する最古の完全なアラビア紙でつくられた書物は八四八年製で、エジプトのアレクサンドリアで発見された。

イスラムの紙は通常、亜麻と麻からつくられていたため、丈夫で透過性が低かった（初期の紙は厚くて重かったが、のちに材料を潰す過程が改善されたことにより品質が向上した）。布切れや紐の繊維をすいて解きほぐし、石灰水に浸してから手でこねて柔らかいパルプの塊にして、漂白する。流し型でパルプの形を整えてから、なめらかな壁に塗り、水を切ってはがれて落ちてくるまで置いておく。

次にでんぷんの混合物でこすって滑らかにし、重湯に浸して細かい穴をふさぎ、繊維をしっかりとつなぎ合わせる。片方の面だけ文字を書くために滑らかにし、二枚の紙を貼り合わせて強度を増すこともあった。紙は並み、荒い、粗悪の三等級に分かれていた。仕上がりにもつや出し加工、光沢、滑らかなどさまざまあった。

買い付け人が注文を受ける段階で、紙はすでにある程度の大きさに折られている。紙は二五枚入りで一パックのdast（ダスト）という単位で届いた。ダストはペルシア語で〝手〟を意味し、アラビア語ではkaff（カーフ）と訳され、のちにフランス語では〝帖〟を表すmain de papier（マン・ドゥ・パピエ）と訳された。ダストが五つでrizma（リズマ）となり、これが英語のream（リーム）（連）という紙の取引単位の語源になった。

適切な紙の質を選んだら、書家はそれをahar（アーハー）と呼ばれる米粉、でんぷん、マルメロの種の中身、卵の白身、その他の材料の混合物と合わせて、ペンが滑らかに滑るように表面に光沢感を出す。それから書家は石で紙を磨いて滑らかにし、二枚の紙のあいだにマスター（段ボールの枠に絹のような糸を何本も張った、定規の役割を果たすもの）を置く。書き終えると、マスターの上に祝福を与える儀式として砂を少々まく。

色の選択は特に重要だった。エジプトとシリアでは青い紙は弔事や死亡通知に使われ、赤は祭事、深紅は高官のあいだで交わされる手紙に使われた。バグダードでは〝バグダーディ〟と呼ばれる縦一〇七センチメートル、横七四センチメートルの独自のサイズをつくりだした。紙のサイズは、伝書鳩の羽に取り付ける、わずか縦九センチメートル、横六・五センチメートル弱の〝鳥の紙〟までさまざまだった（クルアーンがポケットサイズになり、より個人的なものとなったのも紙のおかげだった。書物に基づく宗教の文化において分岐点となる現象だ）。古そうに見える紙を好む買い付け人もいたが、古く見えるのはその紙がサフランやイチジクの果汁を使って処理されていたからだ。

紙によって、〝ペンの人々〟と呼ばれる官僚的な筆記者階層が関心を集めるようになった。彼らは装飾された箱に筆記用具を入れて、ベルトにつけて持ち歩いていた。だが特に注目を集めたのは書家であり、神の偶像化を禁じるイスラムの教え（具象芸術全般に対するイスラムの無関心）により、カリグラフィはますます魅力的な芸術形態となった。アッバース朝時代の最も偉大な書家は、一〇世紀に三人のカリフに仕えた高官であり、アラビア語の六種類の書体を編みだしたイブン・ムクラだ。しかし、政治に干渉したために、右腕の下半分を切断されてしまった。それでもなお、腕の残った部分に葦のペンをくくりつけて、以前と同じくらい美しい文字を書いたと伝えられている。

書家は、免状を取得して自分の名前で作品に署名ができるようになるまで、師匠の下で数か月、あるいは数年間修業をしなくてはならなかった。師匠は弟子に座り方――通常はしゃがむが、正座をすることもある――から教えた。また、紙を左手の上か膝の上にのせれば堅い机や低いテーブルに置いたときよりも少し動きやすくなるため、紙の最後の丸まっている部分に文字を書きやすくなるということも教えた。

弟子は、文字の終わりの部分が「同じ機で織ったように」見えるまで、文字の曲げ方を練習しなくてはならなかった。羽ペンを使っていたが、葦のペンの削り方も学んだ。免状を取得すれば一定の敬意を得られることは確実だったが、王立図書館に職を得て〝書記の手本〟や〝黄金のペン〟と呼ばれるためには、ずば抜けた存在でなければならなかった。アッバース朝における最初の偉大な書家は〝やぶにらみ〟というあだ名で知られていた。おそらく長時間ペンを片手に過ごすうちに視力を損なってしまったのだろう。一五世紀、ペルシアの偉大な書家、ミール・アリーは、四〇年間書家として過ごしてきた日々を振り返り、カリグラフィは習得するのに時間がかかる割に、訓練を怠ればすぐに忘れてしまう、と嘆きを書き記している。

しかし書くことへのこの新たな熱狂は、ひたむきな書家たちからではなく、官僚から始まったものだった。アッバース朝は、帝国全土にわたって政治的にコントロールする手段として記述を利用していたため、事務方は正しい文法のみならず、ペンやインク壺に関する技術用語に始まり文書の封の仕方や課税台帳のつけ方にいたるまでを、行政文書や官僚制度と同じくらいよく理解している必要があった。彼らはその技術を使って記録をつけ、兵士の給与水準を管理した。こうした人々は、文体と綴りについても訓練された。帝国をひとつにつなぎとめる接着剤として、できる限り格調高いアラビア語を使い、保存するためだ。

アッバース朝は、手続きや儀礼を満載した難解な官僚制度を発展させたために、国の公式文書は専門家しか作成することができなかった。さらに地方では、帳簿に異なる言語を使う必要があった。メソポタミアとペルシアではパフラビー語、シリアではギリシア語とシリア語、エジプトではギリシア語とコプト語、というように。アッバース朝の筆記者はすぐに名声を得た。紙に書き写すためにつくられた〝書籍商の字体〟という新しい字体の創造も、まさに彼らにしかできないことだったからだ。それは紙という媒体をよく知っている人々の産物だったのである。一〇世紀中頃には、官僚制度そのものの発展や成果、英雄についての書物を著す者もいた。あるいはシンプルに、『書く技術』『国家の秘書の教育』といった、筆記者の同業者へのアドバイスを綴った本もあった。

彼らの思考、特に記述することによって国家を治めようという考えは、決して独自のものではなかった。しかしこれによって、税金の記録、法的文書、公用郵便、公文書、国王書翰、軍隊用語などさまざまな場において確実に紙の使用が広まった。紙は税金、軍備、そしてバグダードの無数の新しい官僚たち――陸軍省、支出省、財務省、比較委員会、通信省、郵便局、内閣、公印省、書簡開封省（カリフの受信箱）、カリフの銀行、慈善事業省など――に関する契約の場となった。

幸い、紙製品と書物という新しい文化を育むのに十分な亜麻と大麻を供給することができた。それは、市民が、町じゅうの出版業者、書店、図書館に紙を売っていた工場に、リサイクルできるラグという材料を継続的に提供していたからだと考えられる。一一世紀のバグダードの町を歩けば、一〇〇軒以上の書店を見つけることができただろう。

書店は町の南西部、紙の需要に応え、また需要を拡大していたスカル・ワラキン（〝書籍商の市場〟）と呼ばれる場所に集中していた。ここには、いまや国の有力な産業のひとつである書店とともに、紙の販売店があった（チグリス河畔の工場のいくつかは製紙工場だった）。九世紀半ばには、アッバース朝領土内の教育を受けたイスラム教徒、キリスト教徒、ユダヤ教徒は手紙を書き、記録をつけ、文芸書や神学書を写すために紙を使用していた。

書物の市場が拡大すると、バグダードじゅうで本の文化が芽吹いた。印刷が登場する以前の時代のアラビア語の手稿本が現在までに約六〇万冊発見されているが、これは実際に生産されていた数のほんの一部に過ぎない。紙によって書物はより安価に製作できるようになったものの、だれもが買えるほどには安くはなっていなかったので、公共の図書館や無料で使える読書室があり、書家や写本家が利用した。

官僚が先駆者と呼ばれることはあまりないが、アッバース朝においては、優れた語法と優れた書の指導方法が確立するまで、文章による新しい文化をけん引したのは官僚だった。古典アラビア語の後の時代に使われるようになったMudari（ムダリ）と呼ばれるアラビア語では、文人たちが使うための単語と軽妙な表現が充実していた。少ない事例ながら、女性、特に宮廷の女性が筆を取ることもあった。このアラビア語への新たな熱狂のもととなったのは、上等なアラビア語の最高権威とされているクルアーンだけではなく、より技術的な目的のためにアラビア語の文法と語彙を研究している学者でもあった。一〇世紀の神学者で九五七年に没したアル＝バワルディィは、言語学に関する話題について記憶をたどって三万ページ書き起こすことができたという。このように、アラビア語は当初、学術に使われていたが、やがて日常生活でも使われるようになっていった。

公の書簡は優雅な文章の見本であり、韻を駆使していることが求められた。そして、自分の考えを遊び心をもって複雑に表現する書き手がもてはやされ、どんなシリアスな創作にも詩の引用が含まれていた。たとえば生物学について書くときは、動物界について説明するのではなく、よく練られたフレーズや機知に富んだ観察で読者を楽しませようとした。宮廷では書くことはもっと気ままなものととらえられており、公式晩さん会で出された食べ物に関する詩が書かれたりもした。

一方、アラビア語は、ギリシア語にとって代わり、地中海の思想と科学の宝庫になりつつあった。

ギリシアとペルシアの哲学、インドの数学、ユダヤ教とキリスト教の聖典やパフラビー語、ギリシア語、サンスクリット語、ヘブライ語、シリア語の作品からアラビア語への翻訳があふれ出し、アッバース朝の書棚は、ユーラシア大陸の学問と思想の図書館になったのである。

八世紀にバグダードをつくり上げたカリフ・アル＝マンスールは文学に力を注ぎ、翻訳局を設置し、ギリシア語、ペルシア語、サンスクリット語の哲学、医学、天文学、その他あらゆる科目に関する作品を大量に収集した。そしてすべてがアラビア語に翻訳された。愛書家は個人図書館を建てた。九世紀の学者アル＝ジャヒーズは、高齢のために体の一部が不随になっていたが、身の回りにあまりにもたくさんの本を積み上げすぎ、ある日、本が崩れてその下敷きになって死んでしまったという逸話がよく知られている。また別のバグダードの愛書家は、町を歩くときに大型の本を持ち歩けるようにと服の袖を広げたという。

バグダードには学問を職業とする階級がなかったが、町には本や筆写や本の売買、読書、〝預言者の伝承〟であるハディースに夢中になっている知識人があふれていた。クルアーンの影響はさらに大きかった。病人を癒せというクルアーンの教えが医学の発展を促し、各地に無料の医療機関をつくり、新薬の開発、光学や手術の進歩につながった。

（先述の）カリフの最初の科学研究機関は、八三〇年にバグダードに設立された、図書館、学校、翻訳局を合わせたような施設で、〝知恵の館〟の名で知られていた。八一三年から八三三年にかけて帝国を支配したカリフ・アル＝マームーンは、夢でアリストテレスが目の前に現れたといい、ビザンティン帝国の皇帝にアリストテレス、プラトン、ガレノス、ヒポクラテス、アルキメデス、ユークリッド、プトレマイオスの作品を求める書簡を送った。これらの書物を受け取ると、カリフは最も熟練した翻訳者たちに翻訳を委託して、アラビア語版を作成した。特にアル＝キンディ（イブン＝ナディームによると二六〇冊以上の本を書いた）はよく知られている。彼はまた（コンセプトだけだったとしても）ササン朝ペルシアから受け継ぎ、科学作品の翻訳書を数多く集めていた知恵の館で天文学者を働かせた。

アル＝マームーンはエジプト、シリア、ペルシア、インドなどに学者を派遣し、可能な限りどこからでも希少本を取り寄せた。アッバース朝は、学者が帝国内を移動するのを認めていたため、他の文化から学びたいという彼らの好奇心を満たすことができた。なかには自分の意志で旅に出る者もいた。愛書家のフサイン・ビン・イスハークは、一冊の本を探し求めてパレスチナ、エジプト、シリアを巡り、結局ダマスカスでやっとその半分を見つけた。一方、外国の学者がバグダードにやってくることもあった。ヒンドゥー教の神学者デュバンは他のパールシー教徒、キリスト教徒、ユダヤ教徒、イスラム教徒らとともにアル＝マームーンに仕えた。

彼に仕えた学者たちによる地球の外周の計算は、驚くほど正確だった。西洋人は後にこれを、哲学者で数学者のアル＝フワーリズミーから取って〝アルゴリズム〟と名付けている。アル＝フワーリズミーは、代数を復活させ、私たちが今日使用しているアラビア数字の書き方を考案し、さらには小数を発見してパイの小数第六位までを計算した人物としても知られている。六つの三角関数のうち五つ（コサイン、タンジェント、コタンジェント、セカント、コセカント）は、ヒンドゥーの正弦に関する知識を土台につくられた、アラブの発見だった。これらが数理天文学の基本要素となった。

二世紀にプトレマイオスが書いた『アルマゲスト』のアラビア語訳は、天文学に大きな影響を与えた。地図製作と航海学が急速に発展し、インド洋は陸地に囲まれていないことを証明し、ひいては間接的にヨーロッパの大航海時代を後押しした。天文学データは、ヨーロッパではまだローマ数字で記されていたが、アラブでは度、分、秒の単位ではるかに正確に計算されていた。アッバース朝の科学は国から保護され、奨励されていた。アラブの自然を支配する法則の探求は同時に、神の定めた秩序への信仰から発する宗教的な探究でもあったのだ。それはメッカへの巡礼者が方位を読むのを助けることから、一〇世紀の学者アブー・バクル・アル＝アンバリが編纂した四万五〇〇〇ページにも及ぶ膨大なハディースにいたるまで、国家の宗教的な必要性のために研究され、理解され、利用されるべき秩序であった。

読み書きの媒体としての紙がより手に入りやすくなったことにより、規格の統一が進み、数学、地理学、系図学の表記法が飛躍的に改善した。こうして学問の複雑化が進むなかで、紙は物事を明らかにし、記述によるコミュニケーションのもつ力を高めた。さらに紙は金属細工、磁器製造、織物、陶器製造、編物、建築などをも変えてしまった。はじめにデザインを書き出し、何千マイルも離れた地に住む職人仲間に送ることができたからだ（ペルシアの細密画、オリエンタルな絨毯、タージマハルは、紙が可能にした文化交流なしには存在しなかっただろうと言われている）[66]。つまり紙は、帝国全土にイスラム文明の機関室となる知識と学問のネットワークづくりに一役買ったのだ。またかつては口述伝承にのみ頼っていたのが、紙が手に入りやすくなることによりアラブ・イスラム圏における知の貯蔵庫としてますます定着していった。紙がカリフの統治地域一帯で使われるようになったのは八世紀末だが、九世紀にはイスラム文明が学問に大きく比重を置くなかで、紙のもつ潜在能力が顕在化していた。

北ではビザンティン帝国が、カリフの帝国に後れて紙を取り入れた。九世紀、紙は多少使われてはいたものの広まっていたとはいえず、コンスタンティノープルでさえ一一世紀までは羊皮紙を再利用したパリンプセストがまだ使われていた。ビザンティンの人々は自分たちは古代ギリシアの文学的遺産の保護者だと考えていたが、実際には部分的にしか継承できていなかった。彼らの図書館が当時の最大規模だったという証拠はない。それどころか、アッバース朝の図書館の蔵書が数千から数万冊ともいわれるのに対し、ビザンティンでは主要な図書館でも数百冊あれば多いほうだった。ビザンティンは、最初はアラブから、のちにスペインから、またそののちにはイタリアから紙を輸入していたが、一一世紀以降も紙は公文書で使われるものであり、宗教的な写本には使われていなかった。ビザンティン帝国において、紙は一三世紀から一般的に使われるようになったが、帝国内の記録の大半を占めるようになったのは一四世紀に入ってからのことだった。一二〇四年に十字軍がコンスタンティノープルを攻撃したために、その頃には書物コレクションの多くは失われてしまっていた。一四五三年にオスマントルコが侵略したときにはほんのわずかな文書しか残されなかった[67]。この頃やっと、コンスタンティノープルに（オスマントルコによって）製紙工場が建設された。

しかしビザンティン帝国の南東では、紙の製造ははるかに飛躍的に発展を遂げ、ついにはヨーロッパにたどり着いた。バグダードからエジプト、マグレブを通ってヨーロッパにわたることは簡単だった。実際、南ヨーロッパは、ビザンティン帝国より早くからイスラムの紙に注目し、シリアの紙は〝ダマスカス紙〟として知られていた。コンスタンティノープルは、少なくとも地中海においては、紙のたどったさまざまな道の一つの終着点だった。

中世の中頃から末期のヨーロッパの図書館は、まだ数百冊の書籍しか有していなかったが、イスラムの大きな町ならどこにでも図書館があった。一四世紀になってもバチカン図書館にはたった二〇〇〇冊の蔵書しかなく、その多くは羊皮紙とベラムだったという。バグダードで一〇六五年に創立された神学校は、建設費用が六万ディナールだったのに対し、年間の支出が六〇〇〇万～七〇〇〇万ディナールにものぼっていた。この学校には数万冊の蔵書があった。一二二八年にはバグダードの東部に新しい図書館がつくられ、帝国図書館から希少本を運ぶのにラクダ一六〇頭が必要だった。その図書館は開架式で、学生たちは希少な写本まで手に取ることができた。図書館の建設には六年の歳月がかかり、ムハンマドの教えと並んで天文学やその他の科学を教える教室もあった。最も多いときで一四万冊の蔵書があったという。

北アフリカでは一〇世紀末に王立図書館がつくられた。この図書館は、一二世紀、ファーティマ朝の時代には、世界の驚異のひとつに数えられていた。建物には四〇の部屋があり、書籍と小冊子が一六〇万冊あり、そのうちの六〇万冊は神学、文法、伝承、歴史、地理、天文学、化学に関するものだった。後世に大きな影響を与えたタバリーの歴史書も一二冊、著名な書家が書いたクルアーンも二〇〇〇冊置かれていた。一方カイロでも、一〇世紀末にはアズハル・モスク図書館が約二〇万冊の書籍を収蔵していた。いまも王立図書館の年間予算の内訳を見ることができるが、紙は羊皮紙やパピルスに比べればはるかに安かったものの、まだ安価ではなかったことを証明している。

二七五ディナール
図書館職員給与　四八ディナール
筆記者用の紙　九〇ディナール
紙、インク、ペン　一二ディナール
破けたまたは傷んだ本の修理費　一二ディナール[68]

一〇六八年、イスラム帝国は（アッバース朝の支配が衰え始めた数十年に続いて）政治的、経済的に不安定な情勢に悩まされ、兵士たちの給料を支払うために、二五頭のラクダで運ぶほどの量の蔵書をたった一〇万ディナールで売り払った。数か月後、オスマントルコ軍の兵士が残りの書物も略奪し、さらに燃やしたり、ナイル川に投げ入れたりして破壊した（救い出された写本もわずかながらあったが）。兵士たちは皮の装丁をはがして靴をつくり、残りはほとんどをのちに〝本の丘〟と呼ばれる場所に捨てた。通常は本を燃やす形で行なわれる〝焚書〟は、本そのものと同じくらい古くから存在する。

図書館と製紙工場はともに発展することが多く、イスラム帝国における大きな製紙の中心地は図書館文化や書物の商取引の中核地でもあることが多かった。製紙業は、東では当然ながらサマルカンド、ペルシアのタブリーズ、インド北西部のダウラタバードで栄えていた。アラビア半島の南端では、紙はイエメンのサヌアとティハーマでつくられていた。西ではコルドバの領土のシャティバ、フェズ、トリポリでつくられ、あるアラブの歴史家が数えたところ、一二世紀には四七二か所の製紙工場があったという。北に目を向けると、ダマスカス、カイロ、バグダードはもちろん、トルコのティベリアスとイスラエルのヒエラポリスでも紙がつくられていた。

一〇世紀、アッバース朝の地方総督アズド・アッダウラはイラン南部のシラーズに図書館を建てた。両側に書庫の並ぶ長いアーチ型天井のある部屋では、高い位置に設置された足場を囲むように書架が置かれ、科目ごとにひとつの足場が用意されていた。本を探すための目録や、パイプのなかを水が流れる換気室もあった（ただし、この部屋はあまりよい発明とはいえず、蔵書に悪影響を及ぼした）。すぐ西には今日のイラク南部にあるバスラの町があり、この町の図書館には一万五〇〇〇冊の製本済みの本（それに未製本の本とばらばらの写本）があった。レイ、モスル、マシュハドにも大規模なコレクションがあった。

帝国は巨大官僚組織、古代の知識の貯蔵庫、著述業の公共の広場、哲学者と科学者のパトロンとなり、紙はインドからマグレブにいたるまで、情報とコミュニケーションの通貨となった。

一三世紀のモンゴルの侵略により、ユーラシア大陸に新しいコミュニケーションと商業の道が拓かれる。それ以前にも、一握りの先駆的で急進的なヨーロッパの学者はアラブの本を研究し、アッバース朝の統治地域やコルドバに旅する者もいた。一三世紀になると、学者の流入が徐々に増えていった。彼らはアラビア語やヘブライ語で書かれた本、たとえばアベロエスやアビケンナなどの作品を持ち帰ってラテン語に訳した。当時は、学問が修道院から大学へと徐々に移っていたが、一方で自然哲学がローマカトリック教会の知的権威を崩し始めていた時代でもある。ジョナサン・リヨンズは著書『The House of Wisdom（知恵の館）』のなかで、ユダヤ教徒、キリスト教徒、イスラム教徒に共通する一神教の求めに沿うようにアリストテレスの教えを変えた〝アラブのアリストテレス〟の考え方さえも、ヨーロッパ人は輸入していたと書いている。つまりイスラムの学者たちによる改変が、のちにヨーロッパの知識の一部として受け入れられたということだ。

紙の世界旅行が次にどこに向かうかのヒントは、八世紀にイスラムが支配し、その後の繁栄によって知識の宝をヨーロッパ本土にもたらした地、スペインにある。七五五年にアラブ勢力が侵略してから四四年後、コルドバに首長国が成立する。それまでイベリア半島は発展の遅れた地域だった。地中海全域はアッバース朝が支配していたが、王国外に逃れて独立したスペインのウマイヤ朝は、次第に文学や科学においてアッバース朝と肩を並べるようになっていった。一〇世紀、コルドバのハカム二世の図書館には四〇万冊の蔵書があったと伝えられている。図書館の著者と書名の目録だけでも、五五丁の書物が四四冊あった。スペイン南部のコルドバには、個人や非イスラム教徒の図書館も無数にあり、なかには主にアラビア語の本を収集しているキリスト教徒もいた。コルドバの書籍市場は活気にあふれ、当時には珍しく女性の学者もいた。

イスラム帝国に組み込まれたことにより、アル＝アンダルス［アンダルシア地方を中心とした、イスラム統治下のイベリア半島一帯］には地中海全域から人、芸術、植物、発明、料理、思想、食べ物が流れ込んできた。さらに九世紀初頭のバグダードの政治的分裂によって、新しい学者がやってくるようになった。一一世紀までに、スペインはヨーロッパ一の農業国となり、また、アリストテレスについての研究にも力を入れ始めていた。ハカム二世統治下のスペインは、図書館と同様、学問においてもすばらしい成果をあげていた。さらにアッバース朝と並んでウマイヤ朝スペインからも、ボローニャ、パリ、オックスフォードなどヨーロッパ最古の大学に向けて、翻訳書や注釈書、学術協定がじわじわと広がっていった。

アッバース朝から出たウマイヤ朝は、七五〇年代から発展し始めたが、ウマイヤ朝における知識と学問の受容は、バグダードで始まった物語の一部であった。独自の紙の源泉があったものの、紙を輸出してヨーロッパに変革をもたらしたのは、イベリア半島のイスラム国家ではない。一一世紀からアル＝アンダルスはゆっくりと衰退し始めたが、変化が起こったのはそれよりもずっと後のことなのだ。バグダードは、ヨーロッパとアジア全域から学問を集めて利用した町として、ウマイヤ朝とアッバース朝が獲得したすべてのものの象徴であり続けた。モンゴル軍が一二五八年にアッバース朝の古都の入り口にたどり着いたとき、バグダードは一三の大規模な図書館を誇っていた（そのなかには一二三三年に完成し、カリフの運搬係が八万冊の本を運び入れたといわれるマドラサの図書館も含まれている）。

モンゴル兵たちは一週間にわたって町じゅうの建物を焼き、女性たちをレイプし、図書館を荒らした。彼らは本をチグリス川に投げ捨て、川の水はそのインクで六か月間も真っ黒に染まっていたといわれている。バグダードはのちに復興し、再び製紙業を始めるが、帝国の絶頂期は過ぎ去り、紙の伝播の機関室としての役割も終わりを告げた。

蓄積された知識と科学と思想の紙とインクは、ペルシア湾に向かって流されていった。しかし本当は、ヨルダンとパレスチナを通って地中海へと西に向かって流れていったほうがふさわしかったのかもしれない。なぜなら何世紀にもわたってイスラム帝国の知の陰にいたヨーロッパは、紙による独自の大革命を成し遂げようとしていたからだ。その革命は、アッバース朝とウマイヤ朝が築いたものに頼りながらも、すぐにそれを追い越してしまうものだった。

第一三章　大陸の分断

（彼は）……単に大きな集団における広報官の一人ではなかった。どちらかというと、支配的な広報官だった。私の知る限り、彼ほどプロパガンダ戦争と集団行動を支配した人物はいない。レーニンも、毛沢東も、トマス・ジェファーソンも、ジョン・アダムスも、パトリック・ヘンリーもおよばない。

マーク・エドワーズ、*Printing, Propaganda and Martin Luther*
（『印刷、プロパガンダ、マルティン・ルター』）[69]

中世ヨーロッパにおいては、言葉に形を与えていたのは植物ではなく動物だった。書物は、不恰好かつ高価で、製作の大変な代物だった。書物のページは子牛、ヤギ、ヒツジなどの皮でつくられ、それらの素材は〝羊皮紙〟と呼ばれていたが、特に子牛の皮は他と区別され、フランス語の古語で子牛の皮を指す〝ベラン〟から取って〝ベラム〟と呼ばれていた。

どの動物が原材料であっても、毛皮はまず柔らかくするために石灰水に浸され、皮の端の近くにあけた穴に糸を通して、張り器にピンと張り伸ばされた。それから毛をすべて除去され、適切な厚みになるまで刃が反ったナイフで数日間かけて切り分けられた。その後、筆記者がまっすぐに文字を書けるように薄くガイドラインを引くために、皮の表面に小さな穴があけられた。記述そのものには羽ペンが使われ、特別な精密さと集中力が必要とされた。

書物はその内容を補完するために、テーマに即した装飾も施される。最後に各部分を順番にそろえて、糸や皮ひもでまとめて製本される。

このようにしてつくられた書物がいかに高価であったか、中世の物価を比較したある研究が明らかにしている。一三九七年、イギリスでは、一二六冊からなる全集が五冊四ポンドで売られていた。一三九二〜一三九三年、修道院学校の一年間の授業料が二ポンド、雄牛が三分の二ポンド、牝牛が〇・五ポンドの時代のことだ。[70]

数字が少ないのでこのような逸話をさらに掘り下げるのは難しいが、いずれにしても本は贅沢品であり、数も少なく、特に中世初期は個人の所有を念頭につくられていたことが寸法や形からうかがえる。ローマ帝国の崩壊はヨーロッパ一帯の書物の売買に大きな打撃を与え、西欧と中欧における本の製作は壊滅の危機に瀕していたのである。しかし本の救済は、五二九年にローマの少し南のモンテ・カッシーノに創設されたベネディクト会修道院に始まる修道院制度によってもたらされた。個人による書物の所有は禁じられ、その結果、修道院に図書館が建てられたのだ。五九〇〜六〇四年に在位した教皇グレゴリウス一世は、修道院における学術研究をさらに推進した。

七世紀、イングランド北部に〝双子の修道院〟として知られるウェアマス・ジャロー修道院を設立したベネディクト・ビスコップは、自分のつくった図書館に収める書物を集めるためローマにやってきた（その結果、ベネディクト・ビスコップに学んだイングランドの偉大な歴史家、教会博士であるベーダは、代表作『英国民教会史』を著すにあたって十分な資料を得ることができた）。ウェアマス・ジャローのように、ブルゴーニュのリュクスイユ修道院（五九〇年頃設立）や北イタリアのボッビオ修道院（六一四年設立）も重要な本の製作所になっていったが、北ヨーロッパの修道院の一大中心地はアイルランドであり、多くの学者がヨーロッパ大陸一帯へのゲルマン民族の大移動から逃れて、アイルランドに集まっていた。

中世末期の書籍文化は、初期、特に修道院時代のそれをはるかに超えるものだった。しかし初期でさえも、本の製作や文章の記述に関する複雑さや高い費用にもかかわらず、教会に関するものだけであったとはいえ、写本文化は栄えていた。コデックスが、西洋文化の中心に位置づけられたのは、ほかのどの時代でもなく中世である。コデックスは古代にキリスト教の産物として発明されたものの、主流を占めるようになるのは中世になってからのことだ。中世から今日までさまざまなものが残っているが、本ほど大量に残っているものはない。したがって中世における本の製作が困難だったとしても、それは本に関心がなく、革新をする意思がなかったことを示しているわけではない。むしろ何千と残された写本からは、多くの困難（と高い費用）にもかかわらず、特に宗教的生活において本に力を注いだ文化が見えてくる。

中国では、竹の文化のおかげで紙が広まったが、本というもののコンセプトが、細長い紙に（一～二行の）文章が書かれて巻かれている形のものから、一ページに文章が何行も書かれて軸に張られたものや、背表紙をつけて製本されたものへと大きく変わっていくには、大きな変革が必要だった。しかしヨーロッパでは、単に本に慣れ親しんでいた文化のなかに紙がやってきたというだけではなく、本そのものがすでに紙にとって理想的な形になっていた。一五世紀に登場した印刷本は、それ自体が根底を覆すほどの発明ではなく、千年ものあいだヨーロッパ一帯で使われていた写本（英語で写本を意味するmanuscriptは「手で書かれた」の意）を真似たものだった。手書きであろうと印刷であろうと、コデックスはそれ以前に存在した本に比べて安価で、よりコンパクトで、（その容量のおかげで）より包括的であり、参照しやすかった。

六世紀の初め頃からヨーロッパに根づいていた写本文化は、羊皮紙を使用するという点から装飾、また聖職者向けにつくられていたことからラテン語（もしくはラテン語のアルファベットによる写本）を好む傾向にいたるまで、主要な性質がずっと変わらなかった[71]。形態は常にコデックスのままだった。

しかしその表裏二枚の表紙のあいだで、ヨーロッパの読み書きの文化は中世、特に一二世紀初頭から変容を経験した。九世紀に起きた、カロリング朝ルネサンス（ローマ時代の古典を見直して筆写しようという運動）のおかげで、修道院、大聖堂、王室の宮廷などには、何世紀も前から数百冊の蔵書を誇る大きな図書館が存在していた（カロリング朝における古典の復興がなければ、ラテン語の作家で今日われわれが読むことができるのはウェルギリウス、テレンティウス、リウィウスだけだっただろう）[72]。九世紀におそらく初めて書物を章に分けたのは、学者のストラボンだった。コデックスは索引の基礎をつくり、古典的な写本への関心を醸成し、本の大量生産を可能にした。九世紀から今日にいたるまで、カロリング朝の写本七二〇〇冊が残っている。

しかし、大規模な転換が始まったのは一二世紀に入った頃だった。ボローニャ、オックスフォード、パリに誕生したばかりの大学では、本を読む一般読者層（といってもこの段階では貴族階級だけだったが）が形成されつつあり、一方で本の書写と製作をになうのは修道院から都市部、特に大学都市へと移り、職業筆記者と装飾家が独立して商売を始めていた。文具商、筆記者、羊皮紙製造業者、製本業者たちがそれぞれの専門技術に特化するようになり、世俗の出版関連の専門業者網も形成されてきた。世俗の出版業の興隆は、ノルマン系イギリス貴族のあいだで育ちつつあった本を好む傾向と、先祖や家庭に関する物語の誕生と密接な関係があった。

一一五〇年代になる頃には、あまりにも多くの作品が市場に出回っていたため、たとえ修道僧であっても個人では管理しきれなくなり、用語辞典、百科事典、用語索引などの参考文献が考案された。特にパリでは大学地区が、大学の独立した法的地位の恩恵を受けて、健全な書籍取引の中心地として発展した。そしてパリには専門家意識が生まれ、一三世紀のパリで営業していた五八の書籍商と六八の羊皮紙業者の名前が今日まで知られている。[73] パリと同様、オックスフォードとボローニャでも書籍の商取引が行なわれるようになり、大学のみならず地元の市場にも貢献していた。ポケットサイズの聖書が登場して広く出版され、平信徒［キリスト教における一般信徒のこと］用の詩篇やその土地の言葉による書物も拡大する市場で売られるようになった。

大学では大きな貸し出し用の図書館も設けられ、ペシアと呼ばれる中世のシステムが導入された。書物は一冊四葉の冊子に分解され、学生はそれを一度に一葉ずつ借りることで筆写の時間を短くすることができた。このシステムは書物へのアクセスを改善し、ヨーロッパ中の大学都市でますます一般的になっていた本の参照、今日でいう〝調査(リサーチ)〟にも適していた。こうして本は、修道院や大聖堂で本の製作のために設置されていた写本室から外に出た。筆記者はさまざまな場所でさまざまなテキストに取り組むことができるようになり、文具商は大いに収益を上げ、修道院の無料の奉仕は徐々に賃金労働に取って代わられていった。

しかしこれほどの学問好きで高尚な文化が基盤にあっても、書籍の拡大には限界があった。写本作業に時間がかかること、ベラムが高価であること、聖職者が書籍生産を統制していたことなどが、読者や著者の数を制限してしまっていた。本は理想的な形態を手に入れたが、理想的な材料も、理想的な製作過程も、そして当然自由もまだ手に入れていなかった。さらにいえば、本はまだこのときは、少なくともベラムに代わるものが出てくるまでは、なんにでも応用可能な代物とは考えられていなかった。しかしこののち、新しい目的をもった新しい形態の書物が、紙の新時代の所産として現れることになる。

ヨーロッパの製紙業は一〇五六年、イスラム支配下にあったスペインの町シャティバ（のちのサン・フェリペ）に、布切れをほぐすための圧縮加工工場が設置されたときから始まった。製紙技術はアラブから輸入されたもので、水力によるはねハンマー式の工場も、おそらくそれを何世紀にもわたって使っていたアラブ世界からイベリア半島に導入伝わったのだろう。[74] 半島の北部に位置するサント・ドミンゴ・デ・シロス修道院で発見された写本は、スペインが一〇世紀から紙（おそらくは中東からの輸入品）を使用していることを裏付けている。国内で紙の製造を始めてからも、その工程はもともとの製造法とほとんど変わらなかった。スペインの紙はたいてい（水切りの金網の）ジグザグの跡がついており、光沢があったが、こうした細部は、単純にアラブの工場のやり方を再現しただけだった。たいてい、紙の中央はまるで流し型の中央がたわんでいるかのように厚くなっていた。東アジアにおける製造と違う点は、アジアでは網に竹や草が使われていたのに対して、ヨーロッパの製紙業者は金網を使っていたので、よりはっきりと簀の目とすかしが残ることである（簀の目とすかしは、紙を乾かす網の跡が紙の縦横に走る線となって残ったもの）。シャティバの製紙工場に続いてトレドにも工場ができ、さらにカタロニアやビルバオもそれに続いた（そして一二八二年にはシャティバに初めての水力を利用した工場ができた[75]）。スペイン製の紙はモロッコ、イタリア、エジプト、ビザンティンなど地中海沿岸各地に輸出された。

中東からイタリア南部に紙が輸入されるようになったのも一一五〇年代だったが、一二二〇年代にドイツが輸入を始めるまではそれほど広まってはいなかった。イタリア、ドイツ、ブルゴーニュ、ナポリ、シチリアを支配していた神聖ローマ皇帝フリードリヒ二世は、紙にはベラムや羊皮紙ほどの耐久性はないと考え、一二三一年、ナポリ、ソレント、アマルフィにおいて公共の告知や記録に紙を使うことを禁止した。しかし政府内部ではすでに、公証人のあいだで羊皮紙より紙を使う動きが起きていた。

一二三五年には北イタリアで小規模な製紙業が起こりつつあったが、イタリアで最初の重要な製紙工場は一二七六年、北イタリアのアドリア海にほど近いファブリアーノに建てられた。それに続いたのが一二九三年設立のボローニャの工場で、ここで製造された紙一枚の値段は羊皮紙の六分の一だった。ファブリアーノの工場は、ヨーロッパにおける製紙業の出発点となった。一三五〇年代にはこの町は紙で有名になり、アドリア海を越えてバルカン半島まで、そして南イタリアやシチリアにも紙を売っていた。実はファブリアーノの工場の多くは、単に古い製粉工場を改装したものだった。さらにヨーロッパの工場は、特に上掛け水車の利用により水力を効果的に使っていた。水車の一番高いところに水が流れ込み、数メートル下に落ちることによって流れの力にさらに重力を加えることができる（ファブリアーノはまた、紙のにじみ防止のためのサイズ剤に初めてゼラチンを使った町でもある。ゼラチンのおかげでヨーロッパの羽ペンに適した丈夫な仕上がりとなった）。

一三四〇年代にはフランスのサン＝ジュリアン地方でも紙がつくられていた。一三九〇年、ウルマン・シュトローマーがニュルンベルクにドイツで記録に残されている最初の製紙工場をつくり、これによってドイツの輸入イタリア紙への依存度が著しく下がった。一五世紀に入った頃にはラーベンスブルクやケムニッツ、中頃にはバーゼルやストラスブール、世紀末にはオーストリア、ブラバント、フランダースにも製紙工場ができた。ポーランドとイギリスでは一五世紀後半に紙づくりが始まる。それまでの数十年は、両国とも外国の紙を輸入していた。他の北ヨーロッパの国々は、南ヨーロッパほどリネンの布地が手に入らなかったため、輸入に頼らざるを得なかった。

なかでも、より進化した工場と豊富な水の供給によって可能な限り安価に紙をつくり、アラブを競争から退けたのは、イタリアの製紙業者たちだった（また、イギリスから中東への羊毛の輸出が増えたことは、イスラム帝国内で手に入るリネンの布地が減ってきていることを示していた）。中世後期から、ヨーロッパではヘンプとフラックスを大量に生産するようになったため、優れた材料が安く手に入るようになる。またヨーロッパ人は布地を粉砕する際に石臼よりも木槌を使い、さらに木槌の先端を鉄で覆っていたため、粉砕力も大きくなった。アラブ人はパルプに粘度を出すために植物性の糊を使っていたが、ヨーロッパ人は動物性の糊とグルテンを足すことで密度を高くした。つまりヨーロッパ製の紙は、中東でつくられた紙に比べてコストは低く、質は高くなったのだ。

公務員、聖職者、商人、知識階級はみな、紙がヨーロッパ中に行き渡ったことから恩恵を受け、文学者たちは人を雇わなくてもみずから文章をしたためることができるようになった。一二世紀以降、紙はヨーロッパの一部で政府や商売上の記録文書に使われ、一三世紀には会計、私的な書簡、書籍にも使われるようになった。一四世紀末期になると、紙はヨーロッパ一帯で羊皮紙とベラムを圧倒しており、イタリアがその主たる供給元だった。

ヨーロッパの製紙工場は中国や中東に近い技術を用い、ほかの地域と同様に、すぐに手に入る水の供給源が必要だった。しかし初期のヨーロッパの製紙工場は使い古された絨毯を原材料にしていたので、フランスのボージュといったリンネル生産の中心地に近いというのも重要な条件だった。製紙工場ではまず、布切れを仕分けして硬い生地を取り除き、それから水に浸してふやかして、発酵するまで置いておく。その後、原材料の布地を、多くの場合は水車小屋や製粉工場を改装した工場へ運び、パルプ状になるまで木槌でたたく。木槌の頭にあらかじめ釘やナイフが取りつけられていることもあった。たたいたパルプは湯を張った桶に入れ、網を張った枠ですくい出す。〝クシェ〟（紙を並べる人）が紙を網からはがし、吸水フェルトの上に広げて水をある程度抜く。紙は圧縮機で押され、部屋に吊るして乾かされる。乾いたら、隙間を埋めて表面を滑らかにするためのサイズ剤というつや出し剤でコーティングする。これをしないと、吸い取り紙のように水分を吸収しやすくなってしまう。そしてバフ仕上げ［つやを出すための加工］を施したあと、二五枚一帖にまとめられる。二〇帖、合計で五〇〇枚の紙の束になると、市場に出される。木槌の頭に釘をつけるなどのヨーロッパ独自の技術がある以外は、蔡倫が一〇五年に採用した工程からほぼ変わっていない。中国の製紙工たちが、アラブ人にその手法を伝え、コルドバのイスラム帝国の製紙工たちが、スペインの工場のおかげで、ヨーロッパに製紙技術を伝えることができた。

一四世紀のヨーロッパでは、リサイクルされた布切れが読書の新しい時代を運んできた。実際、紙の製造が盛んになると、布切れの輸出を禁止しなくてはならなくなった国もあり、布の供給量が減ってくると、製紙業者たちは新しい素材を探し始めた（木が紙の原料になるのは、その数世紀後のことである。木のパルプでつくられた紙は一八〇二年まで現れない）。北海沿岸のベネルクス三国では、一三世紀末には紙を行政で使っていた。イギリスもすぐあとに続く。ベルギーのモンスとブルージュの市の会計簿は、この頃にはすでに紙でつくられていた。貴族の宮殿のなかには一二七〇年代にいち早く紙を取り入れていたところもあったが、北イタリアの都市国家は一二八〇年代から、キリスト教ヨーロッパが徐々に紙で写本をつくるように導いていった。

一四世紀のヨーロッパの紙には、ほとんど常にその土地の言葉ではなくラテン語が書かれていた。その内容は、実務的なものが多かった。さらに、天文学書や医学書が辞書や法律書などの参考図書と並んでいた。一四世紀の最後の四半世紀には、現地語の作品も紙に書かれるようになる。ほとんどが礼拝に関する書だった。それでも修道院はまだ写本には羊皮紙を好んで用い、紙は最終的には捨ててしまう自筆原稿（もしくは見本版）にしか使われなかった。誰も、紙がずっと残るなどとは思っていなかったようだ。

しかし一四世紀の終わりには、ヨーロッパ一帯で紙は羊皮紙の五分の一の値段になっていた。さらに、筆記体で書くようになったことで、筆記者の書くスピードが速くなる。以前は一日に一丁書いていたのが、二〜三丁（四〜六ページ）と驚くほど速く仕上げられるようになった。紙への転換は著者と同様に読者からの需要も反映していた。本はまだそこらじゅうにあるようなものではなかったが、紙になったことで、金持ちだけの贅沢からいわば商人の贅沢にもなった。紙と筆記体は本の価格を下げ、ラテン語になじみのない購買層にも進出し、現地語で書かれた文書がより一般的になった。

地方の言葉が紙面に現れることが増えると、教会や知識階級のあいだでも、西洋キリスト教世界以外からの影響が感じられるようになってきた。中世後期、書物は十字軍がカリフ領土のバグダードから持ち帰った収集品か、もしくは、より平和的にコルドバや衰退しつつあるビザンティン帝国からわたってきたと考えられる。

伝染病がイタリアの地方を打ちのめして中世の秩序をひっくり返すと、その後、一四世紀を通じてイタリア北部の都市が栄え始める。フィレンツェやヴェネツィアなどの町はヨーロッパの商業と知性の中心地として発展し、地中海全域にわたって商品と思想が行き交った。この時代になると、知識と美の追求が目的とされるようになり、それは特に歴史の研究において感じられた。かつて歴史は精神的な探求のためのものとされていたが、いまや歴史そのものが目的となったのである。こうした流れのなかでルネサンスを迎え、新たな世界観が花開く。精神的な歴史を俯瞰する神の視点のみでなく、当事者である人間の視点もますます入ってきたのである。またルネサンスによって絵画と文芸の両方で幅広い題材が扱われるようになり、中世ヨーロッパにおいては精神的な題材の対極に位置するとされていた人間的な題材が、尊厳と価値を獲得した。それでもルネサンスは中世に始まったものであり、中世と切り離しては正しく定義できない。さらにルネサンスは彫刻、絵画、紙面に現れているようにメタナラティブ（大きな物語）にも大きな変化をもたらしたが、これは社会的な現象でもあった。印刷工、製本工、書店、読者の相互関係は、ルネサンスが一つの過程――つまり文書（思想と形態）を生み出す過程――であると同時に、世界規模の変革であることを映し出している。[76]

初期ルネサンスはまた、古代の文書や遺跡といった媒体を通して古代ギリシア、ローマを再興したという特徴がある。一五世紀、初期キリスト教とラテン語の古典文書は、それぞれ三パーセントと八パーセントを占めていたが、これは合わせると過去九〇〇年には見られなかった割合である。[77]古典の再興はさまざまな分野で見られたが、特に建築において顕著に表れていた（これについてはあとで触れる）。建築はルネサンスにおいて支配的な芸術であり、もちろん紙の形で作品が残るものではないが、準備段階で紙に依存している部分が大きい。しかし他の分野は、紙との関係がより直接的であった。ルネサンスの古典、哲学、翻訳、芸術への関心は、とりわけ本を読むことと書くことに新たな刺激を与えたのだ。

一三九七年、ビザンティン帝国の学者、マヌエル・クリュソロラスは、ギリシアの古典書について講義するためにフィレンツェにやってきた（その後ほかの人々も続いてきた）。その行程で、彼はヨーロッパの最も知的に肥沃な土地に、ギリシア研究の種をしっかりと蒔いた。その同じ頃、ギリシア語作品のアラビア語訳が南ヨーロッパの各地、すなわち四〇万冊の蔵書を誇るスペインイスラム帝国領の図書館や、北イタリアの都市や、大陸を代表する大学であるパリのソルボンヌなどに流入していた。これらの作品はラテン語や現地のさまざまなヨーロッパ言語にも翻訳された。他のビザンティン帝国の学者たちもイタリア北部に移住し始め、さらにギリシア語の文書を持ち込んだ。

一四四四年にコジモ・デ・メディチがフィレンツェで最初の公共図書館を設立し、この町のラテン語学者たちを育成した。彼はプラトンの研究によって、倫理的に腐敗したヨーロッパのキリスト教を浄化できると考えた。メディチ家がパトロンとなった学者のひとり、マルシリオ・フィチーノは、プラトン主義やピタゴラス主義をキリスト教に結びつけ、ソクラテスを聖人として崇め始めた。

一四五三年、トルコ人がコンスタンティノープルを征服してイスタンブールと改名すると、古代ギリシアの研究者は、急激に成長しつつあったイタリア北部の都市へとさらに逃亡した。マルティン・ルターは、ギリシア人学者が自分たちの研究、特に古代ギリシアへの理解を南ヨーロッパにもたらすために、神がオスマントルコによる征服を正確に仕組んだと信じていた。

ビザンティン帝国と中東からの書物、特に科学の専門書とギリシア哲学の流入により、ヨーロッパの古典の再興のために、また科学的な新発見と新思想の恩恵を将来に活かすために、ヨーロッパじゅうの大学で書写が盛んになる。多くの書物が借りられるようになると、イタリア北部の大都市において読み書きが目覚ましく発展し、その媒体である紙がますます注目されるようになった。紙は手ごろな値段で、あっという間に生産することができる。本の生産に障害があるとしたなら、それは熟練の筆記者の存在であった。書写にかかる時間の長さは簡単に解決できるものではなかった。

一四五〇年代、フィレンツェの書籍商ヴェスパシアーノ・ダ・ビスティッチは、コジモ・デ・メディチから二〇〇冊の書写を請け負い、四五人の筆記者と二二か月間の作業期間を要して完成させた。これは中世の写本文化から見れば速いペースだったが、ルネサンス期のイタリアの市場では読者が最新の思想を求め、ギリシア語からの新しい翻訳をいまかいまかと待っていた。改善案といえば、筆記者をさらに訓練することくらいしかない。その結果、一五〜一六世紀を通じて熟練筆記者の地位が急激に向上した。ペトラルカ[78]、ボッカッチョなどの初期の人文主義者がカロリング朝の古典の写本を見直し、その散文だけでなくはっきりとした書体も真似るようになり、ゴシック体から〝ヒューマニスト(人文主義者)筆記体〟と呼ばれる、素早く書けて、明瞭で角度のついた字体を使うようになった(筆記体はつながった手書き文字で、当然ながらずっと速く書くことができた)。やがてヒューマニスト体は規格が統一され、一五世紀中頃にローマ教皇庁もこれを採用する。ゴシック体よりも文字の形がすっきりしていたので、ページ上の黒と白のつり合いがよくなり、黙読しやすくなった。この字体は〝チャンセリー(教皇庁)筆記体〟と改名され、次に〝イタリアン・ハンド〟、そして最終的に〝イタリック〟と呼ばれるようになったが、現代のワープロで使われている「イタリック(斜体)」とは異なる(ルネサンス・イタリックのおそらく最も特筆すべき変化は、伝統的な〝a〟のかたちをより実用的な〝*a*〟の形に置き換えたことだろう)。この圧倒的なスピードとくっきりとした書体は、書物の進化の過程を示すものでもあった。こうして、筆記者や美しさよりも、本の伝える内容と著者に一層の重きが置かれるようになったのである。

こうした進化にもかかわらず、書籍製作の過程において最も時間がかかるのは、やはり製紙ではなく手書きの部分だった。やがて、紙の最大の発展が、イタリアの筆記者からではなく、ドイツの金細工師と出版社から生まれた。それは印刷機の形でやってきた。一四二〇年代以降、ヨーロッパでは木版印刷が行なわれていた。これは文章、イラスト、あるいはその両方が掲載されたページ全体を版木に彫り、木にインクを塗って紙に刷る技術である。しかし本の一ページごとにまっさらな版木を彫らなければならないため、文章のページであれば筆記者を雇ったほうがまだましというほど製作に時間がかかった。

一〇四〇年代、中国の官吏畢昇(ひつしょう)が、ひとつひとつの漢字を別々の粘土板に彫り、その活字を金属の版にはめ込む、活版印刷を発明した。このおかげで、ページごとに木版を彫らなくても済むようになった。独創的な発明だったが、畢は粘土を使ったために版が脆く、繰り返し使うには適していなかった(一三世紀に朝鮮で開発された金属製の版のほうが実用的だった)。また漢字という文字も、それに適していなかった。もしこれが文字の少ないアルファベットだったらもっと時間の節約になったかもしれないが、漢字は何千種類も文字があるので、活版印刷を使ってもさほど時間を節約できなかったのである。畢の発明は、まもなく骨董品になってしまった。

しかしヨーロッパの文字の場合は事情が違う。実際、もし活版印刷がアルファベットを基本とした言語で使われていたら、かつてないスピードでの大量印刷が可能になり、当然、劇的な結果になっていただろう。これが実現したのは、ヨハネス・グーテンベルクがドイツの都市マインツに印刷所を設けたときのことだった。グーテンベルクは金細工師で、金属を溶かしてさまざまな形をつくることに長けていた。活版印刷は彼自身が考案したものだったという可能性もなくはないが、おそらくは（実物か、あるいはコンセプトが）モンゴル軍が西へ進攻し、一二四二年にウィーンの門にたどり着いたときに、一緒に伝わったのだろう。いずれにしてもグーテンベルクが一五世紀中頃にこれをヨーロッパに導入したことは間違いない。しかしグーテンベルクはただ単に活版印刷を導入しただけではない。それと同じくらい重要なのは、油性インクと木版の利用と組み合わせて、工程そのものを発展させたことである。

グーテンベルクが直面した困難のひとつは、ヨーロッパの紙が、図版や文字版を刻印するよりも、硬い羽ペンで書くのに適するようにつくられていたことだった。しかし、自分の秘密の技術を外部に漏らしたくなかったので、製紙工場に新しい技術に合うような紙をつくってくれるよう頼むことはできない。したがって、グーテンベルクがヨーロッパの布でできた硬い紙にはっきりと印刷するためには、かなりの強さで刷るしかなかった。彼の印刷機は着色機でもローラーでも押印する機械でもなく、〝プレス〟、つまり圧力をかける機械だった。

ヨーロッパでは、紙の面積によって、印刷機の大きさと機能が決められた。ヨーロッパの紙は中国の紙と違って厚かったため、紙の両面に印刷されることとなり、それがすぐにヨーロッパにおける印刷本の標準となった。東アジア、中東、ヨーロッパの印刷本の違いは、印刷工がどんな紙を扱うかによって決まったのである。

基本的には、〝プレス〟も〝プリント〟もまったく新しいものというわけではなかった。数世紀前からすでに、図柄や文字を生地や服、ときには建物の壁にプリントすることもあれば、蠟や羊皮紙に個人の正式な印章を押すこともあった。プレスに関していえば、ヨーロッパのワイン醸造者は何世紀にもわたってワイン造りにプレスの技術を使ってきたし、紙づくりにおいてもできたての紙をやわらかくしたあとに圧力をかけて搾り、乾かしていた。ヨーロッパの歴史において紙への印刷が重要だったのは、プリントやプレスの技術がある日突然発明されたまたは発見されたからではなく、プリント技術が紙に適応したから、またアルファベットを使うヨーロッパ言語に適応したからだった。

活版印刷は、まさに紙の技術といえる。もしヨーロッパがベラムや羊皮紙やパピルスだけを使っていたら、そのコストのために、紙によってもたらされた影響のほんの一部も味わえなかっただろう。ベラムや羊皮紙の表面を滑らかにして吸収をよくし、次から次への印刷に適するようにするのは、さらに難しいだろう。したがってここから続く一連の出来事は、紙によってつくられた革命だといえる。

グーテンベルクは最初、教会関係の書物（そしておそらくは学校の教科書も少々）を含むさまざまな書物の印刷を試したと思われるが、なかでも最も優れた作品となったのはラテン語の聖書だった。数冊はベラムに印刷されたが、残りはアルプスのピエモンテ州から送られた紙に印刷され、まさしく素晴らしい出来栄えであった。彼が印刷した最初の聖書の何冊かは完全な状態で残っており、今日でも読むことができる。これらの聖書に使われている紙ほど丈夫な紙はどこにも見つからないだろう。

グーテンベルクの功績のうち最大のものは間違いなく活版印刷であり、彼がひとそろいのデザインの活字である「フォント」を使用したことが技術革新へとつながった。これにより、計り知れないほどの労働力と労働時間を節約できるようになった。フォントは青銅や真鍮でできた浮彫の型が先端についたパンチ（刻印器）で打った。このパンチをやわらかい金属（最初は鉛で、のちに銅）でできた小さなブロックに打ち込むことで、文字の形にくぼんだ母型がつくられた。活字を鋳造するには、母型を木製の縁のついた鉄製の型にしっかりとはめ、この鋳型に溶かした合金（普通は鉛と錫など相反する金属）を流し込む。するとすぐに固くなる。これを型から取り出せば、そのまま使用することができた。

活字は、使われるまでは活字ケースに保管されていた。ケースは上段に大文字をしまい、下段に普通の文字をしまうようになっていた。そこから〝アッパーケース（大文字）〟〝ロアーケース（小文字）〟という言葉が生まれたわけである。植字と呼ばれる工程では、植字工が印刷のために活字を集める。植字工は原稿となる文章を〝ヴィゾリウム〟と呼ばれるクリップに挟み、活字をステッキと呼ばれる長さが調節可能な手持ちのトレイに並べる。ステッキがいっぱいになると、組ゲラと呼ばれる長方形のトレイに移される。組ゲラにはできあがりのイメージと逆向きになるよう、徐々に活字が並べられた。

紙は最終的にできあがる本よりもずっと大きいので、製本工は適した寸法になるまで紙を折る。一回折れば二枚、もしくは二葉になり、これはフォリオと呼ばれる。二回折れば四枚になり、これをクオート（四つ折り版）と呼ぶ。三回折れば八枚になり、これはオクタボ（八つ折り版）。四回折れば一六枚になり、セクストデシモ（一六折り）と呼ばれる（これらの名前はラテン語の数字からとられている）。両面印刷だと、一フォリオにつき四ページ、一クオートならば八ページとなっていく）。印刷は通常、紙を折る前、紙のすべての面を埋めるゲラができてから開始された。

印刷機そのものは約一・八メートルの高さで、中心には大きなねじやま状の軸がある。そして、銅か錫でできた底の平らなブロックを、その下に置いた紙に押し付けるシステムだ。軸は木製の持ち手のついた鉄の横棒で操作する。機械の一部には版盤と呼ばれる浅い木の箱があり、そこにゲラが並べられた。

印刷機はふたりで操作した。ひとり目はインク係で、革袋に羊毛や馬毛を詰めたふたつ一組の印肉で活字を叩き、文字が常にインクで覆われているようにした（ここで選ばれたインクは、おそらくのちにオランダの巨匠の絵で使われたものと同じ、密度の濃いインクだった）。もうひとりは印刷する紙を順番に機械にはめて中央の部品を下向きに振り下ろす。次に軸のハンドルを反時計回りに回してインクのついた活字の並んだゲラをまっさらな紙に押しつけた。このようにして、ふたりの職人が一日に最高で二〇〇枚、最も進んだイタリアの印刷機なら四〇〇枚近くを印刷することができた。一四八一年版のダンテの『神曲』では、一台の印刷機で一日に一〇〇〇枚以上の印刷に成功した。一四七〇～八〇年代には、ほかにも特急で印刷された書物があった。ラテン語の聖書やその他の宗教書、アビケンナの注釈書やラテン語の詩集などだ。

ページに印刷し終えたら、紙を吊り下げて乾かしてから二つ折りにし、本の背の原型をつくる。もちろんそのあとすべてのページをまとめて製本するのだが、それはまた別の工程だ。本に装飾が施されるのも、製本の一工程である。したがって、購入者はまず印刷された（もしくは書かれた）紙を受け取り、それから別途製本を発注することになる。製本の工程では、紙の束を頑丈なベラムまたは革紐で縫う。その部分が、本の背表紙の内側となった。そしてベラムや羊皮紙のやわらかい表紙か、ボール紙という丈夫で分厚い紙の表紙をつけて綴じる。外表紙にあいた小さな穴からページをまとめて縫いつけ、革や豚の皮でカバーをつける。書名はたいてい背表紙ではなく前小口（背表紙と反対側の長細い面）に書かれた。

印刷所の設立はリスクが高く、お金がかかるベンチャービジネスだった。印刷の道具、紙、労働力、土地、流通網、ときには編集者や翻訳者も必要だった。印刷機自体は大した値段ではなく借りることもできたが、紙の価格はピンからキリまであり、たいていはその紙に印刷するのに必要な人件費と同じくらいの価格だった。（洪水や火事などを含め）数々のリスクがあり、普通は地元の市場で商売する程度だったが、それでも一四六〇年代半ば以降、最初はドイツのふたつの町で、続いてローマの近郊で、のちにヴェネツィアで、印刷所の数はどんどん増えていった。一四七〇年にトレヴィの町で印刷所がつくられ、翌年になると他の多くのイタリアの都市でも印刷所が見られるようになり、そうした流行は一四七二年まで続いた。一五世紀末までに、イタリアではドイツやフランスを上回る約八〇の町で印刷所が設立されていたが、その多くは商売としては失敗していた。先行投資が必要なので、より大きな市場で売らねばならず、また業界全体の歴史が浅い（昔の写本の生産とはまったく異なる販売モデルを要する）ということは、印刷業界の失敗率が高いことを意味していた。にもかかわらず一五五〇年までに、イタリアの著述家の八人にひとりは印刷所と出版業者を兼ねていた。印刷により、著者の声と市場の需要の距離が縮まった。もはや筆記者を介する必要はなく、また、事前に需要を測って印刷部数を決めるようになった。長い目で見ると、印刷所の登場から恩恵を受けたのは、女性と子どもであった。女性と子どもは印刷所で夫や父親を手伝うことで、本の製作過程になじみ、さらに重要なことには印刷された言葉自体になじむようになっていった。印刷所は写本室と違って家族の事業になりえたからだ。

印刷はルネサンスの産物であり、文章から生まれ、文章に魅了された時代に生まれた技術だった。読書はもはやエリートだけの遊びではなく、書物は、それほど豊かでない男たち、さらには女たちにも手の届く存在となった。人々は真実を、宗教機関に求めるのではなく、文書、特に古典の研究を通して探求するようになった。書物はラテン語やギリシア語よりもその土地の言葉で読まれ、幅広い題材が扱われた。ジェフリー・チョーサーの『カンタベリー物語』（特に一四七六〜八年のキャクストン版）とスペインの小説の原型である『ラ・セレスティーナ』（一四九九年初版）はどちらも大変よく売れた。世界の歴史に関する本も人気だった。一四九三年にラテン語とドイツ語で出版された『ニュルンベルク年代記』は、ドイツ語版が百数十回印刷され、ドイツ人修道士によって書かれた『時代の束』は一四七四年に出版されて以来、著者の存命中に少なくとも三〇刷以上が刊行された。

中世の書籍文化の大いなる恩恵を受けて中世末期にルネサンス思想が起こり、一四五〇年代に印刷が登場し、一五世紀末はヨーロッパの読者にとってわくわくする時代になった。人文主義者にとっても聖書研究者にとっても、文書は書写するだけのものではなく、研究、翻訳、現地語、そして評価の対象となったのである。ギリシア古典の優れた文献がよみがえり（そしてしばしば翻訳され）、人々が世界を読み解こうとするなかで、人間の理性が徐々に優位な地位を獲得していった。しかしこれは宗教界においても同様で、聖典の原文に改めて焦点があてられた。一四世紀のウルガタ聖書（ラテン語訳聖書）だけでなく、もともとのヘブライ語やギリシア語の聖書の研究も一層盛んになった。

こうした動きにより、長いあいだ水面下にあった「権威に対する疑問」が浮上した。原典に立ち返るというのは、権威の仲介者のみならず、教会機構そのものの正統性を示す文書を見直すことを意味していたのである。

一五二一年の夏、〝原典に帰る〟運動の意味をよく知っていたユンカー（騎士）・イェルクは、ヴァルトブルク城の小さな部屋にひとり座り、書き物をしていた。城はドイツ中心地域のアイゼナハ市の郊外にある山の尾根の支脈をたどっていったところにあり、イェルクの部屋は緑豊かなチューリンゲンの丘を見下ろしていた。一二世紀につくられ、眼下の森を見下ろすように建っている建物の一部は今日まだ残されている。

イェルク自身が（そして数世紀後にはロマン派の詩人たちが）言うほど世界から隔絶されていたわけではないが、いずれにしても、皇帝の親衛隊の手から彼を〝誘拐〟しようと企てた地方の支配者からは隠されていた。彼はまた不眠症、憂鬱、便秘、性的欲求不満にも悩まされていた。

彼は本を数冊しかもってきておらず、友人たちに宛てた手紙で「暇でしかたない」と書いている。しかしそれは「暇」というにはー風変わっていた。毎週日曜日のために説教を書き、教会生活のあらゆる場面に関する協定文、禁欲生活と修道院生活についての小論文、そして神学者の友人たちに向けて神学論争に関する意見を書いた。彼はドイツ語とラテン語を話し、ギリシア語とヘブライ語を読み、ヨーロッパ中の学術的な論争に明るかった。そして、ヴァルトブルク城で、古代ドイツ語の文章を翻訳し始めた。城に一〇か月滞在しているあいだに、本三冊分の文章を紙に書いた。彼の（ワイマール版では）一二七巻に及ぶ著述は、かつてないほどの影響力をもったが、ヨーロッパに紙の時代が訪れていなかったらそれは不可能だっただろう。

イェルクの原典への注目が最も大きな意味をもったのは、翻訳の際だろう。ヴァルトブルク滞在中、彼はのちにローマに反旗を翻す宣言となる作品に着手した。エラスムスがギリシア語原典から翻訳した一五二六年版聖書のドイツ語訳である。翻訳には一一か月しかかからなかった。チューリンゲンの丘での研究は伝説となり、そして必然的にこの場所から、彼は大陸全土に向けてメッセージを発信し始め、大陸を後戻りできない分断へと導いていくことになる。

一五二二年三月に、彼は逃亡生活を終えた。城を去り、騎士のローブも脱ぎ捨て、名前すら捨ててしまった。家に帰って地元の司祭としての仕事に戻り、公衆の目の前に再び現れ、そしてかつての名前を再び名乗った。その名は、そう、マルティン・ルターだった。

一五二二年、ルターの名は大陸全土に知れ渡った。ドイツの小さな町の司祭や教師にしては珍しいことだが、彼は教皇と同じくらい有名な、ヨーロッパで最初のメディアの寵児であった。その理由には、ドイツの政治から使徒パウロに関する著述まで、ルター自身の散文や信仰から紙の印刷物の発展までさまざまあった。しかし一六世紀前半にヨーロッパを揺るがして、分断するほどの激震の断層となったのは、彼自身の物語だった。彼は、〝普通の〟教会や〝普通の〟宗教的な言葉から得られる帰属意識をただ否定することもあれば、因習を破壊するという過激な行為に出ることもあった。そうすることで、西ヨーロッパに長く続いた宗教的、社会的秩序という書物のページを閉じたのである。それでも、この激震によって、ヨーロッパは自分たちの組織、支配者、過去と自分たち自身について問い直す準備ができたともいえる。

一四八三年、ルターは、結婚によって鉱夫から知的職業階級に入った男の子どもとして生まれた。しかし彼の子どもの頃の思い出はほとんど、乗り越えなければならない苦難ばかりだった。知性の重要さに気づいた両親は、息子の教育に力を注ぐことを決心する。だが学校では、ヨーロッパにおける学問と教育の状況が多様であることを知った。後年、彼は非常にレベルの低いラテン語を教えられたと不満を述べている。ルネサンスの影響はまだ彼の故郷の町には届いていなかった。しかし彼が紙を大いに利用できるようになるのは、ルネサンスのおかげだった。

ルターは法律を学ぶべくヨーロッパ最高峰の法学部を擁するエアフルト大学に送られた。在学中は、居酒屋と売春宿の常連客だったとのちに書いているが、やがて同時に友人たちのあいだで〝哲学者〟として知られるようになった。また彼はこの大学で、学生でも手に入れられるくらい安価に印刷された説教を読み、自分は許しを必要とする罪びとだと確信するようになったという。そして、一五〇五年のある夏、エアルフトに向かう道で雷雨のなかの稲妻が恐ろしくなり、地面に崩れ落ちて聖アンナに助けを求めて叫び、修道士になると誓ったといわれている。

父親はこれに反対した。父であるハンス・ルターにとって修道士とは怠惰な寄生動物だった。買春、飲酒をし、働かずして富を得ているといわれ、貧しい者に説教をしながら自分たちは優雅な生活を送っていたからだ。しかしルターは、修道士として過度に禁欲的な生活を送り、勉学に励んだ。それは自分の罪への許しと神との和解を求める個人的な探求でもあった。そのどちらも見つけられなかったことは、常にルターを苦しめた。その苦しみは、みずからの師から「おまえ自身の力で神と和解することはできない、それができるのはイエス・キリストの死によってのみだ」と告げられるまで続いた。師はルターに、聖書と聖アウグストの著作を読むように勧めた。

ルターの突破口は、一世紀に書かれた聖パウロからローマカトリック教会への手紙を読んでいるときに訪れた。中世の教会は独自の法律と罪びとが許しを得るための手段を開発していたが、ルターはパウロが人間はどうやってもみずからを救うことはできないと論じていることを発見した。またパウロは、救いは神の贈り物であり、よい人間に与えられる報いではないとも書いていた。

福音には、神の義が啓示されていますが、それは、初めから終わりまで信仰を通して実現されるのです。(ローマの信徒への手紙一章十七節、新共同訳)

義とは、正しいことが認められ、したがっていかなる罪にも問われない状態のことを指す。パウロは、神はイエスを通して「さかさまの宗教」を描いたと説いていた。神はエルサレムの郊外の十字架の上で、人間と神とを入れ替えたのである。イエスが人間を義としなければ、人間は義にならなかったとパウロは論じた。ルター自身もこう書いている。

あなたはその方にのみ、そして自分自身と自分のよい行ないに絶望したときにのみ、平和を見出すだろう…その方はあなたの罪をご自分のものとし、ご自分の義をあなたのものとしたのだ。[79]

のちに信仰義認〔人間は信仰によって罪を許され義とされるということ〕として知られるようになるこの教えは、数世紀にわたるヨーロッパの宗教史のなかで生まれた教義の貯蔵庫からも引っ張り出すことができたが、そちらは薄められていて、しかもほかの教えと矛盾していた。救われるために、司祭も秘跡も教皇も教会員としての地位さえもいらないのであれば、教会という機関はもはや天国と地獄の番人ではないということになるからだ。

このような問題についてローマと対立したのはルターが最初ではなかった。近いところではフランスのワルドー派の人々やイギリスのウィクリフを信奉したロラード派の人々などがいた。一四世紀のジョン・ウィクリフと同じで、ルターも広大な宗教王国の一隅にいる司祭、あるいは神学者に過ぎなかったのだ。いったいなんのためにローマにたてつき、教義や儀礼について公に反対の意を示すのか？教会がその議論を潰すか、あるいは彼を罰すれば、反抗したところで何の意味もない。ルターには兵力もなければ政治的権力もなく、取るに足らないドイツの町で働いているだけだった。名前も知られず何の引き金ももたない存在だったはずなのだ。

たったひとつを除いては。そして、ルター自身でさえもその引き金によって動き出す政治的、社会的、宗教的な地震がどのような意味をもつか、理解していなかった。

ルターの時代の文人に、北方ルネサンスを代表するデシデリウス・エラスムスがいる。エラスムスは一五一一年、ヨーロッパの宗教生活を痛烈に風刺した『愚神礼賛』を書いた。この本のなかで、彼は修道士の金とセックスへの執着、聖人崇拝、形式的な学問の重視、国家公認の教会の権力者たちさえも笑いものにした。ローマは寛大にもそれを見逃した。一五一六年、エラスムスは初期の新約聖書のギリシア語原典からラテン語新訳版をつくった。そして、公式に出回っているラテン語版における誤りを明らかにした。その前書きで、エラスムスはすべての男女が自分自身で、自分たちの言葉で聖書を読むことができる世界を構想している。「…スコットランド人やアイルランド人のみならず、トルコ人やサラセン人も」

私は農夫の誰もが畑で聖書の一節を口ずさみ、織工らが織機の杼(ひ)の打つ音に合わせて聖書の言葉を鼻歌で歌い、旅人が聖書の物語で重荷を軽くすることを願う。

エラスムスとルターには多くの共通点があり、ふたりともギリシア語に注目していた。ルターが教鞭を取ったヴィッテンベルク大学は、ギリシア語講座のある大学としてはまだヨーロッパでふたつ目の大学だった。またエラスムスのように、ルターも免罪符に反対していた。免罪符とは、世俗の人々が教会に金銭的に貢献することで、罪が帳消しにされ、死後の世界の天国と地獄のあいだにある煉獄にいる時間を短くすることができるという慣習である。徐々に形を変え、一二世紀にはローマ教会の教義に加えられた。一五一五年、教皇レオ一〇世は大勅書(命令書)を出して全免償を宣言し、すべての人は教会に寄付をしなくてはならず、そのお金はローマの大聖堂の新しい聖堂を建てるために使われるとした。レオ一〇世の野望は、ヨーロッパで最もきらびやかな教会を建てることだったが、予算管理能力がなかったため、集めたお金のほとんどをみずからの怠惰な生活に費やしてしまった。

教皇の免罪符を売っていたドミニコ会修道士のヨハン・テッツェルは、一五一七年一月、ヴィッテンベルクの近くに店を開いた。ルターは、そのときすでに数か月間にわたって免罪符の販売に異を唱える説教をしていた。彼はローマではなくむしろテッツェルのような仲介者について懸念を抱いていたが、免罪符の背後にある思想、特に救いは買ったり稼いだりできるという考え方にも反対していた。彼は司祭仲間に討議すべき議題を送った。それ自体はよくあることだったが、過激なことにマインツの大司教にも送っていた。たとえば、論題第五〇番である。彼は力強い理想を描きながらも、まだ教皇への期待を抱いていた。

教皇がもし免罪符売りの不当な取り立てを目の当りにしたら、「サン・ピエトロ大聖堂が、教皇の子羊たちの皮や肉で建てられるくらいなら、いっそのこと焼け落ちてしまったほうがよい」とお思いになるだろうと、キリスト教徒は教えられるはずだ。[80]

案の定、何も起きなかった。ルターの指摘に対する反論はひとつもなく、それから数週間でルターが受け取った反応は、沈黙のみだった。しかしヴィッテンベルクの印刷所がその沈黙を破った。こうして無許可の印刷物が出回るようになり、やがてはるか遠くにまで広まった。ルター自身も他の町にいる友人にそれを送り、ヴィッテンベルクの外の印刷業者をも刺激した。その結果、論題はヴィッテンベルクのみならずドイツじゅうで知られるようになり、数週間のうちにヨーロッパじゅうに広まった。ルターが指摘したような神学的論点は通常、神学者の興味しか引かなかったが、『九五か条の論題』は高度な神学と大衆的な宣言の中間にあるものだった。[81] この論題は、おそらくそれが個人の罪について扱っていたために、教会組織のエリート層の共感を呼んだ。

エラスムスは、一五二〇年当時、すでにラテン語版三種類とドイツ語版一種類の『九五か条の論題』が存在していたと書いている。一五二三年までにラテン語版は数回再版され、オランダ語版も登場した。一五二五年にはフランス語版とドイツ語版が出版され、二五年、二六年、二七年、二八年に一種類ずつラテン語版が出版された。スペイン語版は一五二七年に一種類と二八年に二種類が出版される。一五二九年にはラテン語版三種類とフランス語版一種類が登場した。チェコ語版も続いた。それらは大量に売れたわけではなかったが、ヨーロッパのエリート層の関心を確実につかみ、ルターは多くの人文主義学者と政治指導者たちの支持を得ることに成功した。

早くも一五一八年には、イギリスを代表する政治指導者、聖職者で人文主義者のトマス・モアが『九五か条の論題』を読んでいる（同年、エラスムスはモアに送った手紙のなかでルターの名前に言及している）。この期に及んでも教皇はまだ、ルターの修道会の司教総代理に、教師であり司教でもある若者を黙らせておくよう注意するだけで満足していた。ルターを火あぶりの刑に処すと宣言したのはテッツェルだった。すると、テッツェルの反論を印刷した紙が、ヴィッテンベルクでルターの弟子によって燃やされた。ルターは弟子の行動に反対したものの、わざわざ『九五か条の論題』に含まれる思想をさらに詳細に書き、教皇は免罪符の商売の実態を知らないのだと主張した。「もちろん撤回するつもりはない」という彼の結びの言葉はテッツェルを怒らせ、なにがなんでもルターを逮捕し、裁判にかけ、糾弾すると決意させたばかりでなく、それは教皇をも刺激した。こうしてルターは、突然嵐のなかに放り込まれ、ヨーロッパじゅうの注目の的となった。

有名になったルターが最初に紙に思いを吐き出したのは、印刷物ではなく手紙の形だった。ヨーロッパ中の学生、学者、聖職者たちがさまざまな問題に関して彼の意見を尋ねるために手紙を書いてきたからだ。印刷は民間の郵便サービスが発展し、何百マイルという距離を越えて互いに連絡を取り合うことが可能になったので、指導的な改革者やルネサンスの人文主義者はみなこのサービスを活用した（一五〇五年神聖ローマ帝国皇帝マクシミリアン一世は、帝国全土に卓越した新しい郵便システムを配備した。イタリアの都市国家では同様のシステムが一三世紀末からすでに利用されていた）。

ルターにとって、自分の意見を公に広めることは、みずからがローマ教会の正統的な慣習に反対する立場にあることを明らかにする、危険なゲームだった。アウグスブルクで質問に答え、教皇には煉獄のためにお金をもらって罪を免じる力はないと断言したときには、友人に連れ出され、こっそりと町を逃げだした。一五一九年にはライプツィヒを訪れ、インゴルシュタット大学の学長だったヨハネス・マイヤー・フォン・エックと討論した。最後のスピーチでどちらも自分が勝者だと主張したが、この討論によって、聖書は教皇よりも高い権威をもっているというルターの持論、つまり「聖書のみ(Sola scriptura)」という教義が広まった。

ルターはプロテスタントの聖人伝を書く作家たちによってたくましく、力強く、遠慮のない人物として伝えられてきたが、ライプツィヒで実際に彼に会った人物の証言によると、見た目にはほとんど骨と皮ばかりで、突然脚光を浴びた重圧に疲れ果てていたという。なかには、ルターの言葉を本来の意図とはまったく別の暴力的な形で利用しようとする者もいた。また、かつて彼を支援していたルネサンスの急進派は、自分たちにまでダメージを受けることを恐れて手を引き始めていた。ルターはいまやヨーロッパじゅうに知られる有名人であり、ローマに、あるいは聖職者に、野放しの権力に、教会税やエリート主義に対して公然と異を唱えるこの男に、大陸中の人々が信仰と野望を託し始めた。人々はルターのローマへの反論のなかにさまざまな問題を読み取ったのだった。

一五一八年と一五二六年は、ヨーロッパの宗教革命を推進した年である。その原動力となったのが、印刷されたルターの著作だ。紙を与えられたルネサンスは活版印刷の導入を後押しし、今度は宗教改革が同じ技術を援用した。さらに、印刷には革命の思想や野望と共通する部分が多くあった。

印刷するということは機械的な書き写しが減るということであり、「模倣」も減った。正確な複製を生産できるようになったという事実は、寓話より真実を探求するルネサンスと宗教革命に適していた。本の価格が下がったことは、高度な学問よりも知識の普及に寄与し、選ばれた解説者ではなく個人の読者に力を授けた。しかも聖職者よりも聖書を信仰の入り口として重んじたため、黙って受け入れるのではなく疑問を呈することが奨励された。印刷によって仲介者の存在が必要なくなったために、読者は著者の意図そのものに触れることができるようになった。印刷工は筆記者や修道士とは異なり、文章を美しく書きかえたり、注釈や再解釈を書きくわえたりすることはなかったからだ。正確であることを重視した印刷は、初期の新約聖書、ギリシア語写本に立ち戻ることへとつながり、宗教を「体験する」ことよりも「読む」ことを促した。また、町から隔離された修道院の筆写者と異なり、印刷工は都市部や市場に住んでいたため、顧客のことをよく理解していた。

読者の数も増える一方だった。書物の値段が下がったおかげで、人々は図書館に通わずとも、みずから本を購入できるようになり、読書が盛んになった。支えるには机が必要なくらい大判だった中世のコデックスに比べて寸法も小さくなったので、本は娯楽のための（または単純に寝転がっての）読書にもってこいだったというのもある。価格の低下により物理的な本の価値も下がり、〝地位の象徴〟や、〝神聖なもの〟として見られることもしだいになくなっていく。ヨーロッパで紙に印刷されるようになったために、著者は筆記者を切り捨て、本の中身は美しく高価なものではなくなった。読書は形を変え、まさに市場が主導する印刷が、ゆるぎない伝統的権威に戦いを挑んだのである（当然ながら、ローマ教会がみずからを正当化するような反応を考えだすのは容易ではなかった）。

ルターは（おそらく無意識のうちに）印刷のもつ可能性を新たな段階まで引きあげ、説教集や書籍や小冊子を次々と発行した。一五一九年には、ドイツで印刷されたドイツ語の読み物はラテン語の書籍の三分の一に過ぎなかったが、一五二一年にはその割合が逆転した。ヴィッテンベルク、ニュルンベルク、アウグスブルク、ストラスブール、ライプツィヒ、バーゼルで印刷された詠唱、漫画、説教、論文、神学作品、手紙がドイツ都市部の人々に届けられ、印刷は、宗教革命の動力となった。

特に宗教改革指導者たちの目的に合っていたのは、軽くて持ち運びやすく、隠しやすい小冊子だった。通常四つ折り版（最も小さいサイズのひとつ）で刷られ、一六ページ（もしくは三二ページ）しかない。そして何よりも値が張らなかった（マーク・エドワーズという学者の計算によると、雌鶏や一ポンド〔〇・四五三六キログラム〕の蠟や、干し草用フォークと同じ値段だった。つまり、二束三文というほど安くはないが、普通の人でも手が届く範囲内だったということだ[82]。

　ある研究によれば、宗教改革の最初の年である一五一七～一五一八年にドイツで印刷された小冊子の数は、それまでの五倍となった。一五二〇～一五二六年のあいだにドイツ国内で六〇〇〇点以上のドイツ語の論文が書かれ、六五〇万部以上が印刷された。多くが宗教改革に関する論文で、マルティン・ルターだけでも全体の五分の一、約二〇〇〇点の初版と再版を送り出した[83]。さらに、一五二〇～一五二六年のドイツにおける年間の小冊子作数は、一五一八年以前の五五倍にも跳ね上がった。一五二四年以降においても、まだ一五一八年以前の二〇倍あった。

　初期の宗教革命指導者は、ライバルである、国に認められた教会の護教論者より多くの印刷物を製作していたが、ドイツの地においてさえ、カトリックによる印刷の成功例も確かにあった。ドイツでは、カトリック教会が自分たちの見解を印刷するうえで教皇の後ろ盾がない州もあったが、ザクセン州教会はすぐに小冊子戦争に巻き込まれた。ザクセン王ゲオルグは一五一一～一五一二年にすでにザクセン州で異端者と戦うために小冊子を印刷していた。そして、ルターに対抗するために、ルターの立場を否定的に論じる（ヒエロニムス・エムザーによる）小冊子を一〇〇〇部印刷した。エムザーは一五二四年に、ドレスデンに印刷工房を設立した。

　ドイツでは、小冊子ほどの伸び率ではないにせよ本の印刷も増加し、一五一七年には年間四一六点（うち一一〇点がドイツ語）だったのが、一五二四年には一三三一点（うち一〇四九点がドイツ語）になっていた[84]。マーク・エドワーズによると、ルターの作品の印刷数は一五一八年の八七部から一五二三年には三九〇部になり、その後一五二〇年代末には二〇〇部に減った。ルターには（初版と再版を含めて）一四六五部のドイツ語の本があり、一八〇〇部以上が一五二五年に印刷された。一五三〇年までにさらに五〇〇部が印刷された。一五二六～一五四六年のあいだには、刊行したすべての本が、三回以上増刷した。エドワーズの試算によると、一五一八～一五四六年の期間で考えると、すべてのカトリックの広報官が一冊の本を発行するあいだに、ルターは五冊印刷している計算になる。ルターの反カトリック作品だけを抜き出して数えても、割合は五対三でまだルターが勝っている。[85]

では、実際に彼の作品を読んでいたのは誰なのだろう？　結局のところ、読み書きはまだ一般的ではなかった。それに、宗教改革は神学的な運動で、教授や司祭たちのあいだの論争だった（少なくともドイツ各地では領主や神学者が主導していた）。彼らの多くは聖書の権威を最も重んじ、心の底から深く信じていた。宗教改革は（逆説的だが）上から押し付けられなければ大衆の運動とはなりえなかったに違いない。大衆による運動があったときでさえ、それは広く読まれた文書を基礎とした運動とはほど遠かった。そう考えると、一六世紀の〝メディアの寵児〟という存在は、論理的に不可能であるように思える。歴史家のＡ・Ｄ・ディケンズは、歴史家たちがヨーロッパの宗教改革を説明する際、「印刷だけを原因とする説明」を簡単に信じすぎるきらいがあると揶揄したことがあった。プロテスタントの神話と聖人伝が真実を曇らせてしまったのではないだろうか？　これは、この時代を扱う歴史家たちのあいだで、過去半世紀にわたって問われ続けている疑問である。

一六世紀ドイツの正確な識字率はわからないが、国全体では五パーセント、都市部の男性では約三〇パーセント、最高でも四〇パーセントほどだと推測される（もっと高い数字を主張する研究者もいる）。[86]つまり、識字率は上昇の過程にあって、ルネサンスによって読書が流行したものの、ルターが急激な影響を与えられるほどの数の一般読者はいなかったということだ。宗教改革が大衆の宗教儀礼に大きな影響を及ぼしたのは確かだが、教養と政治に関しては、〝上から〟導入されていたのだ。

それでもなお、宗教改革以降の都市部での読書の普及を無視して、一六世紀のプロテスタント地域（およびヨーロッパの宗教に寛容な地域）における印刷の規模の大きさを説明するのは難しい。マーク・エドワーズは、控えめに見積もっても、ルターは三一〇万部の本と小冊子を世に送り出したと試算しているが、その数字にはルターによる新約聖書の翻訳は含まれていない。エドワーズはさらにドイツの他の福音主義者による二五〇万部の論文と、ローマカトリック教徒による六〇万部があると計算している。つまりドイツでは人口一二〇〇万人に対し六〇〇万部の小冊子を製作していたことになる。

ヨーロッパの印刷業者が利益を追求する事業家だったと考えれば、福音主義者がそれほど多くの印刷物を製作していたという事実は、単にローマが対策をうつのが遅かったというだけではなく、市場の需要によって発行部数が決められていたことを示唆している。一五一七～一五二四年のあいだに小冊子の印刷部数が四〇パーセント上昇したという事実から、エドワーズは、果たして識字率の高さに関する憶測は本当に正しいのだろうかという疑問を抱いた。結局のところ、ルターの重厚な本は、図書館、領主、聖職者によって（ときには大量に）購入され、小冊子はより大衆向けに非常に直接的な表現で書かれていた。さらに、再版の頻度の高さは、需要の多さを示している。

ルターの本をどれだけの人が読んだのかという正確な数字を手に入れることはできないが、出版レベルだけで考えたのでは、彼の本や小冊子が直接的、間接的に影響を与えた人々の数が過小評価されているのではないかと考える理由はいくつもある。まず、当時は二次的な読者が大勢いた。グーテンベルクが印刷術を発明する以前から、ヨーロッパでは黙読が当たり前になり、読書の習慣が広まっていたとはいえ、その後数世紀のあいだは、まだ声に出して、仕事仲間や友人、家族に読み聞かせることが、一般的に行なわれていた（実際、この慣習はヨーロッパじゅうで二〇世紀まで続いていた）。さらに、ロバート・スクリブナーによる一六世紀の読書に関する調査では、ドイツで印刷された一般大衆向けの論争集は声に出して読むことを想定して書かれていたことがわかった。というのも、夕方、仕事が終わった後に仲間で集まって読まれることが多く、ろうそくの明かりが必要だったので、誰かが朗読するというやりかたが好まれた。議論含みの文章は、日中に読むことは避けられたのだ。[87]

中世末期の集会においては現地語で歌が歌われていたが、古くからの音楽文化の影響を受けて、ルターは数々の讃美歌をつくり、一五二四年に最初のドイツ語のプロテスタント讃美歌集が出版された。彼の讃美歌はおそらく宗教そのものについて書いた文章よりもずっと大きな影響を大衆に与え、翻訳聖書という例外を除いては、彼のほかのどんな作品よりも間違いなく長いあいだ人々の宗教生活の中心にあった。一六世紀のほかの読み物と同様、讃美歌集にも集会に関する手引きが書かれていたが、人々が一字一句を読めたわけではなかっただろう。讃美歌集はほとんどの場合、単に記憶を補佐するためのものだったが、それに慣れ親しむことで読み書きの力がついた。また、音楽はルターにとって神の意に近づく機会でもあった。ルターはミサを司祭の支配から解き放ち、すでに礼拝の参加者となっていた信徒たちが、教義の内容により近づけるようにしたいと考えていた。讃美歌は喉を使って発音するドイツ語を教会のなかで使う道を切り拓き、神の言葉はより覚えやすく、直接的になっていった。ルターは、信徒たちが歌を通して聖書を学び、そこに書かれている真実を知ることができるように、ヴィッテンベルクでは歌詞と歌のパートを書いた大判印刷物も配っている。ルターの教理問答書は、聖書の教義を短く覚えやすい文章で明らかにしたもので、讃美歌集とは別の大きな影響を与えた。また、ルター派の信者の多くは教育によってよりよい市民になれると信じていた。教理問答書は、あまり読み書きの得意でない改宗者たちが読むことのできる唯一の宗教的知識の源であり、また読めなかったとしても簡単に暗記することができた。つまり、印刷は読み書きのできない人にも伝達可能だったということだ（一八世紀まで、ドイツのルター派において最も広く読まれた文書は教理問答書であり、聖書がこれを超えることはなかった）。

識字者と非識字者の普段の会話を通してルターの思想と神学が伝わったように、官僚や学校教師は宗教改革の思想を後輩や生徒たちに話して聞かせた。新聞の日曜版が登場する前、ごく普通のヨーロッパの庶民は、日曜日の教会の説教で政治や出来事についての情報を得ていた。[88] 印刷のおかげで、聖職者は政治や文化に関するより広い最新情報をヨーロッパじゅうから得られるようになった（印刷によって説教はより面白く、時事を交えたものになったといえる）。宗教革命は実に説教の復活であり、平信徒はおそらく説教壇に立つ人物の話に耳を傾けることで、初めて宗教改革の思想と司祭の朗読するルターの著作に出会ったのだろう。

印刷は芸術にも新しい可能性をもたらした。宗教改革の宣伝活動は単に文字だけではなく絵からもつくられていたので、活版印刷のみならず木版印刷も活用された。肖像画家のルーカス・クラナッハ（父）はザクセン選帝侯に仕えていたが、一五二一年に彼とメランヒトンは、憐れみ深く聖なるキリストの生涯の出来事と、欲張りで好色な教皇の生涯の出来事を比較する二枚一組の版画シリーズ作品、

『受難のキリストと反キリスト』を発行した。ルター自身もこの本は平信徒にとって良い作品だと述べている。

プロテスタントの主流派は、当初版画を破棄しなかったが、一五二〇年代には早くも聖像破壊運動が盛んになった。この組織的な破壊行為は、神の文化には、人々を別の文化の破壊や神聖なものの冒瀆へと駆り立たせる恐れがあることを示している。ルターは一五二二年のヴィッテンベルクにおける破壊的な暴動を容認しなかったが、宗教改革派の聖像破壊運動は単なる物理的な偶像に対する反対では終わらなかった。それは人々の生き方にまで影響を与え、より広い芸術全般への極端な不信感をプロテスタントにもたらした。聖像破壊運動は、ほかの形でも紙と結びついた。

石やステンドグラスに宗教的な物語が刻まれた伝統的なゴシック様式の大聖堂の役割は、当然ながら、平信徒が聖書を読むようになったことで変わっていった。プロテスタントの聖像破壊運動は、識字率の向上と結びついていた。特に現地語に翻訳された聖書がますます手に取られるようになったことにより、人々は聖像やローマ教会の儀礼から離れて、紙に書かれた聖書の言葉に目を向けるようになった。聖書をすべての人に行きわたらせるということは、すなわち、紙に書かれた言葉という媒体を通してすべての人が理解できるようになることを意味する。新しい秩序のもとで、儀礼、階級制度、感覚的な体験は必然的に重視されなくなった。したがって、紙がほかの宗教や制度を退ける切り札となったのと同じように、識字は宗教改革の成功にとって欠かせないものであった。

読書革命が一六世紀のヨーロッパに変化を起こさなかったという説は、〝識字〟の概念ですら誤解を招く可能性があることを考慮に入れていない。識字とは、通常読むことと書くことの両方の能力を意味する。ルターの印刷物の読者に求められたのは、このふたつのごく単純な技能であることは明らかであり、その能力が上級者レベルである必要はなかった。ドイツのある町で一六世紀に見られた広告に、「正しい読み方を教えます」というものがあったが、まったく文字の読めない市民がどうやってこの広告を理解できたのだろうか？　「読み書きのできない」といわれていた町の人々の多くも、アルファベットの文字を認識し、初歩レベルの一般的な読み書き能力をもっていたと考えられる。

ルターの小冊子は、読み書きが少ししかできないために家族や友人に聞きながら読む人々や、難しい言葉を飛ばしながらゆっくりと読む人々などでも読みやすい形でつくられていた。結局のところ、識字とはゼロか百かという類のものではないのである。印刷は、普通の人々にとって文字と言葉を格段に読みやすいものにして標準化を促した。ルネサンスを経て、本や小冊子はすでにありふれた存在になっていたが、宗教改革派がさらにその後押しをした。結果的に、書籍が都市の風景に欠かせないものとなり、その内容（および文字）は、当然ながらより身近なものとなっていった。

仮に、一五一〇～二〇年代にドイツ各地で印刷されていた小論文や議論を読んでいたのが人口のたった五パーセントだったとしても、かつてはエリート層のみが読者だったことを考えれば、読者は劇的に拡大したといえる。しかも、確実に五パーセントより多くの人が読んでおり、さらに多くの人がこれらの印刷物の内容を二次的に聞いていたはずだ（そして文章に挿入されていた絵を見ていた）。一六世紀のドイツで印刷革命が起こっていたまさにそのとき、数世紀にわたって続くことになる大陸最大のイデオロギー論争が起こっていた。ふたつの勢いが重なったのは単なる偶然ではない。

ルターが大きな変革を起こしたふたつの論文、『キリスト教界の改善に関してドイツのキリスト者貴族に与える書』と『教会のバビロン虜囚について』を出版したのは一五二〇年だった。ひとつめの論文は大胆にもこう始まる。

沈黙のときは過ぎ去った。

続く文章は、冒頭以上に劇的だった。ルターは中世の秩序を逆転させて、（現代のヨーロッパで受け入れられているように）世俗の権威を宗教的権威の上に置き、ドイツ国家主義者と反ローマの風潮にとって有利になるようにした。これは使徒パウロのローマの信徒への手紙における教えに沿ったものので、地殻変動ともいえる変革をもたらしたが、同時に国教会［国に認められた教会］にとってはきわめて攻撃的な内容だった。ルターはこの論文のなかで、聖職者は平信徒の上に位置するものではなく、道徳的に勝っているとはいえないと主張した。つまり、二重に階級制度を否定したことになる。すべてのキリスト教徒が司祭であり、聖職者は平信徒と異なる政治的権利も神の真理に対する独占も有さない。だから、聖職者も国家の法律に従わねばならず、市民は自分自身で聖書を読まねばならないのだ。

ふたつ目の論文『教会のバビロン虜囚について』も、負けず劣らず容赦なかった。もしこれが数十年早く書かれていたなら、これほどまでに人心を惹きつけなかったかもしれない。なんらかの忠告か公式な制裁を受けたかもしれないが、広く注目を浴びることはなかっただろう。いまにして思えば、ローマカトリック教会が、活版印刷がヨーロッパの一般社会にもたらした変化を過小評価したのは、明らかに間違いであった。印刷された言葉を媒体とする、人気者のルターに対して厳しくすることは、彼の人気に油を注ぐだけだった。ローマはもうこれ以上ルターとの戦いを内密に、それまでのような不公平な条件で続けることはできなかったのである。彼を公に訴追するということは、やっかいなドイツ人司祭を、一躍ヨーロッパの著名人に押し上げ、誰もが平等に所有する媒体を通じて正面から対峙することを意味していた。ルターの印刷物に対するローマの反応は、ルターに、彼自身の力だけでは手にすることができなかったであろう名声をもたらしたのである。

神学論争のなかでも、最も重要なものは聖体拝領に関する論争だった。『教会のバビロン虜囚について』のなかで、ルターはローマが七つの秘跡によって、神の民に足かせをして奴隷にし、司祭職が平信徒に恩寵を与える仲介者となったと論じた。そのうちの三つの秘跡についてはルターも受け入れている。彼の矛先は、主に聖体拝領に向けられた。聖体拝領は、平信徒から遠く離れたところで司祭が執り行なう儀式ではなかった。一般市民や女性の多くは、ラテン語で語られていることや歌われている内容を理解できなかったかもしれないが、聖体拝領を経験することはできた。パンを食べ、お香を嗅ぎ、儀式が行なわれている教会のなかを歩き、近所の人に会い、そしてなによりもただのパンとブドウ酒がイエス・キリストの肉と血になるという奇跡的な変化を目の当たりにする。聖体拝領は中世の教会生活にとって最高の奇跡だった。

けれどもパンとブドウ酒が実際にはなんら形を変えていないのに、奇跡を説明するのは難しい。ローマ教会はパンとブドウ酒の変質が感知されない説明として、アリストテレスの〝実体〟と〝偶有性〟の相違に関する理論を復活させた。一一世紀には、この科学のパズルの答えとして〝変質〟という言葉が使われるようになり、一二一五年の第四ラテラノ公会議において、ローマ教会はこれを正式に認めた。

初期のキリスト教信者は、福音書に描かれているように、円卓を囲んでパンとブドウ酒を分かち合っていた。しかし神への畏敬の念のためか、あるいはキリスト教以前の宗教の影響のためか、台所と食卓が次第に供物をささげる石の祭壇に変わり、パンとブドウ酒そのものの威信は高まっていった。正式な教義では、聖体拝領が行なわれるとき、キリストは列席の信者のためにもう一度犠牲になるとされている。ルターはこれに反論し、こうした行為は、キリストが十字架の上でささげた「ひとりは万人のため」の犠牲を損なうものであると論じた。そしてアリストテレスの〝実体〟と〝偶有性〟の理論の援用を「言葉でごまかそうとしている」と批判し、この儀式のもつ力を司祭の動作にゆだねるのではなく信者の信仰のなかに求めた。この聖体拝領の教義の例においても、ルターは他の分野と同様に「聖書のみ」と「信仰義認」というふたつの原理を適用した。しかしそうすることで、彼はキリスト教の権威の中枢に打撃を与えた。そして一五二一年に事態が重大な局面を迎えたとき、彼はまさにこの権威の重みと向き合わなくてはならなかった。そしてそれを受けて、西洋キリスト教社会はひとつの宗教体として終焉を迎えることとなった。

一五二〇年に教皇の大勅書「エクスルゲ・ドミネ」(主よ、立ってください)が発令され、ルターは四一の異端行為を訴えられ、著書を焼くように命じられた。ルターの返事は、彼自身の手で教皇の本を焼き、大勅書を火に投げ入れることで示された。一五二一年一月、教皇はルターの破門を宣言したが、皇帝カール五世は身柄を受け渡す前にヴォルムス国会にてルターに審問する義務があると考えた。すぐに処罰される可能性もあるが、されないという期待もある。そのジレンマが重圧となってルターにのしかかった。ドイツの古（いにしえ）の神話と結び付けられたルターの肖像の印刷によって愛国心をかきたてられた多くのドイツ人は、ルターの愛国主義と思われるものを賞賛した。彼のことを、中世の伝統的な教義に神が下した天罰と表現する人文主義の学者もいた。さらにルターは広く蔓延する精神的な不満と希望のはけ口、あるいは象徴となった。一五二〇年にはすでに、人文主義学者のゲオルク・シュパラティンが、フランクフルト・ブック・フェア（グーテンベルクの発明の結果生まれた、現代も続く世界最大の書籍取引のフェア）において、友人のマルティン・ルターの作品ほどたくさん買われ、熱心に読まれた作品はなかったと書いている。一五二一年四月一六日、ルターがヴォルムスに到着したとき、群衆は道端に列をなして彼に声援を送った。当時まだ三七歳だったルターは、それまでの自分の人生に訪れた数々の転機を不思議に思わずにはいられなかっただろう。

　だが、審問そのものが異例ずくめだった。著作を撤回するように求められたルターは、まずは一日考える時間が欲しいと要求する。それは認められ、翌日、同意するか拒否するかを告げることになった。ところが、もっと自由に話すことが許されたので、ルターは皇帝に、教皇かルターかどちらかの味方をすべきだと訴えた。聖書と「単純な道理」こそが彼が従う権威であり、教皇とその顧問は往々にして信用できない。ルターは、自分が書いたことを撤回して自分の良心に背くことはできない、と拒否した。ルターの身柄は、教会側に引き渡されるかと思われた。ところが、ザクセン州のフリードリヒ選帝侯がルターを誘拐してヴァルトブルク城にかくまい、そこで彼は騎士イェルクを名乗ることになったのだ。

ルターには騎士らしいところはまるでなく、一度狩りを試みたものの失敗に終わった。この一〇か月間の亡命生活で成し遂げたのが、新約聖書のドイツ語訳だ。それがドイツ人の生活に及ぼした影響は、どんなに強調してもし過ぎることはないだろう。印刷の力を借りれば、地の果てまで真実の信仰を広めることができる。ルターは印刷とは神がこの世に与えた恵みであると考えた。これは、驚くほど先見の明のある考えであったといえよう。今日、聖書は世界中の二〇〇〇以上の言葉で読まれているが、翻訳の口火を切ったのはルターのドイツ語版聖書の出版だった。ルター以前にもいくつかのドイツ語訳が存在していたが、すべてウルガタ聖書からの翻訳で、ラテン語的な表現を多くとどめていたため、簡単に読めるものはひとつもなかった。ところがルターの聖書は彼の存命中に、(部分的に、あるいは全編が) 四〇〇回以上も再版されたのだった。

ルターは翻訳に精を出した。新約聖書はほぼ暗記し、ドイツ語の小論文、専門書、説教を次々と書いていた。ギリシア語で書かれた教えを、彼の母国語である「野蛮な」言葉に訳すのはとてつもなく難しいと、愚痴を漏らしたという。そこで彼は、新約聖書の物語を、自分の性格を反映したエネルギーと味わいと活気にあふれる散文で表現するという解決策を見出した。そうして出来上がった散文は非常に魅力的で、ドイツ文学に非常に大きな影響を及ぼした。それはまるでルター自身がドイツ語で福音に命を吹き込んで、初めて直接読者に説いているかのようだった。翻訳はたった三か月で完成した。

ヨーロッパにおいて、聖書は本のなかの本である。約千年のあいだ、聖職者たちが聖書を論じてきた一方で、平信徒はそれを手にすることができなかった。まれに聖書に触れる機会のあった人でも翻訳版は本の数が限られていたため、読むことができるのは学者のみで、しかも注釈だらけだったので、結局ラテン語で読まねばならなかった。だが、いまや多くのひとが自分の読みたい本を買い、理解して楽しめる散文を読むことが可能になった。神の印刷物が豊富に供給されたことでキリスト教は新しい読者を獲得し、各地に浸透することができた。

ドイツ語版の新約聖書において、ルターは自身の注釈を加えた。その多くはドイツ語にうまく訳せない神学用語を解説したり、ラテン語訳のなかで失われていたギリシア語やヘブライ語の本来の意味を取り戻すためのものだった。しかし、なかには風刺的な絵や傍注を使って教皇とその顧問を批判するあからさまなプロパガンダもあり、その多くは教皇を反キリスト者と呼んでいた。実際、ローマの手から宗教に関する出版の支配権を奪っておきながら、ほかのすべてのことも支配しようとしたところに、ルターの弱点があった。再洗礼派とスピリチュアリスト教会がこの新しい印刷という場を自分たちの思想のために使い始めたとき、ルターはヨーロッパ各地でプロテスタントが分派していくことは避けられないと予見し、聖書が誰かの解釈の犠牲になるがままにしておくわけにはいかないと決心した。手引きが必要ではないかという心配は理解できるが、聖書に解釈者が必要か否かについてはどうだろうか。ルターは最後までこの問題を解決することができなかった。

いずれにしても、少なくとも彼が現地語の聖書を平信徒に届けたことは確かであり、彼の注釈をどう判断するかは読者の手にゆだねられた。これは疑う余地のない革命であり、大きなうねりとなったことは売上高を見れば明らかだった。紙の歴史のなかで、一冊の本がこれほどまでに即座に読者を引きつけた例はほかにない。『九月聖書』として知られるルター聖書の初版は、それまでに前例のない三〇〇〇部が印刷された。初版本はすぐに売り切れ、一二月にはルターが大きく編集の手を加えた二刷が刷られた。それを完全に再現したものが、同年バーゼルで出版されている。

この時点では、新約聖書はフォリオ（二つ折り）の形態だった。つまり高価で、読むためには机が必要なサイズだった。個人にせよ組織にせよ、富裕層に売られるものだった。しかし一五二三年には、一一～一二刷の重版が出ており、フォリオと同じくらいのクオート版も出ていた。クオートはフォリオの半分の大きさで、より安価だった。翻訳聖書の出版がピークに達した一五二四年には、さらに二〇刷が出版され、そのほとんどがクオート版のさらに半分の大きさのオクタボ版だった。もとの紙の大きさにもよるが、オクタボ版は、縦二〇センチメートル、横一五センチメートルほどの大きさである。一五二二年九月から一五二五年末までのあいだに、少なく見積もっても八万五〇〇〇部以上が印刷された。聖書は一般大衆市場に合わせて形を変え、市場での人気が高いことは、印刷所の再版への投資に如実に表れていた。そして新しい読者を求めて、聖書はどんどん小さくなっていった。

ルターと対立する人々は、神の印刷物がもたらす脅威をすぐに察知した。カトリックのヨハン・コホラエウス博士は、印刷がルターの成功を促進しており、彼の著書が発行禁止になっている地域でも、検査官が印刷所に次の検査日程を事前に教えてしまっていると訴えた。仕立屋も靴屋も女も無知な者もドイツ語が読めるように勉強をし、ときには司祭や修道僧や博士の下で学んでいる、とコホラエウスは失望感を表した。一五二九年、ザクセン公ゲオルグ（ルターの保護者である選帝侯フリードリヒのいとこ）は「何千冊もの」新約聖書の翻訳が人々を不服従へと駆り立てていると嘆いている。

しかし新たな需要に応える速さでつくることのできる紙の本の手軽さには、問題もあった。一五二二年、ヴィッテンベルクの外では、八七種類のドイツ語版新約聖書がルターの許可を得ないまま印刷された。どれも、彼自身の翻訳を粗悪にしたテキストだった。ある試算によると、一五二二～一五三〇年のあいだに、ルターが認定した聖書の四倍の数の無認可版が出版されたという。一五二四年には、クラナッハ工房によってデザインされた〝ルターのバラ〟の紋章を認可の印としたが、〝著作権〟問題は収まらなかった。翌年には、ルターは自分でも自身の本の見分けがつかないと苦言を呈した（印刷が盛んになったものの、有効な著作権法が存在しないなか、不正確な情報が蔓延するという弊害が起こった）。

生産部数の急激な増加によって、書籍の品質は危機に陥る。早くも一五二一年に、ルターは、印刷工房の無秩序な状態や職人の不注意に始まり、使用されている活字フォントの汚さや紙そのものの品質の低さにいたるまで、素人っぽい印刷方法について嘆いている。技術のない職人、ずさんな管理、急激に高まる需要、すべてが正確な印刷を妨げていた。さらにはヨーロッパ全域で検査方針が統一されていなかったため、印刷業者は頻繁に閉鎖しては再開し、結果として健全な営業の発展が妨げられた。一六世紀の印刷工房は、原文を忠実に再現するための理想的な環境からはほど遠かった。

けれども検閲、（今日でいうところの）知的財産の盗用、粗悪品の横行、など数々の問題にもめげず、ルターの新約聖書は数え切れないほどの読者の手に届いた。彼は小冊子や手紙も、ほとばしるように書き続けた。一五三一年に書いた一通の手紙で、ルターは旧約聖書のレビ記のなかの二節の意味に関する奇妙な論争に加わることになる。この論争は、のちにヨーロッパで最も力のある王の一人をローマ教会と決裂させることになり、ルターによって始まった紙の趨勢にますます弾みをつけた。

第一四章　ヨーロッパを翻訳する

私のなかには、主題も、誰に向けて書くかも決まっていないのに、書きたいという奇妙な欲求がある。休息や睡眠よりも私に喜びを与えてくれるペンと紙とインクへの飽くなき欲求である。つまり、書いていないと私はつらくなり、弱っていくのだ。

フランチェスコ・ペトラルカ

ルターとイギリス王ヘンリー八世は、すでに互いの意見について書簡を交わしていたが、決して友好的なやりとりではなかった。一五二〇年、ルターは『教会のバビロン虜囚について』のなかで、教会による七つの秘跡の利用を批判し、司祭職は救済の手段にはなりえないと説いた。ヘンリー八世はみずからが書いた小論文で、ルターの主張に応えた。顧問のトマス・モア卿の助けを借り、ヘンリーは『七つの秘跡の擁護』を著す。すると、教皇はヘンリーの忠誠心に対して、「信仰の擁護者」の称号を与えた。ルターはヘンリーの擁護に厳しく反論した。

ヴィッテンベルクの司祭マルティン・ルターは、神の恵みにより……
イギリス王ヘンリーは、神の名を汚し……

にもかかわらず、ヘンリーはのちに、最初の妻であるアラゴンのキャサリンと離婚するためにルターを頼った。おそらく、聖体拝領の教義に関しては、自身が主張するほど悩まされていたわけではなかっただろう。彼がミサで使っていた書物には、いまだに儀式の最中にアン・ブーリンを誘惑しようと書き込んだメッセージが残っている。一方聖書には、ヘンリーにキャサリンと離婚してアンと結婚する手段を与えてくれる可能性があった。旧約聖書のレビ記には、男は兄弟の妻と結婚してはならないという記述があったが、キャサリンは以前ヘンリーの兄と結婚していたのだ。ヘンリーはこの教えを利用して、最初の結婚を無効にしようとしていた。

一五二八年、王は自分のケースに関連する本を約一〇〇冊集め、そのうち三七冊を王の図書館のために選んだ。彼は自身の図書館を、美しい写本の展示室から法律家や神学者が彼の結婚破棄を助けるための研究用図書館に変えてしまった。

イギリスでは、この種の図書館が一般的になりつつあった。一六世紀前半には国内に少なくとも二四四の重要な図書館があったが、その約半数は私立図書館だった。一五三五年の時点でリッチモンドの王宮図書館には一五〇冊の蔵書しかなかったが、その一〇年後、政治と教会の中枢であるウェストミンスター宮殿の上院図書館には一四五〇冊の本があったと記録されている（オックスフォード大学には一四世紀に、ケンブリッジ大学には一五世紀に、いずれも小さな図書館が設置されてその後拡大していったが、ケンブリッジの場合、顕著に発展し始めたのは一六世紀に入ってからのことだった)。それでも、一六世紀中頃までのイギリスの図書館は、蔵書数に限りがあった。かたやパリ郊外のフォンテーヌブローの王立図書館には三〇〇〇冊の蔵書があった。

ローマ教会に結婚の破棄を認めてもらえなかったヘンリーは、代わりに後ろ盾になってくれるようルターに頼んだ。はたしてヘンリーの予測どおり、司祭ルターは聖書に答えを求めた。しかしその答えは期待とは違っていた。ルターは、ヘンリーは不遜で矛盾した、自己主張ばかりする人間だと見ていた。教皇からもルターからも求めていた保証が得られなかったため、ヘンリーは一五三三年、教皇のもつ「聖書と矛盾することができる権利」を否定し、翌年に国王至上法を発して、イギリスのローマカトリック教会との決別を宣言した。そして政治と同様に印刷が、イギリス社会全体にわたってこの流れに弾みをつけていった。

一五二〇年代から三〇年代のヨーロッパで、何よりも印刷の隆盛を促したのは宗教だった。イギリスの宗教改革主義者たち――ウィリアム・ティンダル、ロバート・バーンズ、トマス・クランマー――はみなルター派であり、なかにはルター本人と交流がある者もいる。一五世紀末、多くのイギリスの学者が、大陸、特にフィレンツェを訪れ、ギリシア語を学び、最新の本と翻訳本を自分たちの本棚へと持ち帰り、新しい読書の形を導入した。ジョン・コレットなどの初期の宗教的人文主義者には、聖書の原文に立ち戻ることを重視する人々もいたが、彼らもかなり保守的であることには変わらなかった。しかし一五二〇~三〇年代の改革主義者たちは、国教会は堕落して、学術研究のための機関ではなくなっているので、聖書に書かれていることを否定する根本的に間違った教義は改めなければばならないと考えていた。この信念は、彼らをますます、ローマ教会との危険な衝突へと導いていくことになる。

ウィリアム・ティンダルは、伝統的にウィクリフ・ロラードを熱心に信奉し、羊毛の取引を通してヨーロッパとの強いつながりのあるコッツウォルズの裕福な家庭に育った。一五一五年に、オックスフォード大学で文学の勉強を始め、七か国語をまるで母国語のように話すことができたので、数人の大陸からの友人とともに大学において目立った存在だった。彼は、おそらく司祭になる訓練をしていたためか、あるいは説教の準備をする際にラテン語ウルガタ聖書よりも新約聖書のギリシア語原典を用いていたためか、オックスフォードで伝道者として知られるようになる。また在学中に、聖書がローマ教会のレンズを通した解釈の支配下に置かれていることに、真っ向から反対した。一五三一年には厳しい語調でこう書いている。

われらの聖なる父はその神意によって聖書の権威を証明する。聖書は真正なものではないが、神意はそれを認めるからである。

ティンダルは一五一七年に移り住んだケンブリッジで、トマス・クランマー、マイルズ・カバデール、ヒュー・ラティマーら将来の宗教改革派と出会った。ケンブリッジではオックスフォードよりも公然と、神学者のあいだでルター主義の思想が語られていたが、それでもティンダルの研究を脅威ととらえる人々もいた。この地方のプロテスタントの歴史家リチャード・ウェッブが調べたところによると、ティンダルが大学を卒業した後の一五五一〜三年に個人教諭として働いていたグロスターシャーでは、モーセの戒律がいくつあるか知らなかった聖職者が九人、聖書のどこを読めばそれがわかるかがわからなかった聖職者が三三名いたという（なかにはマタイによる福音書と答えた者もいた）。また一六八名が十戒を暗唱できず、一〇名が使徒信条をさえ暗唱できず、二一六人がその論拠を述べることができなかった。彼らの多くは、「ローマ教会と国王を信頼し、正しいと考えていた」と主張した。さらには、三九名が聖書のどこに主の祈りが書かれているか見つけられず、三四人は誰がその祈りを唱えたのかすら知らず、一〇名が暗唱できなかった。

平信徒に関しては、聖書どころかラテン語を読むこともできなかったので、状況はさらにひどかった。何世紀にもわたって、ラテン語は西欧の教会生活で唯一認められた言語だった。もしも親が子に主の祈りを英語で教えたなら、それだけで厳しく罰せられる危険が常にあった。ティンダルは誰よりもこの問題を真剣にとらえ、ある司祭に対して自分が目指しているのは「鍬で畑を耕す少年」が司祭よりも詳しく聖書について知るようになることだといっている。当時、教会に通う信徒が手に入れられたものは、福音書の内容が選ばれてつぎはぎにされたものであり、福音書そのものの内容はほとんど扱われず、物語は引き延ばされて新たな語り口が加えられていた。一四世紀のウィクリフによる聖書の翻訳は、難解な中英語で書かれており、上級司祭は聖書そのものを平信徒の手に渡すことに関心がなかった。ティンダルは、ロンドンでもイギリス全土においても、翻訳計画への公式な出資者を見つけることができなかったと英語聖書の序文に書いている。

聖書の英訳に消極的だった理由のひとつは、教会支配層がルターの影響を恐れていたことにあった。一五二〇年にはルター派の書籍や小論文が海外からロンドンに押し寄せ、一五二三年にロンドンに移り住んだティンダルも間違いなくそれを読んでいただろう。ルター派の専門書店まであったほどだ。ロンドンの主教、カスバート・タンストールは、トマス・モア卿に「ルター派の異端者、ウィクリフの養女に注意するように」と書いた。公的に禁止され政府によってすぐに一斉検挙が行なわれたが、古きロラード派のネットワークにより、ルター派の作品が広まった。織工、仕立て屋、あらゆる商人が徐々に読書階層に加わり、ルターの作品を読みたがったのである。多くの商人が自国語の聖書を所有し、読み、聞いたことで罪に問われた。火あぶりの刑に処された者もいた。

ティンダルは一五二四年にドイツに渡り、ハンブルクで一年過ごしたのちケルンを訪れる。そこで印刷業者のピーター・クエンテルに出会ったことで、ティンダルの英語新約聖書が実現する。しかし、マタイによる福音書の第二二章に取り組んでいたとき、ひとりの印刷工が酔っ払って自慢話をしたことから、当局が印刷所に目をつけ、ティンダルの逮捕命令が発令される。彼は同行の友人とともに、作品をもったままライン川をさかのぼってヴォルムスまで逃げた。クオート版で印刷されたティンダルの新約聖書の始まりには、聖マタイがペンをインク壺に浸している絵が描かれている。ティンダルは待ちに待った印刷がようやく一歩前へ進んだと感じていただろう。大部分をルターから盗用した序文は、最初のイギリス・プロテスタント革命の小論文として、イギリス国内で出回り始めた。

マルティン・ルターが不名誉な弁護の演説をしたちょうど五年前にあたる一五二六年、ヴォルムスで、ティンダルの英語新約聖書の全編が、一ページずつ印刷機で刷られた。縮小されたオクタボ版で、シンプルな活字が使われ、三〇〇〇～六〇〇〇部が印刷された。一五三四年には、五〇〇〇か所以上の修正が加えられた改訂版が出版される。今回は、木版印刷による美しい装飾画も含まれていた。ティンダルは、一五三四年版で初めて自分の名前を出し、その序文で、仲間のジョージ・ジョイが匿名で出した、下手な（そしてゲリラ的な）編集版が存在していることについて、読者に注意喚起している。ティンダルはのちにジョイが行なったことは、まるでキツネがアナグマの巣に小便をかけたようなものだといった。アントワープでも海賊版がいくつか出版された。

　ティンダルの書く英語の美しさは、その明瞭さにあった。ティンダルは、書き言葉に新しい言葉、語順、語句をもたらし、その語は世界中の英語を話す人々の習慣として深く根付くこととなった。言葉の選び方には際立ったものがあり、彼の言葉は五世紀たった今日でもなお、英語を母国語とする人々の意識に宿っている。「贖罪の山羊」（身代わりの意）、「私は弟の番人でしょうか」［弟アベルを殺したカインが弟の居場所を聞かれて答えた言葉。転じて「自分の知ったことではない」の意］、「自分自身が法律であるかのようにふるまう」［ローマの信徒への手紙の一節より。転じて「好き勝手に行動する」の意］、「人はパンのみにて生きるにあらず」、「二君に仕えることはできない」［いずれもマタイによる福音書、ルカによる福音書より］、「求めよ、さらば与えられん」、「羊飼いのいない羊の群れ」［マタイによる福音書などより。「烏合の衆」の意］、「神が禁じたまわんことを」（そんなことがあるはずない）、「時代の趨勢」［マタイによる福音書より］、「心は燃えても」［マタイによる福音書より、「やる気があっても実行できない」の意］「信仰を貫いて立派に戦いぬく」［テモテへの手紙より］。直接的で口語的な表現も多く、たとえばヘビがイヴにエデンの園の果物を食べるようにいうところは、こんなふうだった。

　ヘビは女にいった「チッ、死にはしないさ」

ティンダルが最も大切にしていたのは、明瞭であることだった。使徒パウロの教え、ヨーロッパの宗教改革の根幹、それに福音書は、一般の読者に理解してもらう必要があった。そのために、一般的に話されている英語で読者に伝えようとしたのである。

しかし、当然ながらまだこの時点ではイギリスの読者には届いていなかった。ティンダルも、彼の新約聖書もまだヴォルムスにとどまっていた。新約聖書は、ちょうどいい具合に小さめのオクタボ版だった。サイズに合わせて最低限の長さの序文しか掲載されていなかったが、ティンダルがパウロ的視点を述べるには十分な長さといえた。それはつまり、救いへの道は行ないではなく、悔い改めと信仰のなかにあるという主張である。信仰による義認のみがイギリスを、そして英語聖書を導いていた。それは単純で心を打つ語句で構成され、紙に印刷されてポケットに入れて持ち運びできるくらい小さく製本された聖書だった。

一五二六年三月、英語の新約聖書がイギリスに勢いよく流れ込んだが、すぐさま禁止され、ルターの本もロンドンの公衆の前で燃やされた。それでも英語版新約聖書は、油やワインの樽、穀物や粉や小麦の袋に潜り込ませたり、家具の隠れた空間に忍ばせたりして密輸された。歴史家のダイアメイド・マカロックは、ティンダルの存命中に一万六〇〇〇部の英訳新約聖書がイギリスに渡ったと推定している。当時イギリスの人口は二五〇万人だったが、書籍市場はまだ原始的な段階にあった。[89] 焼かれる本もあれば、読まれる本もあった。今日まで残されている手垢のついた書籍から判断すると、おそらく多くの本が共同で読まれ、ぼろぼろになるまで読み継がれたと思われる。ティンダルはごく普通の農民の少年にこれを届けたいと思っていたが、早くも一五三七年、ヘレフォードの司教エドワード・フォックスは、イギリスの聖職者たちに次のように注意を呼びかけた。

世界の笑い者にならないように気をつけたまえ。光はあふれ、雲をすべて蹴散らしている。俗世の人々のほうが我々より聖書のことをよく知っているのだ。

一五二九年、トマス・モア卿の監督のもと、プロテスタントの疑いがある者を監視し取り調べるという形で、迫害が始まった。特に出版業者と販売業者が標的となり、在庫品はプロテスタント関連の書物や英語の聖書ではないかと疑われた。こうしてティンダルとモアのあいだで、印刷された言葉の戦争が始まった。しかしティンダルにとって一番大きな打撃となったのは、一五二七年に始まった焚書だった。ロンドンの司教カスバート・タンストールが、ティンダルの新約聖書には三〇〇〇か所もの間違いがあるとして燃やしたのだ。神の言葉まで燃やしてしまったのだから、これはカトリック教会にとっても由々しき事態だった。

教会の支配層から追われたティンダルは再び大陸に渡り、ヘブライ語を学んで、ルターのドイツ語訳も参考にしながら旧約聖書の翻訳に取りかかった。その間、ハンブルク、アントワープ、ケルン、あるいはフランクフルトに住んでいたかもしれない。ルターとすぐ会うことができるヴィッテンベルクに滞在していた可能性もある。ヴィッテンベルクはヨーロッパの宗教革命の心臓部だっただけでなく、自由な思想の中心地でもあったのだ。ウィリアム・シェイクスピアの悲劇に登場するハムレットは、友人のホレイショ、ローゼンクランツ、ギルデンスターンらとともに、ヴィッテンベルク大学（一五〇二年創立）に通っていた。クリストファー・マーロウの戯曲に出てくるフォースタス博士も、この町の住民だった。ティンダルがどこにいたとしてもそれはルター主義の中核地であり、一五二〇年代ヨーロッパの新しい思想のるつぼであったことは間違いない。

一五三二年、トマス・モアは一七冊の異端の書についての批判を書いた。そのなかにはティンダルの新約聖書と、宗教革命において最も重要な聖書関連書であるパウロのローマの信徒への手紙に寄せた序文も含まれていた。一五三〇年にはティンダルの著書『高位聖職者の慣行』（その内容には聖職者と国教会への批判が多く含まれていた）が、イギリス国内で三〇〇〇部出回っていると報告された[90]。解説の小論文もその後の二年間に出版された。ティンダルは母国の有名人になっていた。

一五三〇年、イギリスに新しいポケットサイズの紙製品が届く。ローマン体活字で印刷されたモーセ五書、つまり旧約聖書の最初の五書の、ティンダルによる翻訳本だった。ラテン語のウルガタ聖書から訳したウィクリフ版と違い、ティンダルはヘブライ語から直接翻訳した。ウィクリフが中世に「光よつくられよ、と神はいわれた。こうして光がつくられた」と訳したところを、ティンダルは次のように書いた。

神はいわれた「光あれ」こうして光があった。

ユニバーシティ・カレッジ・ロンドンのシェイクスピア研究所長でティンダルの伝記を書いたデイ

ビッド・ダニエルは、「過越の祭り」といった単語から「光あれ」のような句、語順のパターンや物語を語る技術まで、ティンダルのヘブライ語からの翻訳が英語にもたらした影響を指摘している。ティンダル自身はヘブライ語の英訳はラテン語より「はるかによい」と書いており、ひとつひとつの言葉を単純に訳すだけで、すらすらと読める訳文ができあがる、と語った。[91]

ティンダルはヨシュア記、士師記、ルツ記、列王記、ヨナ書と、旧約聖書の翻訳を続けた。彼の英語の感覚とヘブライ語の理解が相まって、その翻訳は特別なものとなる。一五三五年、ティンダルが雇ったヘンリー・フィリップという男が彼をだまし、アントワープの隠れ家からおびきだして当局に引き渡しさえしなければ、詩篇はその最高峰になっていただろう。フィリップが誰の下で働いていたのかはわかっていないが、ティンダルは異端の罪に問われ、ブリュッセル郊外のビルボールデの町で火あぶりにするために磔（はりつけ）にされたが、火を放たれる前に窒息死したという。彼の最期の言葉は「主よ、イギリス王の目を開き給え」だった。

その祈りがこんなにも早く聞き入れられるとは、本人も思っていなかっただろう。一五三七年、ヘンリー八世は、すべての教義は聖書の記述からのみ議論されなくてはならないと明言した。大法官トマス・クロムウェルとカンタベリー大司教トマス・クランマーは、ヘンリーの発言は国内において初めて英語版聖書を認めたものだと解釈し、すぐさま自分たちの使命を果たすべく行動した。その同じ年、アントワープで新しい英訳が印刷され、これはトマス・マシューによるものとされ、〝マシューの聖書〟と呼ばれた。クランマーはクロムウェルに、この翻訳が最高のものだと勧めている。クロムウェルはすぐにこれを認可するようヘンリーを説得し、一五三九年、〝大聖書〟と名付けられたこの聖書は、ロンドンのフランシスコ修道会の福音主義の印刷所リチャード・グラフトン・アンド・エドワード・ウィトチャーチから出版された。一五四〇年版（間違って〝クランマーの聖書〟という名前がつけられた）の口絵には、ヘンリーが右側にいるクロムウェルと左側にいるクランマーに聖書を渡す姿が描かれている。ふたりはそれぞれ世俗と宗教界を象徴している。この版にはクランマーによる新たな序文も掲載されており、聖書はでたらめに解釈されることも人々から遠ざけられることもあってはならないと主張し、ロラード派がイギリスの宗教生活に与えた恩恵についても述べている。大聖書は国内のすべての教会の説教台に置かれ、すべての教区において、読むことのできない人のために声に出して読まれた。

この決定の影響は衝撃的で後戻りのできないものだった。一五三〇年、英語の宗教が聖職者の手によって平信徒にもたらされた。聖体拝領とその権力が、司祭によって会衆席に座る信者たちに明け渡されたのだ（それまではパンの形でしか与えられていなかった）。その他の教会の秘跡も同様に、信徒の手に渡った。それまで、説教や集会のなかでの現地語の歌といった例外を除いては、礼拝は聖体拝領から聖書の朗読まですべてラテン語で行なわれていた。多くの平信徒は（ごくわずかな一般的な宗教用語を除いては）ラテン語を話すことも理解することもできなかったので、彼らにとって神と救済に近づく唯一の道が司祭だった。司祭が聖書を解釈し、集まった会衆は司祭が話す内容を確認する手段をもっていなかった。人々が読める聖書が手に入れられるようになったことは、平信徒と、彼らが従うべき書物のあいだの障壁を壊したのである。

教会に英語の聖書が存在することこそが、すでに教皇の絶大な権威を脅かしていた。一五二〇～

一六四九年のあいだにイギリス市場で印刷されていた聖書と新約聖書は、控えめに見積もっても合計で一三四万部にのぼり、全国の世帯数を超えていた[92]。同時に、エリート司祭の優位性も侵され始め、信仰と宗教的生活に平信徒が直接的に関わるようになる。これは計り知れない重要性をもつ変化であり、政治的な影響も免れなかった。聖職者よりも聖書が高い地位にあるということは、聖書が国王よりも高い地位にあることを意味するからだ。

しかも、これで終わりではない。一六一一年には〝欽定英訳聖書〟がイギリスで公式に認可された聖書として出版され、その後三〇〇年にわたって権威を持ち続けた。英語新約聖書の内容の九割と英語旧約聖書の前半は、単純にマシューの聖書から写したものだった。その結果として、マシューの聖書で使われていた単語、言葉遣い、構成、様式は英語を統一する力となり、また話し言葉と書き言葉をともに揺さぶり、イギリスのアイデンティティと切っても切れないほどイギリス人の意識に深く根を下ろした。聖書は英語において最も影響力のある本となった。そして、物議をかもすことを嫌ってトマス・マシューという偽名を使ったと思われる主な翻訳者の正体は、ウィリアム・ティンダルなのである。

欽定英訳聖書の重要性はよく知られ、その影響が議会政治制度、奴隷の売買、そして一七世紀の英文学といったものと、ミルトンの『失楽園』や思想を公に印刷する自由を説いた『アレオパジティカ』に見られる自由思想の両方が、どこまで発展したのかが克明に記録されている。誰もが個人的に聖書を読むことによって培われた、解釈と独自の探求の原則は、イギリスの経験主義の発展にもつながっていた。これらのすべては、科学的探究――「神のもうひとつの書物」である、自然科学の研究を花開かせた。

何世紀も前の中国がそうであったように、ヨーロッパでも、製紙技術の登場がそのまま読書の拡大につながったわけではない。活版印刷の発明ですら、簡単には広い読者層をつくり出せなかった。しかし、この二つは、必要や欲求が生じたときにはすぐに読書が広まるために必要な下地をつくり出した。したがって、(一一世紀のイスラム帝国下のスペインであれ、一三世紀のカトリックのイタリアであれ)製紙の登場だけでは、紙のヨーロッパの旅におけるハイライトとはとてもいえず、分岐点とすらいえなかった。むしろ、ルネサンスと宗教改革の時代を特徴づけた学術研究と、平信徒の読書の増加こそが、研究者と神学者を原典に立ち返らせ、文書を母国語で市民読者層に届ける決心をするきっかけとなった。そのことこそが水門を開き、紙が一気に大陸に流れ込んだのである。

聖書の現地語訳は宗教革命より三世紀前からつくられてきた。特に一五世紀には、祈禱書や礼拝用の書物や説教のマニュアルなど、カトリックで日常的に用いる印刷物だけでなく、聖書がヨーロッパ一帯で翻訳された。ドイツ語(一四六六年)、イタリア語(一四七一年)、オランダ語(一四七七年)、チェコ語(一四七八年)、カタルーニャ語(一四九二年)、フランス語の短縮版(一四七四年)、そしてスペイン語とポルトガル語(いずれも一五〇〇年以前)。さらに一五一七年には、スペインのカトリック教会が聖書を原語で出版するという壮大な計画を完成した。これは『コンプルテンシアン多言語訳聖書』(スペインのアルカラ・デ・エナーレスで製作され、この町のラテン語名が〝コンプルテンセ〟であることから)という名で知られている。

これほどたくさんの翻訳版があったにもかかわらず、それらは一六世紀に登場する聖書のように大陸を揺るがすことはなかった。そもそも、そのほとんどは、多くの人が理解できる言葉ではなく、しかも聖ヒエロニムスによる素人のラテン語で書かれたウルガタ聖書をもとにしていた。また、これらの聖書は、聖職者、宮廷の人々、大学教授と学生の目に触れるためだけにつくられており、平信徒の手に聖書を渡すという計画はなかったのである。唯一はっきりといえるのは、これらの聖書が明瞭さにかけていたということだ。また一六世紀に登場した翻訳は新しい聖書研究の恩恵も受けていた。

エラスムスの一五一六年のギリシア語新約聖書は、福音主義の研究者たちが文書の原語に立ち返ることを可能にし、宗教改革の基盤をなす文書となった（宗教改革主義者たちの目標が達成されたのは、カトリックの学術研究によるところが非常に大きかった。エラスムス自身も生涯カトリックを通した）。ルターは他の福音主義の逸脱者が書いたものも利用していた——彼が「私たちはみな異端者だ」と叫んだのは、チェコの初期の改革主義者ヤン・フスの書いたものを読んだときだった。けれどもルターや他のルターのような翻訳者が目標を達成することができたのは、エラスムスのギリシア語版新約聖書が登場したおかげだった。それは普通の人々のための聖書、それ以前の不自然で容易に読めないラテン語表現からは解き放たれた聖書だった。

新しい翻訳は次々と姿を現し、その結果、バルト諸国は急速にルター派となった。ルターの新約聖書のデンマーク語版は一五二四年に、原語から翻訳されたスウェーデン語聖書は一五四〇〜一五四一年に出版された（両国とも出版時にはルター派を国教としていた）。聖書の翻訳はヨーロッパじゅうで一五二〇年代（オランダ語）、一五三〇年代（フランス語、ドイツ語、イタリア語、英語）、一五四〇年代（フィンランド語、アイスランド語）にかけて登場した。第二波（ポーランド語、チェコ語、ウェールズ語、リトアニア語、スロヴェニア語、ハンガリー語）は一五六〇～一五九〇年のあいだに現れ、一六〇二年にはアイルランド語も出版された。ヨーロッパの〝本のなかの本〟は、各地で地元の読者を獲得していったのである。

さらに、ルターの死から数年後、ジュネーヴが（フランス人改革派ジャン・カルヴァンの指導の下で）宗教革命の中心地となり、フランスにも作品が流れ込んだ。また、ジュネーヴは一五五〇年代にはイギリスから逃れてきた福音主義者の一大コミュニティができていたが、ここで新しいギリシア語と英語の新約聖書が印刷された。（『オックスフォード・シェイクスピア事典（*Oxford Companion to Shakespeare*）』によると、この聖書はよく知られているように〝ジュネーヴ聖書〟と呼ばれており、シェイクスピアの劇中で聖書を引用している部分を読んでいくと、これが彼にとって聖書の〝一次資料〟となった。）

カルヴァン自身も、一〇〇ページ（一万七〇〇〇語）のオクタボ版の本を二、三日で一冊つくることができたが、司祭としてジュネーヴだけでも二〇〇〇回を超える説教を行ない、伝達手段としては、相変わらず口語を使っていた。またカルヴァンは、出版業者は信用が置けないと思うこともたびたびあった（印刷の工程にはほかにも危険があった。使徒パウロのコリント信徒への手紙二の手紙の解説書は、一五四六年にストラスブールの出版社ヴェンデリン・リヘルに届けられる途中で行方不明になったが、カルヴァンは時間とお金がかかるのでコピーをつくっていなかった）。カルヴァンが書いた手紙と受け取った手紙は、合わせて一二四七通が残されている。ほかの改革主義者と同様に、カルヴァンも手紙を私的な目的のために使っていた。ルターの友人であり同志のフィリップ・メランヒトンが生涯で書いたり受け取ったりした手紙は九〇〇〇通以上に上り、ルター自身の手紙は三六〇〇通を超えていた。カルヴァンの紙による交流の数はほかの改革主義者と並べると少ないが、著作に書かれた語数はとてつもない量に及んだ。

最高傑作『キリスト教綱要』の決定版である一五六〇年版は四五万語にもおよび、パウロのローマの信徒への手紙の解説書は一〇万七〇〇〇語を数えた。解説書の類だけでも、年間六万五〇〇〇語は書いていた。実際に印刷された本の語数をすべて加算していくと、四〇〇〇万語に限りなく近い数字になる。[93]この数字でさえ説教、講義、手紙を含んでいないのだ。

紙を通じたカルヴァンの影響力は、一五三六年まで彼が住んでいたフランスでも強大だった。フランス語を形成しなおし、ほかの人では冗長になりがちな文章も独創性にあふれたものに書きかえた。彼の思想が脅威となったため、一五五一年、フランス政府はフランス市民に対しジュネーヴとの交流を禁じ、ジュネーヴで印刷された本はなんであろうと所有していれば異端信仰の決定的証拠とみなすと宣言した(当然ジュネーヴも、対立する教義に対して同じくらい無慈悲だった)。

印刷と説教によってヨーロッパには政治的断層が深く刻まれ、大陸規模の分断へと突き進んだ。一五四五年までに、ヨーロッパの約三分の一が福音主義のキリスト教に従った。一時はフランスでさえ、より福音主義的なキリスト教に変わっていくのではないかと思われた。ルター派は聖書と宗教に関する論文を平信徒に与えた。ルター派によって厳しい言葉で問いただされた結果、ローマカトリック教会の絶対的権威は弱められ、よりどころのないものとなった。

ルターは晩年、教皇の絶対的権威の根拠とされる文書に触れながら、教皇庁についてさらに直接的な批判をしている。一四四〇年、ルネサンスの学者ロレンツォ・ヴァッラは、ローマ教会が歴史的にヨーロッパの教会に対して絶対的権威をもっているという主張は偽りの上に成り立っていると論証した。ローマ教会の絶対的権威は、八三〇年の『コンスタンティヌス帝の寄進状』のなかで主張された。グレゴリウスが作成した文書によると、ローマの権威はコンスタンティヌス帝本人によって主張されたという。コンスタンティヌス帝は三一二年の重要な戦いの前に幻を見たために、勝者となったのちにキリスト教に改宗し、ローマ帝国全土においてキリスト教に対する禁令を解いた。その後三二六年頃、皇帝は都を東方に新しくつくった町コンスタンティノポリスに移し、ある文書によると、そのときからイタリアと西ヨーロッパにおける宗教的な権威をローマ司教にゆだねたとされる。

それ以前にも当然、この文書の正当性に異議を唱えた人はいたが、ヴァッラはこの文書は九世紀につくられた偽造文書だと論証した。しかもこれは、初期の教皇の手紙と教令を集めた『偽イシドールス教令集』の一部であったが、それ自体が実は偽造文書だったというのだ。つまり西洋教会におけるローマカトリック教会の絶対的地位の歴史的根拠となるシンボルが、公に問われることとなったのである。制度的、政治的権威は徐々に教会に集中していき、グレゴリウス一世（ローマ司教、在位五九〇～六〇四年）の統治下において急激に高まったが、ここにきて初めて公に誹謗する人物が登場したのだ。ローマの主張は一三〇二年、教皇ボニファティウス八世が、「教会の外に救済はない」という教皇教書を発令したことで最高潮に達した。当然、ボニファティウス八世のいう「教会」は、他のどこでもなくローマ教会のことを指していた。

一五三七年、ルターも『コンスタンティヌス帝の寄進状』を批判したが、それは批判する必要があったからではなく——文書はすでに何十年も前から信用を失っていた——教皇制度が必然的に次の段階に進み、教会内で相応なあり方を選ぶことを求めていたからだった。ルターの野望は途方もないものだったが、ヨーロッパがどれほど急速に、また劇的な変化を遂げたかの表れでもあった。

紙の物語において、ルターの生涯は、おそらくほかの誰よりも紙という媒体そのものの特性や長所や短所を描き出している。紙はより多くの読み手のもとに届き、言葉を惜しむことなく使って大量に書くことができる素晴らしい機会をもたらしたが、いってみれば活版印刷は、こうした力をさらに伸ばしただけだった。紙文化の民主的で、生産的で、地域性をはぐくむ傾向はすべて、このドイツ人修道僧ルターの人生に見ることができるのである。

しかし紙文化の弱点もまた、ルターの最大の弱点と重なる。紙は膨大な読み手に届くが、同時にセンセーショナリズム、因習打破、混乱を助長することは避けられない（ルターの書いたもののなかにはわいせつな言葉を使ったものもあった）。紙はまた、市場における名声を約束し、個人主義もある程度後押しする。さらに危険なのは、非常に卑怯で有害な意見も宣伝できることだ。ルターの反ユダヤ主義（『ユダヤ人と嘘について』という本まで出版している）は、彼の出版物のなかでも間違いなく最も忌むべき作品だった。

ルターは印刷を、軋轢と対立の場へとつくりかえた。ルター以前にもローマカトリック教会への批判はあったが、たいていはあくまでも教会制度の批判にとどまるもので、外の世界に新たな祭壇を求めるにはいたらなかった。ローマがルターを破門し、宗教的支配下にあったドイツ各都市における権力の奪還に失敗したとき、新たな知的空間が生まれ、ルターは先駆的な論客となり、謀反人となり、伝道者となったのである。

ルター自身は、ローマ教会が初期キリスト教につけ加えたと思われる要素を次々に攻撃するために、この空間を利用した。それらの要素とは、教皇の絶対的権威、化体説［聖餐式においてパンとブドウ酒がキリストの肉と血に変化するという教理］、修道院制度、免罪符、煉獄などである。しかしルターは基本的には、人間は行ないや教会への参加によって許しと救済が与えられるという考え方に反対するために、この空間を使った。ルターの理論によれば、平信徒は救済を取りなしてくれる機関をもはや必要としない。さらには、真実を取りなしてくれる機関もいらないのである。

第一五章　新たな対話

第二場　森
オーランドー、紙を手に入場
オーランドー
「わが詩よ、わが恋の証人としてここにとどまれ
そして三つの冠をもつ夜の女王よ、
その貞淑なまなざしで、青白い天空より見とどけてくれ
あなたの女狩人、わが人生を支配する人の名を。
おお、ロザリンド！　この木々が私の本となる
その幹に私の想いを刻もう
そうすればこの森のあらゆる者の目が
どこにいてもきみの美徳の証人となろう。
走れ、走れ、オーランドー、すべての木に彫るのだ
美しく、穢れなき、たとえようもない、かの人の名を。

シェイクスピア『お気に召すまま』第三幕より

ゲオルク・ヨアヒム・レティクスは、ヴィッテンベルク大学出身の数学者だ。この大学で、彼はルターの協力者、フィリップ・メランヒトンから大学教授の地位を与えられた。レティクスは出版社と交流があったので、おそらくプロテスタンティズムがいかにビジネスに役立つかを知っていたことだろう。ルネサンス人でもあり（数学を教えていた）、金と名声を手にできる新しい仕事はないかと探していて、一五四〇年代にある機会をとらえた。ヴィッテンベルクで刊行された書籍や小冊子は、ヨーロッパじゅうで大きな需要があったが、ルター自身の読者はヨーロッパ規模からドイツに縮小されてきている……レティクスはそれを読み取ったのだ。宗教革命はドイツの運動として始まり、ヨーロッパじゅうで知られるようになったが、一度広まると各地に根を下ろした。したがってヨーロッパ全土の読者のあいだで、ルターの著作が前例のない人気を博したのは、限られた期間のことだった。

一五三九年、レティクスは、優れた数学者で天文学者のニコラウス・コペルニクスのもとで学ぶために、ポーランドのフロンボルクを訪れた。レティクスに教授権を与えたメランヒトンは多くのプロテスタント指導者と同様にコペルニクスの説を容赦なく批判していた。その説とは、既存の知識に真っ向から挑むもので、地球は（宇宙の真ん中にある）動かない太陽の周りをまわっている、つまり「地動説」と呼ばれる考え方だった。これは地球が宇宙の中心にあって太陽がその周りをまわっているという、広く受け入れられていた天動説と相反していた。コペルニクスの説は国教会から否定されたが、一五〇九年以降は写本の形で出回っていた。レティクスは一五四〇年にひとまずコペルニクスの理論を簡単に説明する書物を出して成り行きを見たのち、次は理論全体を書物にまとめたいと考えた。そして、最初は試験的に省略した形で、のちにすべてを略さずに作品として出版しようとコペルニクスを説得した。レティクスはニュルンベルクで、出版社を見つけ、校正者としてアンドレアス・オジアンダーという名の聖ローレンツ教会のルター派の牧師を見出した。しかし、オジアンダーは自身で執筆者不明の前書きをつけ加え、コペルニクスは〝文字通りの真実〟を主張しようとしたのではなく、独自の手法で仮説を提示しようとしたのだと論じた。この本は『天球の回転について』という、より直接的なタイトルで一五四三年に出版された。

ローマカトリック教会は、原則的には科学に反対ではなかったし、たいていの場合は実際にも反対はしていなかったが、ヨーロッパの科学は中国やイスラム帝国の発展に比べると数世紀ものあいだ、遅れを取っていた。ローマは数十年にわたって天文学を支援し、科学論争におけるアリストテレスの説を支持していた（しかし教会は、物質世界は不滅だとするアリストテレスの教えはいったん否定し、その後広く受け入れた）。このアリストテレスへの忠誠心と、特にこの分野においては紀元二世紀のギリシア・ローマの天文学者で地動説を支持する書物を執筆したプトレマイオスへの教会の忠誠心こそが、教会とコペルニクスの出会いにとって不利に働いたのだった。さらには、ローマ教会は、伝統的に太陽に関するさまざまな聖書の詩的な句は、天動説を支持していると考えていた。これについてはルターも同意している。実際、プロテスタントの主流派も地動説を歓迎していなかった。

コペルニクスの著書の出版は平穏無事に進んだ。ローマ教会は、イベリア半島での出版を禁止しなかった。一五四三年にニュルンベルクで出版された『天球の回転について』の初版は四〇〇〜五〇〇部刷られ、増刷した第二刷がバーゼルで（一五六六年）、修正を加えた第三刷がアムステルダムで

（一六一七年）印刷された。同書は数か国の国王、ひとりの伯爵とひとりの選帝侯のほか、天文学の著名な教授や図書館にも届いた。この問題が大きくなったのは、イタリア人科学者のガリレオ・ガリレイが、一六三三年の宗教裁判でコペルニクス天文学を擁護する主張をしたとして有罪になったときだった。ガリレオにしてみれば、ルター派の宗教改革の騒動のあと、そして三〇年戦争のさなかに自分の考えが広まったことは不運だった。ローマカトリック教会は戦争と喪失の時代にあって保守的になり、過剰に反応した。プロテスタントの地動説に対する反応も当初は冷ややかだったが、非国教徒はその潮流を支持することもあった。しかしまもなくさまざまな反応が見られるようになった。ジョン・ミルトンのプロテスタンティズムは、ローマ教会に対してのみならず、教会という組織そのものとその典礼に反対していたが、ミルトンは出版の自由を訴える『アレオパジティカ』を書く前に、自宅に監禁されていたガリレオを訪ねた。ガリレオの著作は、出版の制限がヨーロッパのどこよりも緩い、プロテスタントのオランダで出版された。プロテスタントは「教会」の絶対的権威を「聖書」の権威に置き換えたが、プロテスタントの声が次第に聖書と異なるさまざまな視点からざわざわと聞こえ始め、いまやあらゆる面で意見の不一致が見られるようになった。こうして、新たな考えがさらに生まれる場が育ったのだった。

イギリスの王立協会（正式名称は、自然に関する知識向上のためのロンドン王立協会）は一六六〇年に設立された。設立されてまもない頃、ある講演者が、プロテスタントが聖書を浄化したように（ギリシア語とヘブライ語の原典に立ち戻ったことに加えて、ルターはカトリックの正典から典拠の疑わしいユダヤ教的な書を除外した）[94]、コペルニクスとガリレオは科学を浄化したのだと論じ、聖書と自然科学の書、ふたつの優れた書物についてたびたび言及した。いずれの場合も研究を実りあるものにしたのは、経験主義的な手法であった。アイザック・ニュートンの個人図書館には、神学と科学の関係がとくによく表れている。二〇〇〇冊以上の蔵書のうち、ほとんどが神学と科学の本だった。

コペルニクスの著作の出版部数は、ルターの論文の印刷部数や、他の著名なルネサンスの文筆家とは比べものにならない。そもそも比較すべきではないだろう。宗教改革が幅広い読み手の関心を惹きつけた一方で、書物によって刺激されたほかの分野には、また別の目的があったのだ。ヨーロッパ全土で科学のコミュニティが生まれ、学者たちは互いの著作を気軽に読めるようになった。これは、印刷技術の登場が科学界に与えた最大の贈り物だ。印刷がコミュニケーションの革命を起こした結果、それまでローマの支配下にあったヨーロッパの宗教的統一が失われ、思想家や発明家は、新たな知的コミュニティを発見したのである。現代の科学者は、いくつかの紙の書籍が出版された日を、ヨーロッパの科学界における最も重要な日と考えている。最も重要とされる出版物は、すぐにヨーロッパじゅうの学者や科学者に広まった。歴史家のエイドリアン・ジョーンズは、その例としてコペルニクスの『天体の回転について』（一五四三年）とガリレオの『二大世界体系に関する対話』（一六三二年）の二冊を挙げている。また、ニュートン、ラボワジエ、ダーウィン、アインシュタインの四冊もこれに含まれる。[95] 主要な科学的飛躍は、すべて紙上で発表された。

このように科学などの専門分野をより多く記録することができるために、紙文化はルネサンス期のヨーロッパで栄え続けた。しかし陽の当たらない分野においては紙の時代は到来しなかった。その代わり、一五世紀にはヨーロッパじゅうに張り巡らされた出版社のネットワークによって、重要な基礎ができあがった。一五〇〇年までに、ヨーロッパの十数か国二〇〇以上の都市に出版社が出現し、二〇〇〇万部以上の書物を世に送り出していた。出版社のほとんどは経済的に失敗し、出版取引は徐々にいくつかの主要都市周辺に集約されていったが、少なくとも当初は印刷の時代の書籍商のかつてないほどの野心によって出版の盛り上がりが見られた。いい方を変えれば、彼らは書籍市場が恐ろしい速さで広がっていくと確信していたのだ。[96]

こうした出版社の出現は、ルネサンス時代の書籍を愛する風潮を反映していた。ルネサンス初期の書物は、たいていきわめて美しい品だった。ルネサンスの著者や出版社は紙の視覚的な可能性と書物を結びつけ、それは活版印刷の導入以降も続いた。書籍の形が、その内容を示していたのである。上品さ、調和、学び、進歩、古典への愛着が見た目と手ざわりに表れていた。ヴェネツィアは一五世紀の出版の有力都市となり、主な競争相手であるパリを四分の一ほど上回る部数の書籍をつくりだしていた。そして当時ヴェネツィアでつくられる本の半分以上が、大型本(フォリオ)の形態を取っていた。ヴェネツィアの書物は最良の紙を使い、最も印象的なデザインを採用し、他に先駆けて挿絵と索引を使っているにもかかわらず、それでもまだ他のライバル都市の書物よりも安価だった。印刷は莫大な初期投資を必要とした(同時にリスクもあった)が、ヴェネツィアは書籍によって経済的に潤った町だった。またヨーロッパに書物を輸出するのにも適した立地条件にあった。

一方で、北方ルネサンスはフランスでの紙の生産を後押しした。ヨーロッパ北部における最初の製紙業の中心地のひとつは、一三〇九～一三七七年に教皇庁が置かれていたアヴィニョンだった(イタリアとフランスの枢機卿のあいだで争われ、膠着状態に陥ったコンクラーベの末、一三〇五年ついにフランスのクレメンス五世が教皇に選ばれた。そして、フランスの枢機卿たちのおかげでコンクラーベに勝利したのを考えれば賢明なことだが、クレメンス五世は一三〇九年にフランスのアヴィニョンに教皇の公邸を移した）。人文主義的なアヴィニョンの教皇たちは熱心に学問を追究し、支え、フランスにルネサンスの先駆的存在であるペトラルカとボッカッチョを広めた。一五世紀末には、パリとリヨンがフランスとヨーロッパの出版の中心地になり、ヴェネツィアを除いてはヨーロッパのどの都市よりも多くの印刷物を生産するようになった。

ルネサンスが書籍の製作を後押しし、学問と思想を手に入りやすいものにしたとすれば、宗教改革者たちは、初めて、印刷をヨーロッパのすべての読者に情報を伝える手段とみなした人々だった。おそらく字の読めない人であっても、図像をとおして直接、もしくは朗読を聞くことによって、これらの文書に出会うことができた。ルネサンスは古典の研究（研究書にはたいてい豪華な装丁がなされていた）に重点的に取り組む運動であったが、比較的エリートの読者にしか届かなかったのに対し、ヨーロッパにおいて宗教は民衆に行きわたった。宗教は印刷と手を結ぶことで、幅広い読者層に届くようになる。さらに宗教改革が広まり、印刷コストが下がり、新しい流通ネットワークを形成して、社会階層の底辺まで読書の習慣が浸透すると、ほかの分野の印刷物が経済的利益をもたらすようになった。

このあと見ていくように、紙はそれまで一般の人に閉ざされていた専門分野をも取り込むことができるようになり、ヨーロッパじゅうに著者と読者のネットワークをつくりだした。ニッチな分野を専門にしている学者は、通常、ルターのように幅広い読者に向けて執筆することはなかったものの、より的を絞った読者層もまた、違う意味で重要だった。こうして作曲家、音楽家、劇作家、芸術家、科学者、技術者、作家、詩人などにむけて、新しい印刷物のネットワークと市場が登場した。その結果、文化の相互交流が生まれ、根底を覆すような発展を次々ともたらすことになった。

芸術の世界におけるルネサンス初期と紙との良好な関係は、一見しただけではわかりにくい。たとえば、ルネサンス初期の芸術において最も有力だったのは持ち運びできる絵画であり、その大半を祭壇画が占めていた（書物ではまだ羊皮紙が使われ、荘厳な装飾と挿絵が施されていた）。家庭用であっても、祭壇画は木製の板の上に描かれていた。祭壇画以外に影響力をもっていたのも、紙に描かれた作品ではなく、フレスコ画と板絵だった。またルネサンスの時期に初めてイタリアで油絵が登場し、〝快楽主義的な〟主題が扱われ、光の新しい解釈が取り入れられるようになった。こうした技法の発展に比べれば、紙はルネサンスにおける、主要な特徴というより補足のようなものだった。紙の重要性は、準備のためのスケッチや素描が、ふだんから紙か羊皮紙に描かれていたことにあった。

チェンニーノ・チェンニーニは、遅くとも一五世紀初頭には（おそらくはそれよりも早く）素描は芸術の基礎であると書いており、画家に、毎日、紙、羊皮紙、木の板にデッサンをすることを勧めた。『絵画術の書』には彼の絵画の技法とアドバイスが端的に記されている。下書きのスケッチは、特に絵画の構図を決めるうえで重要だった。しかし、下書きという考え方はまったく新しいものだったわけではない。ペトラルカは早くも一三四〇年に、素描は彫刻と絵画に共通の源泉だと表現している。羊皮紙や板よりも紙が使われたのは、画家がこのようなスケッチを残しておく価値があるとは思わなかったからなのかどうか、判断するのは難しい。だが、一四世紀のイタリアでは、紙が広く入手可能で、しかも低コストだったことを考え合わせると、経済的に自然な選択だったと推測できる。それに、ルネサンスを代表する人物のなかには紙に描いた素描を重視する人々もいた。今日われわれが、素描を重視した人物としてすぐに思いつく芸術家（特にレオナルド・ダ・ヴィンチ）のみならず、一六世紀の美術史家の父、ジョルジョ・ヴァザーリなども、素描を収集したひとりであった。

少なくともルネサンス初期には、画家よりも建築家のほうが紙を頻繁に使ったであろう。当時の建築家たちには、最新の素描が掲載された建築マニュアルを購入できる経済的余裕が生まれていた。現代ではボール紙（イタリア語でカルトーネ）と呼ばれるような紙に描く場合もあった。〝カートゥーン〟という言葉は、この重い紙をフレスコ画、絵画、タペストリー、ステンドグラスの窓などの下書きに使用したことからきている。こういった素描は、単なる芸術家でなく「芸術技術者」ともいうべき人々の手によるもので、建築の発展のみならずより広いルネサンスの思想にとって重要な意味があった。そのことが最もよく表れているのが、フィレンツェの彫刻家で、のちに建築家に商売替えしたフィリッポ・ブルネレスキの作品である。ヴァザーリは『美術家列伝』のなかで、ブルネレスキは目にした建物を飽きることなくスケッチし、その形と細部を描きとめていたと記している。つまり、紙の上に描かれた模写を通して学び、成長し、実験していたのだ。ブルネレスキは建築家として、素描や絵画において、二次元の紙の上で三次元の物体を表現できる線透視図法を誰よりも先に使用した（この技法のコンセプトは、一一世紀バグダードの数学者の発案を下敷きにしたと考えられる[97]）。誰もがこの技法を何世紀にもわたって試みていたが、ブルネレスキは鏡を使った実験で、地平線に向かって伸びる線が徐々に一点に集まっていく様子を、より正確に理解しようとした。その結果、二次元の媒体で奥行きを表現するための技術的な基礎を手に入れることができた。ブルネレスキの発明はフィレンツェで急速に広まり、また彼は製作過程を記録する能力ももちあわせていたので、それから数世紀にわたって建築と工学の分野でこの技術が用いられることとなった。

紙が建築の実験的手法に活気を与えたとしたら、印刷は海外の情報に簡単に接することや、ヨーロッパに活躍の場を拡大することを可能にした。一五六八年に出版されたヴァザーリの『画家・彫刻家・建築家列伝』では、ルネサンスの主要な建築家数人の経歴が短く紹介されており、それによって彼らの社会的地位が向上した。このような変化が起こるにつれ、印刷によって外国の建築家や文化人たちがイタリアの建築家の作品を買えるようになり、建築家の存在が遠く離れた国でも知られるようになった。彼らのターゲットはルターがターゲットにした大衆ではなく、将来の支援者や影響力のある人々など、遠くにいる限られた範囲の読者であった。ほかのどの建築家よりも紙媒体と印刷の影響を受けたのは、アンドレーア・パッラーディオだった。

彼は「粉屋のピエロの息子アンドレーア」として生まれたが、ローマの建築家ウィトルウィウスとその古典的様式を基本としたことから、のちに人文主義の詩人ジャン・ジョルジョ・トリッシーノ（一五三八～一五三九年にパッラーディオのパトロンとなった）によって、その古典主義的傾向を反映したパッラーディオという名前をつけられた。現在も、パッラーディオの長い職業人生を網羅する約三〇〇枚のスケッチが残されている。パッラーディオはさまざまな大きさの紙を使用していたが、すべて縦二二インチ（三五・四センチメートル）、横一六インチ半（二六・六センチメートル）の紙を二分割、あるいは四分割したものだった。どれも、尖筆で線を紙に刻み、そのうえをインクペンでなぞってある。ペンは羽でつくられたものだ。木製の定規と真鍮製のコンパスといった道具を日常的に使って、正しい方向に確実に直線を引いた。弟子のヴィンチェンツォ・スカモッツィによると、パッラーディオは最初は黒いチョークか鉛筆でスケッチしたという。紙の表面に古い建物の設計図を描くと、そこから得られたアイデアを裏面にスケッチした。

紙は単に建物の設計を助けただけではなかった。パッラーディオの名声と影響力をヨーロッパじゅうに広め、大西洋の向こう側にまで伝えたのである。彼の代表作『建築四書』は一五七〇年にヴェネツィアで出版された。パッラーディオのデザイン画の木版画を掲載したまったく新しい建築専門書だったが、これは広い読者層を想定したものではない。そもそも、その必要はなかったのだ。『建築四書』は、裕福なパトロンに頼るところが大きいルネサンスの芸術家のための書物であり、高い教養のある読者に向けて書かれていた。イタリア語版がヨーロッパじゅうに行きわたっていた証拠も残っている。たとえばイギリス人建築家のイニゴー・ジョーンズは、一六一四年にヴェネト州を訪れる前から、一六〇一年版を所有していた。しかしパッラーディオが外国で有名になったのは、デザイン画だけのおかげではない。むしろ、数十年後につけられた翻訳によって、彼の影響力が大幅に増したのだ。

パリでは一六四五年に『建築四書』の要約版が、一六五〇年には完全版が発売された。一六六三年には第一巻の英語版が出版され、英語の完全版は一七一五〜一七二〇年のあいだに登場した。さまざまな版が続々と出たが、どれも完全に正確とはいえず、イラストを変えてしまったものも多くある。一七三七年に英語圏の読者のための決定版が刊行されるまで、この状況が続いた。一七四三年には

『Palladio Londinesis（ロンドンのパッラーディオ建築）』がイギリスの市場に登場し、すぐに建築家の定番のマニュアルになった。『建築四書』の数冊はアメリカにもわたり、特に一八一六年に手紙で友人に「パッラーディオは私の聖書だ」と書いたトマス・ジェファーソンのような、裕福な読者に気に入られた。

だが、お金のある読者に向けてつくられ、豪華な装丁のほどこされた『建築四書』以上にアメリカで評判を呼んだのが、パッラーディオの図案集である。図案集は、建築の型やデザインを、より手ごろな形で読者に紹介した書籍であった。こうした書籍が発展したのは、活版印刷ではなく木版印刷のおかげだ。可動活字は活字印刷を変えたが、木版印刷は職人の技術向上、特に木に版を彫る技巧が進歩したことの恩恵を受けた。

ロンドンで印刷されたパッラーディオのデザインと素描は、アメリカの紳士、建設業者、職人のあいだで人気を博した。一方で、一七三四年の『ロンドンのパッラーディオ建築』は大英帝国の植民地で最も手に入りやすい建築書となった（実際にはこの書籍は、パッラーディオの思想をそのまま伝えているわけではなかったが、当時は彼の思想やデッサンを忠実に再現することよりも、著名な芸術家の販売力に多くの出版社が興味を抱いていた）。イニゴー・ジョーンズとバーリントン伯爵リチャード・ボイル（裕福な貴族で〝芸術のアポロン〟として知られていた）はパッラーディオのスケッチをイギリスに持ち帰り、この偉大な芸術家の弟子たちを育成したが、そのなかにはクリストファー・レン、ニコラス・ホークスムアなどがいた。

しかしパッラーディオの影響が最も強く、最も長く続いたのは、アメリカだった。トマス・ジェファーソンはパッラーディオの書籍を詳細に読んで得た知識をもとに、ヴァージニア州のプランテーションに建設予定のクラシック様式の邸宅、モンティチェロの設計図を描いた（〝モンティチェロ〟はイタリア語で〝小さな山〟という意味だが、この名前もイタリア人パッラーディオに敬意を表したものだろう）。アメリカでは一八世紀と一九世紀に非常に多くのプランテーション邸宅といくつかの大学がパッラーディオ様式で建てられた。パッラーディオの影響はアイルランド人のパッラーディオ主義の建築家ジェームズ・ホーバンによってさらに拡大された。ホーバンの提案がワシントンＤＣに国が新しく建築する建物の設計コンテストで認められ、これがホワイトハウスの設計となったのである。

パッラーディオが芸術活動の出発点として紙を利用したことは、ルネサンスの建築家として典型的だった。紙の上なら、みずからの思考を自由に試し、実際には石ひとつ持ち上げることなく、重量を移動したり光をとらえたりする新しい方法を編みだすことができる。ブルネレスキが透視図法によるデッサンを発展させたおかげで、紙は実際の建築作業よりもはるかに、芸術性を磨く自由な機会を、建築家たちにもたらした。建築に関する論文もますます入手しやすくなった。また、実際に設計した建築物から数百キロメートル離れた場所でも印刷物を通して建築家の名前が知られるチャンスができたことにより、ルネサンスの建築家にはまったく新しい可能性が生まれた。建物は、今も先人の遺産として残っている。しかし、その実現を助けたのは、紙であった。

ルネサンスの建築家は幸運にも、残されていた古代の建物や建築の専門書から学ぶことができた。古典的様式を復活させようと思えば、多くの場合、よみがえらせることが可能だった。しかし古代の貴重な先例は、作曲家や音楽家には存在しなかった。古代の人々の音楽への情熱を復活させたいと願う作曲家や音楽家は多かったが、実際にどんな音で、どのように演奏されるべきかを知ることができる痕跡はほとんど残されていなかったので、音楽自体を再現することは不可能だった。

ヨーロッパでは、一一世紀に譜表がつくられるまで音楽の詳細な記譜法はなかった。われわれになじみのある五線譜は、一三世紀のイタリアで登場した。放浪の吟遊詩人は別として、中世ヨーロッパでは、数世紀にわたり、音楽といえばたいていは大聖堂や教会で演奏される音楽のことだった。一五世紀後半になると、印刷された楽譜が広まり始める。数も影響力も増大したのは一六世紀の初頭からだったが、この楽譜が、ヨーロッパ全土にまたがって作曲家と聖歌隊指揮者をつなぐようになった。こうして、旅をしたり高いお金を払って写本を入手したりしなくても、互いの作品を読み、演奏することができるようになっていった。しかし音楽を印刷物にすることには、文書の印刷にはない問題があった。

最大の問題は、どのように音符を譜表に印刷するかであった。当初、印刷業者は譜表だけを印刷し、すべての音符を手で書き入れていた。一四五七年につくられたマインツの詩篇も同じような手法を使った例のひとつである。もちろん少しは時間を節約できたが、手のかかる部分はほとんど筆記者に託されたままだった。しかし、音符を譜表に重ねて印刷する手法は厳しい正確さを要求される。典礼音楽では通常、赤い譜表の上に黒い音符を書いていたのでさらに複雑だった。この問題を解決するために、印刷業社はまず譜表を印刷し、その後、音符を印刷するという、一四七〇年代にローマで始められた手法を用いた。ヴェネツィアの印刷業者オッタヴィアーノ・ペトルッチはこれをさらに進歩させ、文やその他の詳細情報（ページ番号など）を三回目の印刷として加えた。一五〇一年、一五〇二年、一五〇四年にペトルッチが出版した歌集は、そのよい例である。

ペトルッチは印刷技術に精通しており、可動活字を使って初めて多声音楽の楽譜を印刷した人物である。しかし、その工程はかなりの費用がかかるために、グーテンベルクがアルファベットの活字印刷で成し遂げたほどの成果を出すことはできなかった。突破口を開いたのは、音符に五線譜を重ねて、一回の印刷ですべてを仕上げるという方法だった。一六世紀ヨーロッパの音楽出版の中心地はイタリアとフランスだったが、楽譜の印刷技術を進歩させる先駆けとなったのは、どうやらロンドンの法廷弁護士のジョン・ラステルだったようだ。パリを本拠地とするフランス人印刷業者のピエール・アテニャンも、一五二八年には同じ手法を使っている。この手法で初めて大量に印刷したのはアテニャンだと考えられる。ヴェネツィアの印刷業者もそれに続いた。一六世紀のヨーロッパでは、音楽の地理的分布がはっきりしており、ロンドンよりパリとヴェネツィアのほうが音楽出版の中心地となるのは当然のことだった。もともと音楽出版は、ドイツや北イタリアの都市、そして西ではパリやリヨンで盛んだった。しかし、一六世紀のあいだにヨーロッパの音楽出版を徐々に支配するようになったのは、ルネサンス時代から長きにわたって書物と密接な関係を築いていたヴェネツィアだった。

一四六八年にはすでに、ベッサリオン枢機卿という人物が、書物による学問が盛んだったヴェネツィアを〝第二のビザンティン〟と呼んでいた。この年、ローマカトリックの司教であり初期ルネサンスの最も偉大な学者のひとりだったベッサリオンは、みずからの蔵書のラテン語とギリシア語のコデックス約七五〇冊と、写本と印刷本約二五〇冊を、市の図書館であるマルチャーナ図書館に遺贈した。

ベッサリオンの遺贈は、ヴェネツィアの学者のあいだで書物がますます必要になっていたことを示していた。本の世界において需要と供給が同時に増加していたということは、読者がいまや自分に興味のあることだけを追求する楽しみを知っていたということだ。ヴェネツィアの印刷業者は、もちろんこうした専門化傾向に追随し始めた。

ヴェネツィアのスコット印刷所は、さまざまな題材を扱っていたが、得意な分野は音楽だった。特に一六世紀後半に成功をおさめ、その頃には音楽出版の市場も発展していた。ヴェネツィアでの楽譜印刷の興隆は、特に作曲家にとってはパトロンの輪を広げることができたので喜ばしいことだった。楽譜の出版はパトロンとなりうる人に頼るところが大きく、いまや自宅で音楽家を雇うほどのお金がなくても、楽譜の出版にお金を出すだけでパトロンになれるのだった。作曲家自身も紙媒体を通して宣伝し、自作の音楽作品を売っていた。ヴェネツィアの楽譜にとってグローバルな交易網はまさにもってこいで、楽譜は海外でも販売された。はるかコロンビアでも売られたという記録も残っているほどだ。

印刷された楽譜が当たり前のものになり、音楽が頻繁に書きとめられるようになるにつれ、音楽そのものも標準化され、記譜法も進歩した。[98] その結果、原曲により忠実に演奏されるようになり、楽曲を自分で解釈していた演奏家の権利が縮小する（この潮流を後押ししたのは、それだけではなかったが）。けれども、音楽への印刷物の最大の貢献は、広範囲に広まることで、まったく異なる伝統と互いに触れあえるようになり、ヨーロッパの作曲家と演奏家が密接に結び付いたコミュニティを生んだことだった。大陸を横断して作品を提供することで、作曲家は幅広い様式と、より厳しい競争の両方から恩恵を受けることになった。

ルネサンス音楽の興隆は、紙の印刷物が、読者の限定されている専門分野でも影響力を発揮できることを示している。音楽出版では、たとえば宗教の専門書の出版に比べて費用が問題視されなかったことは間違いない。印刷業者にとっては、一回で印刷可能な楽譜でさえ、(その複雑さと必要な活字の種類の多さゆえに)誤植の修正には新しい紙に刷るよりも費用がかかった。印刷物の楽譜に初めて修正液が使用されたのは、一五世紀のことだった。[99]

一六世紀と一七世紀のヨーロッパにおける音楽の急速な開花は、紙の印刷物が一翼を担った発展のなかでも最も目覚ましいものだった。ルネサンスと宗教改革は、古来のルーツ(ユダヤ、ギリシア、ローマ)に立ち返ることで生まれた運動だった。一六世紀と一七世紀の作曲家も、古代の音楽の原理と哲学を振り返ったが、モデルにできる古典音楽の楽譜は存在しなかった。しかしルネサンスの音楽には、強力な宗教の推進力があった。印刷の時代におけるヨーロッパ音楽の偉大な奇跡の背後には、ヨーロッパの宗教的な分断があったのである。

音楽は神学的な認識の手段でもあり、作者がみずからの優位性をアピールするものでもあった。ルター自身、リュートとフルートを演奏し、集会で合唱するためにドイツ語の讃美歌を数多く作曲し、集まった信徒たちに歌集を配った。これは、現地語の使用と集団に重きを置く点において、ラテン語によるミサの伝統からの脱却を意味した。ルターはすべての信者の精神的な平等という自分の神学的な理想に、音楽を結びつけた。彼は、ルネサンスの偉大な作曲家、ジョスカン・デ・プレの音楽に夢中だった。そして何よりも、音楽が聴く者の内面に与える驚くべき影響力を信じていた。

神学を除いては、音楽に並ぶほどの芸術はない。特に心の静けさや喜びといったものは、音楽以外では神学しか生み出すことができないからだ。[100]

教皇が、ルター主義に反論するよう顧問に命じたとき、特に音楽がその対象となった。ルターの音楽施策がもつ影響力に対抗するため、トレント公会議（一五四五～一五六三年に開催）を発端とするローマカトリック教会による反宗教改革運動が土台となり、一六世紀後半から一七世紀まで、ヨーロッパにおいて音楽が発展した。両陣営から最高の作曲家が登場したが、特に反宗教改革側の音楽家が、のちのちまで続く基本原理をより多く生み出した。音楽に関する初期の施策にはある程度の詳細や制限があったが、公会議が一五六二年に発行した指針は驚くほど軽いものだった。公会議が定めたのは、典礼の文言は徹底して明瞭でなくてはならず、すべての教会音楽はいかなる世俗の要素も排除し、シンプルなものでなくてはならないということだけだった。このような方向性を定めることで、公会議は革新と壮麗さと美を奨励した。教会法の準備段階では、ミサは明確であり、誰にでも理解可能で秩序だったものではならないと書かれていたが、のちに「みだらでも不純でもないこと」と表現を弱めた。問題は、一五四九年にチリッロ・フランコ司教が書いた手紙に集約されている。

つまり、教会でミサ曲が歌われるなら、言葉の表す主題にそって音楽の枠組みがつくられ、われわれの信仰心や憐れみの心に訴える和音とリズムであるべきだと考える。讃美歌や聖歌など、その他の神にささげられる賛歌も同様である……

われわれの時代は、労働と努力をすべてフーガの作曲に注ぎ込んでおり、ある声が「サンクトゥス（聖なるかな）」というと、ほかの声が「サベオ（軍の神）」と答え、また別の声が「グロリアトゥア（栄光あれ）」と声をとどろかせ、大声で叫んだり、口ごもったりしている。それはまるで、五月の花というより一月の猫のようだ。[101]

これらの指針のおかげで、音楽は衰退するどころか繁栄し続けた。さらに、公会議は音楽の指針の解釈とその実施を、各地方の手にゆだねた。この緩やかさが音楽の多様性と革新を後押しした。そのようなローマ教会の新戦略の下で最も輝いた作曲家のひとりがパレストリーナである。

ジョヴァンニ・ピエルルイージは一五二五年にローマ近郊のパレストリーナで生まれ、死後は故郷の町の名前で呼ばれるようになった。彼の強みは明瞭さと複雑さを組み合わせる力にあった。一般大衆の耳にもわかりやすい音楽を求めていたトレント公会議が提示した、最大の課題への答えを備えていたのだ。パレストリーナは、ルネサンスの多声音楽の大家であり、それが最もよく表れているのが、彼の代表作、『教皇マルチェルスのミサ曲』だろう。生涯を通じて経済的に困窮しており、私的な手紙には、作曲家が裕福なパトロンを得られないときに成果を上げることの難しさがにじみ出ている。一五八八年、パレストリーナは教皇シクストゥス五世に献呈した作品の前書きで、これまで多くの楽譜を世に出したが、出版を待っている作品はまだまだあり、経済的な問題により後れが生じていると不満を述べた。また、「出版には費用がかかり、大きな音符と文字が使われるとなおさら高くつく。教会音楽は明らかにそうだ」ともつけくわえた。楽譜の出版は、財政上の一大事業であり、パレストリーナは教皇などから人気を博していたにもかかわらず、ときとして苦労していた。それでも生涯で数百点の曲を出版し、存命中に名声を得ている。

楽譜の印刷にかかる費用をものともせず、成功をおさめた作曲家はほかにもいた。一五六六年に死去したアントニオ・デ・カベソンの作品の楽譜は、息子によって一五七八年に出版され、一二〇〇部印刷された。さらに、印刷業者はさまざまな手法を試していた。一五六〇年代に亡くなったフランス在住のイタリア人、ジャック・モデルヌは、フランスで最初に一回刷りの手法を採用したひとりだった。モデルヌはリヨンに楽譜専門店を開設し、複数の声楽パートが異なる向きに印刷され、テーブルの両側に立っている人々が一緒に歌えるようにした聖歌の楽譜を初めて出版したといわれている。楽譜の印刷には比較的多額の費用がかかることを考えると、このような革新には驚かされるかもしれない。しかし音楽以外の文書の印刷物は、数回読まれる可能性があるだけなのに対し、音楽の楽譜はたった一回のためだけにつくられることは決してなかった（また、楽譜は当初専門家に向けてつくられていたが、一六世紀からは家庭にも入りこみ、何千種という宗教的、世俗的両方の歌集が出版された[102]）。ルネサンス音楽の楽譜が残っている確率は非常に低いことも[103]、同じ楽譜が何度も再利用された割合を考えれば納得できる。

しかし、パレストリーナは、教皇たちに愛された一六世紀の音楽界の特別なスターであり、その作品は、教皇の礼拝所の筆記者であるヨハネス・パルヴスによって筆写された。教皇の礼拝所では、完全にその写本を頼りにしていた。トレント公会議の頃まで時代が下っても、教皇の礼拝所で印刷された文書が使われていたという記録はない。このような普通と違った状況がパルヴスに大きな権限と影響力を与えた。市場の関心とは無関係に、上からの指導に従って、階層を重んじた本の製作が行なわれていたのである。パルヴスは、パレストリーナの作品を数点筆写し、パレストリーナは、当然のことながら諸侯どころか教皇がパトロンになってくれることを喜んだ。パレストリーナの挙げた成果は、反宗教革命が音楽の自由を妨げるのではなく、かえって音楽にチャンスを与えたことを示す初期の事例だ。

パレストリーナが存命中に成功したということは、彼の作品がさまざまな場所に渡り、その後も保存されたということを意味する。それゆえに、死後もその影響力が続き、カトリック、プロテスタントを問わず偉大な作曲家たちが、彼から学んだのだった。その一人がパレストリーナの死から九一年後の一六八五年にアイゼナハに生まれたヨハン・セバスチャン・バッハだった。

バッハは、神学的にはマルティン・ルターの思想を受け継いでいたが、パレストリーナの『ミサ・シネ・ドミネ』に特に影響を受けた。自身のロ短調ミサ曲を作曲しているときには、これを研究して、演奏もした。ライプツィヒの聖トーマス教会の聖歌隊長で音楽監督を務めたバッハは、すばらしい図書館に出入りすることができた。特に聖トーマス学校の図書館は、一五世紀～一七世紀にかけての多声声楽曲の一大コレクションを有していた。[104] このように、生前辛酸をなめていたにもかかわらず、パレストリーナの作品は、死後一世紀以上たってもなお、継承する者たちの手に広くいきわたっていたのだった。

しかしパレストリーナと違い、バッハは生前オルガニストとしてしか有名になることはなく、作曲した作品は一七五〇年に死去した時点でも、その後数十年経っても、音楽界ではほとんど知られていなかった。生きているあいだに出版された作品はほんのわずかだ。例外は『平均律クラヴィーア曲集』で、第一巻は一七二二年に、プレリュードとフーガを集めた第二巻は一七四二年に編集された。しかしこれらは今日の意味での〝出版〟はされなかった。作曲家の死後五一年を経た一八〇一年まで印刷されることはなく、むしろ写本として出回っていた。このことは印刷術という観点からするとの失敗ではないかと考えたくなるが、一方で成功事例としてみることもできる。なぜなら作曲家の死後長い時間が経ってから、印刷のおかげで作品が注目される機会がおとずれ、生前は得ることのできなかった世界的な、しかも永続する名声までも与えられたからだ。パレストリーナは一九世紀のロマン派によって再評価を受け、バッハの名声もそれとともに始まった。

印刷された楽譜が、バッハ自身の音楽活動の始まりと発展に影響を与え、そして死後半世紀が経ってから再発見される道筋をつくったわけだ。彼の音楽的な理想や深みは、紙という媒体のおかげというわけではないが、少なくとも子どもの頃に一七世紀の楽曲の譜面をこっそり書き写したときには紙が役に立っただろう。しかし死後の成功は、まさに印刷の時代の産物だった。なぜなら作曲家の死後何十年、ときには数世紀もたってからいきなり広く人気を博し、作品が世界中の何百万という愛好家の家庭の本棚やピアノや譜面台の上に置かれるなど、印刷の時代が幕を開けなければありえない出来事だったからだ。

紙に印刷することにより、作曲家と音楽家はより容易に音楽を学び、借用し、相互交流しながら作曲し、その音楽を広めることができるようになった。大衆向けの宣伝活動ができるようになったのは紙の印刷の時代の重要な進化であり、紙による宣伝活動はあっという間に都市景観の一部になった。実際、紙は大衆に注意を促すことのできる唯一の方法とみなされることもあった。一五七〇年代以降、イギリスでペストの問題に対応するために、市民が従うべき手順が印刷されて公共の場で配られ、死亡者統計表も配布されるようになった。ジェームズ一世の統治一年目（一六〇三年）には、市民にいつどのように互いに接し、何を避けて、どんな治療や投薬が役に立つかということを広く伝えるペストに関する命令書が発せられている（たばこまでもが推奨された）。

しかし一六〇三年の流行がいったん収まると、紙は疾病への注意を促すのではなく、むしろ喜びを広める祝祭的な役割を取り戻した。ロンドンにおける一六〇三年のペストの大流行は、劇場町であるサザーク地区で始まった。その夏にペストの拡散を食い止めるためにジェームズ王が導入した緊急対策の一環として、劇場は――それ以前の流行のときにもあったことだが――閉鎖された。しかし一六〇四年、首都に普通の生活が戻り、ペストへの注意喚起の代わりにさまざまな娯楽、とりわけロンドンの劇場公演の宣伝が、住民たちの目に触れるようになった。

一六世紀の初頭、劇場はロンドンの生活と風景を特徴付けた。当時の偉大な劇作家、ウィリアム・シェイクスピアも、その当時からずっと〝グローブ座〟と呼ばれているロンドンの劇場の共同所有者だった。シェイクスピアの芝居では、王、司教、墓掘り人、道化師など、さまざまな社会階層の登場人物が同じ舞台に登場する。舞台は、観客の目の前に社会全体の縮図を提示し、異なる観客の誰もが、少なくとも登場人物の誰かと自分を重ね合わせることができた。舞台の目の前の平土間には、わずかな代金を払って見物する〝土間客〟が立っていた。

シェイクスピアは紙文化のなかに生き、その恩恵を大いに受けていた。彼の芝居のなかで紙はさまざまな形で現れ（そして消え）、たいていの場合は『ロミオとジュリエット』のように劇的な印象を与えた。しかしシェイクスピアの演劇に対して紙が果たした最も重要な役割は、劇作家本人に幅広い情報をもたらしたことだった。実際、リーディング・ホイール（回転読書機）という新しい読書の道具が登場したのは、シェイクスピアの時代である。この驚くべき機械は、一・五メートルほどの高さの巨大なドラム型の車輪のなかに棚がついた構造になっている。一五八八年にイタリア人の軍事技術者によってデザインされたこの道具は、読者が数冊の書籍を同時に開いた状態で置き、車輪を回して読む書籍を変えることができる、複数閲覧ウィンドウのようなものだった。

教育を受けたルネサンス期の読者は、複数の文献を参照することを好み、いくつかの文書を同時に読むことに慣れていたので、これはまさに時代の産物であった（とはいえ実際にリーディング・ホイールをつくって使う人はわずかだったが）。比較は、ルネサンスの学習方法に欠かせない要素でもあった。シェイクスピアがリーディング・ホイールを使っていたと考える理由が特にあるわけではないが、この機械が使われていたのはまさにシェイクスピアの時代で、たったひとつの神話、出来事、比喩にも複数の情報源に当たることが喜ばれる時代だった。このような多様性の賞賛は、当然ながら、急激に書物が豊富に手に入るようになったことによって可能になった。ルネサンス期に読めるようになった書物の多くは、ギリシアやローマの古典文書であり、これらはのちにルネサンス作家の重要な種本となる。

複数の書物を同時並行で読み、幅広い資料から一度に情報を得る文化は、シェイクスピア自身の仕事に影響を及ぼした。彼は何もない真っ白なページから書き始めることはなかった。シェイクスピアの特性のひとつは、過去の文章から盗み取って物語をつくりあげること、そしてそれをよりよくすること、あるいは考えや信条や隠喩を剽窃する能力であった。その文学的な貪欲さは広大な範囲に及んでいた。シェイクスピアは世界——書物と学問の世界——を舞台へと持ち込んだのだ。たとえば一五九九〜一六〇〇年に書かれた『お気に召すまま』は、一五九〇年に発表されたばかりのトマス・ロッジの散文体の物語『ロザリンド』から取られた。シェイクスピアがつけた題名からして、「もしあなたのお気に召すなら」というロッジの冒頭の一節から取られている。戯曲そのものには、さらに多くの引用元があると考えられ、一文ごとに確かな由来をたどっていくことは不可能だ。シェイクスピアの作品のなかでも最も愛されている隠喩のひとつである、第二幕第七場のジェイクズの独白もそうだ。出だしはこうである。

全世界は一つの舞台、
人は男も女もみな役者にすぎない。
ひとりひとりに入場があり、退場がある。
そして一生のうちにひとりが何役も演じ、
舞台は年齢ごとに七つの幕に分かれている。

この隠喩も、もちろんシェイクスピア自身の発案ではなく、「人間の地上における一生は喜劇のようなもので、誰もが誰かの役を演じている」と論じる、ソールズベリーのヨハネスが一一五九年に書いた『ポリクラティクス』をなぞっている。七という数字は聖書に、あるいは中世の宗教的・象徴的な用法に由来する。ルネサンスの影響も色濃かった。エラスムスの『痴愚神礼讃』では、人生とは芝居であり、それぞれの役者は演出家が舞台袖で動作の合図を出してくれるのを待っていると表現し、一五三〇年代に初版が出版されたパリンゲニウスの『人生の獣帯』もそれに近く、世界そのものが舞台であると説明している。一五七〇年にアントワープで出版された『テアトルム・オルビス・テラルム』という名前の世界地図帳は、しばしば初の近代的な地図帳と称され、当然ながらその当時注目を集めていたが、これも独白のなかに盛り込まれている。この書名は〝世界の舞台〟（直訳すると〝地球の球体の舞台〟）を意味し、シェイクスピアの作品にも豊富に盛り込まれている大航海時代の熱気を反映している。さらに古典を振り返ると、古代ローマの詩人オウィディウスが人間の四つの時代について書いた『変身物語』も取り入れている（シェイクスピアはこの文章を何度も繰り返し使った）。こうした多様な原典は、一六世紀末には印刷文化によってすでに入手可能になっていた。

さらには、書物が手に入りやすくなったおかげで、シェイクスピアが世界を舞台に持ち込むことが可能になったのと同時に、舞台を人々の家に届けることもできるようになった。ウィリアム・シェイクスピアの戯曲は、完全版こそ一六二三年のフォリオ版まで出なかったものの、一五九〇年にはすでに出版されている。印刷部数は、舞台を見た人の数に比べれば少なかったが（グローブ座が一回の公演で三〇〇〇人を収容できたのに対し、書籍の場合たいていは一五〇〇部も印刷されなかった）、今日の基準からみれば一五〇〇部というのはなかなかの数字だ。『ハムレット』は、初版のわずか一年後の一六〇四年にクオート版が再版された。しかし、二版目は文章が二二二一行から四〇五六行に増えている。通常一つの芝居の上演にかかる時間は約二時間半だが、これでははるかに長くなり、上演にかかる費用も高くなる。とはいえ、これは役者や出資者や観客ではなく、読者のために書かれたものだったので、問題にはならなかった。[105] 時代を代表する劇作家であるシェイクスピアの名前で本が売れるということに、出版社もすぐに気がついた。

しかしルネサンスの劇作家の大部分は成功することなく、死後にようやく作品が出版された。一方でシェイクスピアのソネット集はロマンティックな恋愛の個人的な表現を盛り込んでおり、印刷が私的な領域から公的な領域へと世界を広げていたことを示している。シェイクスピアの友人フランシス・ミアズは、一五九八年にシェイクスピアの「甘いソネット集」を賞賛したが、同時にそれが（「一般読者」ではなく）「親しい仲間内」でしか手に入らないとも書いていた。しかしそのおよそ一〇年後の一六〇九年には、『シェイクスピアのソネット集』が、おそらくは正式な承諾なく、トマス・ソープによって一般向けに出版された。

このように個人の読者に焦点を当てたことで、散文の出版はより魅力あるものになった。詩はそれまで暗記して朗誦するものだったので簡潔さが好まれたが、散文が執筆されることによって市場に変化が生じた。一般的な読者は一度読むためだけに（かなりの長さの）羊皮紙の書物を買うことはできなかったが、一六世紀のあいだにヨーロッパで標準化が進んだ（そして価格が下がった）紙の本であれば、一回読むためだけに購入することも現実的になったのだ。また、詩が通常は朗読したり、少なくとも声に出して読んだりして楽しまれていたのに対し、紙の本の登場により、ひとりで静かに本を読むことが広まっていた。散文の印刷の台頭は、それに続く流れだったのである。

早く広く売れるという小説の特性が顕著に現れたのは、最初の近代小説ともいわれる『奇想天外な郷士ドン・キホーテ・デ・ラ・マンチャ』あるいは単に『ドン・キホーテ』と呼ばれる小説だった。小説というのはさまざまな形態を取り、多くの異なる文学の様式を反映しているので、定義することは危険である。ヘンリー・ジェイムズは、いくつかの小説は「放し飼いにされた巨大な怪物」だと書いた。しかし、セルバンテス研究家のアンソニー・J・カスカルディによると、このような性質、つまり「無限ともいえる構成要素を取り入れて、予想もつかないほど多様な形をつくりあげる力」こそが、小説の定義として最もふさわしいということになる。[106]だからこそ、私たちは『ドン・キホーテ』を最初の小説と呼ぶのだと、カスカルディは続ける。セルバンテスが一六〇五年に出した、ならずものの主人公が繰り広げる冒険の逸話を集めた小説、ドン・キホーテと名乗る主人公と忠実なしもべであるサンチョ・パンサの物語は、一〇年の間隔を置き（一六〇五年と一六一五年）、二巻に分けて出版された。すると、すぐに国境を越えて読者を得た。一六二〇年までに、西ヨーロッパ各地とアメリカ大陸の一部で翻訳され出版された。

『ドン・キホーテ』は、「ロマンティックな理想主義が実世界と衝突したときに小説が生まれる様子を示している」[107]からこそ、小説の原型と呼ばれるにふさわしい――そう考えると、小説の台頭と、近代科学の興隆と、古典的な権威への懐疑心の高まりが時期を同じくして起こったことも、理解できる。また小説は世俗的なジャンルであり、印刷の時代の新たな社会経済的な現象である中流階級とも緊密に結びついていた。

小説は小冊子や新聞をつくるよりずっとお金がかかり、したがって投資家にとっては重大な経済的リスクをともなうものであった。このリスクは、多くの読者が購入して初めて報われる。つまり小説は、それを買うだけの可処分所得が十分にある読者、すなわちブルジョワジーの存在を必要としていた。しかしそれ以上に必要なものがあった。共通の言語である。識字能力もさることながら、何千人もの互いに会うことのない人々が同じ小説を理解するだけの共通の文化的経験と共通認識が不可欠だった。この何千人ものあいだで共有される言語、識字能力、文化的アイデンティティの必要性こそが、小説が、国家と最も密接に結び付いた文学形態だといわれるゆえんである。国家とは多様性がありながらも、共通の〝国家的な〟経験を有している人々の集まりを指す。結局、小説はフランスとイギリスで最も早く花開いた。

小説の読者層の広がりは、紙を読む人の歴史のなかでも重要な局面だったといえるが、それは小説がブルジョワジーやなんらかの国民意識と結びついていたからではなく、それ以前のいかなる硬い文学よりも、決定的に性別を超えたからである。小説は男性と同様に女性にも直接届いた。さらに根本的に変わったのは、小説の書き手にますます女性が増えていったことだ。ルネサンスによって女性が読み書きすることが正当化され、宗教改革はさらにそれを推し進めた。マルティン・ルターは現地語の聖書が女性にも読まれ、男子の学校と女子の学校の両方がつくられるべきだという希望を表明していた。しかし女性作家が男性から独立し、男女を問わずさまざまな読者に向けて執筆するための本格的な道筋をつくったのは、小説だった。

フランスでは、特に南西部における印刷の発展（ブルジョワジーの家に書物が入り込んだ）、宗教改革（聖書を個人的に読むことを奨励した）にくわえて、イタリアの影響で（特にフランソワ一世の統治下（一五一五〜一五四七年））ルネサンスの人文主義思想が男女両方に広まったことにより、女性作家が登場した。フランソワ一世の姉、マルグリット・ド・ナヴァルは、学問と、王族のつながりと、プロテスタントへの共感をひとつに合わせて、さまざまなテーマを扱っている。尊敬するエラスムスと手紙を交わして、七二の物語からなる『エプタメロン』を描いた。そのなかには「アマドゥールとフロランド」という不遇の愛の物語がある。この作品は、「小さな小説」と呼ばれた[108]。一七世紀、マリー・ドゥ・グルネーが万人のための教育を説いた『男女の平等』（一六二二年）と『女性の苦難』（一六二六年）を出版したことによって、女性作家たちは一層励まされた。

イタリアで始まった文学サロンは、フランスでは一七〜一八世紀にかけて書物や思想について議論する中心として栄えた。一般に女性は男性より会話がうまく、社交に長けていると思われていたので、この特権的なサロンは特に女性を好んで受け入れた。他方、一七世紀のフランス文学の中心は演劇であり、男性の劇作家と厳格な古典様式が支配していたので、女性はより個人的な様式と主題への道を開いてくれる「物語」に傾倒していった。そうすると、小説という形態は自然な選択であり、女性が、印刷された文書とのあいだに模索していた新しい関係の象徴として際立っていた。

『クレーヴの奥方』は、作者不詳として一六七八年に出版された小説だが、著者は一六三四年にパリの下級貴族の家に生まれたラファイエット夫人ではないかと考えられている。しばしばフランス初の近代小説と称されるこの作品は、一七世紀のフランスで語られるにはあまりに赤裸々な心理描写がなされていた。主役以外の登場人物はすべて、宮廷の人物をモデルにしている。これは幅広い議論を呼んだ。議論の中心となったのは、主人公のシャルトル嬢である。シャルトル嬢はクレーヴ公と結婚するが、やがて別の男性と恋に落ちる（その後二世紀にわたるイギリスとフランスの優れた小説の常として、題名で女性がどのように呼ばれるかは、女性の社会的自立の度合いを暗示している。ラファイエット夫人の小説に登場するヒロインの名前は夫の名前からとられている。『ボヴァリー夫人』もそうだが、『エマ』は違う）。彼女は夫に対して誠実であろうとして、その感情を打ち明ける。夫は（打ちひしがれて）死ぬ前に、彼女に真実の愛を追い求めないようにといい残す。彼女は、愛する男が晴れて求愛をしてもそれを断り、代わりに修道院に入り、若くしてこの世を去る。彼女は、男がいつか飽きて自分を捨て、ほかの女に走るだろうと思っていたのだ。読者を驚かせたのは、主人公が一般的な社会規範に従って行動しないことだった。これが女性による作品だということも衝撃的だったに違いない。ラファイエット夫人は、フランスの上流社会の理想像とはかけ離れた文学的ヒロインを提示したのだ。

『クレーヴの奥方』では、ほとんどの読者が見たこともないような一流エリート社会が描かれたが、この作品以降、小説はさらに幅広いテーマを扱えるジャンルであることが明らかになっていった。大衆の言葉で書かれ、ヨーロッパで初めて市井の人々を「確固たる重要性をもって」扱ったジャンルであった。[109] 特にイギリスでは、ありとあらゆる社会階層の人物が登場するようになった。さまざまな登場人物を取りあげるだけでなく、あらゆる文体が取り入れられた（ただしこれは、一九世紀半ばに写実小説が登場すると減っていった）。この点に関しては、小説とはまったく異なる文脈で生まれた文学形態である、福音書と関係している。新約聖書の福音書はそれ自体、歴史、終末論的文学、詩、病を治す物語、寓話など、幅広い古典の様式を借りた混成の文学だった。さらに福音書は、小説と同様に普通の人々を重要な人間として扱っており、それは古典的な世界観からすれば異様なことだった。日常生活が貴重だという考え方はここに源泉があるのではないかといわれている。[110]

教養ある人々からしばしば小説が見下される理由として、小説の大衆性が挙げられる。一八世紀の評論家の多くは小説を好意的にはとらえず、大衆迎合的で低俗な文学形態であり、正しい古典の教育を受けていない者にふさわしいと考えていた。いいかえれば、小説は女性にふさわしいと考えていたのだ。このような軽蔑は、むしろ女性の作家や読者にとっては好都合で、彼女たちはほとんど邪魔されることなく、小説というジャンルを自由に試すことができた。さらに、心の問題は女性のかかわることだと一般的に考えられていたために、小説が精神的生活に焦点を当てている点も、「女性が書くもの」だという考え方に拍車をかけた。

特にイギリスでは、これまで以上に女性の執筆が盛んになった。小説の執筆には古典の教養も必要なく、舞台もかつてとは違い、王族、教会、戦場などには限られなかったからだ。小説の登場により、応接間や食堂や台所や市場までもが、まじめな文学作品の背景や焦点にさえなった。たいていの場合、小説は会話を再現することによって社交関係を強調し、歴史や古典や神学や詩の正式な教育を受けた人々だけでなく、受けていない人々（一般的には女性や社会経済的階級の低い人々）が住む日常生活のなかにも物語を持ち込んだ。

この流れは女性の作家のみならず、女性の読者にも影響を及ぼした。早くも一七世紀には、イギリスの都市部の中流階級で女性読者の数が増え始めていたが、女性読者層のみに向けた専門書がますます多く書かれるようになっていたことも変化の一因だった。[111] 物理的には、印刷された本は持ち運びしやすいので、購入するとそのまま家に持って帰ることができた（一九世紀アメリカのニューイングランドの女工たちは、仕事にいくときに小説を隠しもっていったという）。[112] 女性のあいだで人気になったことにより、小説は家庭内で読まれるようになった。男たちからは「女性向けの文学形態だ」と退けられることにより、小説はますます自由に女性の手へとわたっていったのだ。

イギリスのヴィクトリア朝時代、小説は広く人気を博した。ジェーン・オースティンの功績もあって、一九世紀初頭にはイギリスにおいて小説というジャンルが一定の評価を確立する。やがて出版ブームが起こった。一八三〇～一九〇〇年のあいだに、およそ三五〇〇人にのぼる作家によって書かれた約四、五万冊の小説がイギリスで出版された。[113] これは出版にとっても重要な時代であった。一九世紀、出版はもはや印刷所や書籍商の一商売ではなく、専門家による専門的な分野になっていたのである。

印刷が近代の読者にもたらしたもののなかで、小説は、特に幅広い読者に訴えかけるジャンルでありながら、個人的にも楽しみやすい製品となった。小説は新聞のように自分のために買うだけの製品ではなく、それを持ち続けることによって所有意識を育てるものである。小説は（新聞や、仕事上の書類や書簡と違って）読むべき時間を指定したりしない。小説には強い歴史的な傾向があるが、（たとえば歴史書や科学書のように）読者に出来事の過程や事件や周囲の人々について教えようとはしない。それよりも読者に登場人物や場所やその他さまざまな要素を自分のこととして想像することで、物語を自分の一部とするように求める。小説とは元来創作的なものなので、読者の心のうちに想像力を与えようとする。

持ち運びしやすく、手ごろな値段で、（少なくとも原則的には）誰もが読むことができ、個人的で、近代的で、中流階級向けである小説は、紙という乗り物に最も適した旅人といえるだろう。もし紙の書物が終焉に近づくとしたら、小説は最後の砦になるのではないかと私は思う。

第一六章　大量に印刷する

すべての自由のなかでも、知る自由、発言する自由、そして良心に従って自由に議論する自由を、私に与えてください。

ジョン・ミルトン『アレオパジティカ』一六四四年

一五世紀、イタリアの都市国家は、ヨーロッパにおける文字言語の使い方を変革した。製紙は、イタリア半島では一三世紀に始まったが、イタリアの各都市国家を支配する各一族がこの新しい技術の活用をさらに推し進めたのは、ルネサンスの後押しを受けてからである。ルネサンス以前の世紀からすでに、法的文書や行政文書には紙が用いられていたが、ルネサンス以降は「書く」ことの重要性がさらに広く認められるようになった。これが、政治の世界にとりわけ大きな影響を及ぼした。私たちは今でも、当時の都市国家が生み出した官僚的統治の世界に生きている。紙は政治の中央集権化を助けた一方で、政治を広く民へと開く役割を果たした。官僚主義が力をもつにつれ、政治的なやりとりも増えた。紙を使ったこの新しい文化から、今日も見られるようなニュースメディアが生まれたのである。紙という媒体によって政治的対話が公になると、イタリアで生まれた文化がヨーロッパ全体の

（そしてのちにアメリカの）動きになっていった。この動きは、ヨーロッパ大陸の各地でばらばらに始まったが、政治的情報を握る者が徐々に変わっていったことを象徴する、決定的な瞬間があった。そして紙は、その変化において重要な役割を演じたのだ。

一五世紀のイタリアにおいて、新しい執筆文化の最初の原動力となったのは、ルネサンスの源泉にもなった現象、好奇心だった。人文学者たちはあらゆる書物を詳細に研究し、理解し、記憶しようとした。科学者たちも、自然について同様のことを望んだ。この時代、人文学者や科学者がそれぞれの興味の的を追求することができたのは、印刷ではなく紙そのもののおかげだった。すばらしい図書館を得た学者たちにとって必要になったのが、「メモをとること」だったのである。

古典時代の先人、特に紀元一世紀の博識家であった大プリニウスのメモの取り方に注目する学者もいた。彼は、約一六〇巻に及ぶ個人的なメモと引用を甥に残した。もしかすると古典の世界ではメモを取ることが当たり前だったのかもしれないが、（素材を考えれば当然だが）そうしたメモは現存していない。中世のメモは、（羊皮紙に耐久性があるため）ずっと残りやすかったはずだが、今日まで残されているメモがとても少ないことを考えると、おそらく最低限のメモしかとられなかったのだろう。しかし一五世紀になると、あらゆる主題に関する好奇心が高まり、急速に状況が変化し始めた。メモへの傾倒を象徴する人物が、レオナルド・ダ・ヴィンチである。彼のメモは、残っているものだけでも約六五〇〇ページに及ぶ。一五世紀イタリア、のちにはヨーロッパと北米の読者と学者は、小ぶりの本を持ち歩き、学んだことや気づいたことは何でもその本にメモするようになった。続く時代にはこの新しく学んだことを記録して、理解する画期的な方法を表す英語〝commonplacing（備忘録をつくる)〟、〝excerpting(抜き書きする)〟が登場した。[114]
ルネサンス人にとって、私的にメモを取ることは学術的な趣味にすぎなかったかもしれないが、政治の記録を紙に残すことは、一五世紀のイタリア政界で働く者にとっては不可欠だった。一四四八年、モデナの司教、ジャコモ・アントニオ・デッラ・トーレは、イタリアの都市国家の大使たちが書いたものを〝紙の世界〟と呼んだ。[115] それは、絶望の叫びだった。グーテンベルクの発明がちょうど世に出たところではあったが、デッラ・トーレのいう〝紙の世界〟は、手書きされていた。その原因は、一四世紀に始まって一五世紀に新たな頂点に達した政府文書の増加にあった。

この増加の背景にあったのは、政治の中央集権化と都市文化の興隆、それにともなう政府からの複雑な要求だったが、同じくらい重要だったのは、北部の都市国家のあいだに平和をもたらした一四五四年の〝ローディの和〟(和平協定)と、それに続く一四五五年のイタリア神聖同盟の成立以来強化された、ミラノ公国とヴェネツィア共和国の外交関係だった。統治者たちは、同盟国に大使を送り込むようになった。早くも一四九七年には、(ミラノ公国を支配していた)スフォルツァ家の在イギリス大使が、イギリスの王は「まるでローマにいるのかと錯覚するくらいに」イタリアで起こっていることをよく知っている、と母国に書き送っている。

こうした人々は母国の統治者から定期的に書簡を受け取り、毎日書きためた報告書を送り返した。さらに、送られた手紙と受け取った手紙は記録簿に記載され、新しい大使の任命には書面で行政命令が発せられた。ゴンザーガ家[マントヴァを統治していた一家]の一五世紀のアーカイブについての調査によると、三七一九箱のうち、一六〇〇箱以上が外交活動に関する文書だった(そして箱はどれも中身がいっぱいに詰まっていた)。同様に、イタリアの政治家でフィレンツェ共和国の事実上の支配者であったロレンツォ・デ・メディチ(一四四九~一四九二)の書簡は、今日まで少なくとも一一巻が残っており、その半分以上が外交政策に関する内容に特化していた。この新しい紙の文化は公文書保管庁、その長官、そして文書保管の過程の重要性を(特により高度な技能が求められるにつれ)高めたが、だからといって大量に増えた紙を処理する役所仕事の組織化はできていなかった。これらのアーカイブに何らかの秩序を与えるには何世紀もかかるだろう。[116]

ローディの和に続く一四五〇年代に生まれた潮流は、フィレンツェとヴェネツィアが大使の交換を恒常化した一四八〇年代に一層強まった。さらに中央集権化が進むと、外交書簡は国家の所有物であると定められた。まったく同じ大使の通信を、国側と外交官側の双方で保管するために、法律によって外交書簡とその他の外交文書の複写が義務づけられた。実際、文書による報告の義務に大部分の時間が奪われて任務を遂行することができないと苦情を述べる大使もいた。

このような情報の必要性から生まれたのが、〝アヴィーゾ〟(通達、警告、告知などの意)だった。ヴェネツィアは特定の読者に対して政治、軍事、経済に関して起きていることを伝える(あるいは間違って伝えることもあったが)方法として、独自のアヴィーゾをつくっていた。すぐにローマが続き、この二都市では最新情報の報告書が定期的に作成され、他の場所にも出回るようになる。これらは、大使が母国に送る報告書を書く際の重要な情報源となった。これはイタリアの政治の仕組みによるところが大きかったため、紙刷りの新聞の直接的な先祖になったわけではなかったが、それでもやはりニュース文化の幕開けを示す兆候である。特に一六世紀後半からアヴィーゾが広い読者層を引きつけるようになり、また（一五九〇年代から）ヨーロッパの郵便事業がドイツを中心に改善されると、ニュース文化の幕開けという意味合いは強まった。一七世紀、ヴェネツィアはヨーロッパの大部分のニュースの発信源となり、はるかロンドン、パリ、フランクフルトにまで届けていた。

一六世紀ヨーロッパでは、商人が為替レート、商品価格、運搬費用と危険性、新しい市場、商売の妨げとなりそうな戦争や法律といったことに関するあらゆるニュースを求めるようになった。こうして、政治と商業を潤滑に進めるためには、ニュース通信が不可欠になっていったのである。安価な紙と郵便事業の進歩により、週刊の報告書がますます一般化し、旅をする商人はそれらを交換し、宿や品評会で仲間に読んで聞かせた。

ヨーロッパにおけるニュース文化の広まりは、海外情勢への関心が高まったことだけでなく、印刷という現象によっても促された。一六世紀末、フランスとオランダにおける政治的な出来事は、ドイツやイギリスの読者の関心も呼んでいた。フランス宗教戦争のさなか、一五九〇年のパリの包囲（二年間で二回目だった）やルーアンの包囲（一五九一〜一五九二年）は、ロンドンの出版物のなかで、英語で詳細に記述されている。このような出来事の情報を幅広く得られるようになったことで、読者は必然的にその出来事そのものにますます関わるようになった。それは、政治的に大きな意味をもっていった。[117]

一六世紀にはヨーロッパ、特にドイツの主な都市で報道の小冊子やニュース誌が印刷されるようになっていたが、二ページもしくは四ページの二段組みの紙面からなる、最低週一回刊行の新聞が登場したのは、一七世紀に入ってからだ。報道小冊子の発行が数十年間続いたのち、『レラツィオン』（原

語の正式名称 *Relation aller Fürnemmen und gedenckwürdigen Historien* は、特筆すべき記念ニュース集の意）が一六〇五年にドイツで出版された。これは、定期的かつ一般大衆向けに発行され、最新の出来事についての情報を掲載したという点において初めての新聞と考えられているが、クオート版の小さな紙面に一段組みで書かれていたので、まだいわゆる新聞の体裁をとってはいなかった。

オランダの *Courante uyt Italien, Duytsland, &c.* が、一六一八年六月にアムステルダムで印刷されたことで、新聞はようやく二段組みという形態を手に入れた。このオランダの新聞は、片面にしか印刷されていなかったものの、フォリオ版の紙を一回折って（四面をつくり）、折り目で開く形になっていた。つまりこれは世界初の〝大判〟の新聞だった。日付と号数はいずれも一六一九年に初めて記され、一六二〇年にはこの新聞は両面に印刷されるようになる。これでようやく新聞と呼べるようになった。一六二〇年には、英語版がアムステルダムで登場したが、形態としてはニュース本であり、英語のニュースが本の形を脱するのは一六六〇年代になってからのことである。初のフランス語の新聞は一六三一年に登場し、当初は『ガゼット・ド・フランス』紙と呼ばれた。〝ガゼット〟は、新聞の紙名として使われた単語のなかでも最初期に使われた単語だった。もともとは、一五五六年に発行されたヴェネツィアの月刊誌名で、一冊の値段が地元の小さなコイン、一ガゼッタだったことからその名がつけられた。アメリカで最初の新聞は一六九〇年にボストンで発行された『パブリック・オカレンシズ』紙だったが、第一号が出されるとすぐに植民地省に差し止めされた。しかし一七〇四年に発行された『ボストン・ニュース・レター』紙は、一七七六年の合衆国独立宣言まで続いた。

イギリスで印刷業の成立に最も貢献したのはひとりのオランダ人である。彼は、その過程で、のちにロンドンにおけるニュース発信の中心となる地域の土台を築いた。ウィリアム・キャクストンが一四八六年に(紙をベネルクスから輸入して)ウェストミンスターにイギリス初の印刷所を設置した。そして、より大きな遺産を打ち立てたのはウィンキン・ド・ウォードだった。一四九四年にジョン・テートがハートフォードに設立したイギリスで最初の(短命に終わった)製紙工場でつくられた紙が、ド・ウォードが印刷した本のなかに残っている。

一五世紀末にロンドンにやってきたウィンキン・ド・ウォードは、すぐに多数の修道院――ホワイトフライアーズ、ブラックフライアーズ、テンプル騎士団など――が置かれていたフリート・ストリートを商売の場所として選んだ。修道院の複写文化の中心地であったフリート・ストリートは、法律業の主要地にもなっていたからだ(弁護士も契約書を書く筆記者を必要としていたためである)。ド・ウォードはフリート・ストリートのパブ、ザ・サンに隣接する二軒の家を買うと、一軒に住み、もう一軒で出版社を開設する。ド・ウォードの一連の行動はすぐに同業者をこの地に引き寄せ、フリート・ストリートはちょっとした出版の中心地へと発展した。この地はのちに、イギリスのマス・コミュニケーション革命の中心地となるが、初期はド・ウォードの事業が独占的な力をもっていた。彼は四〇年間で、一五五七年以前に、イギリスで印刷されたすべての作品の七分の一以上にあたる約八〇〇点の作品を出版している。

一五一三年に、現在知られているなかでは最古のニュース本であるフロッデンの戦いについての書物が出版されたが、これはド・ウォードの手によるものではなかった。この本は次のように始まっている。

これから記すのは、最近のイギリスとスコットランドの邂逅、あるいは戦いに関する実話である。

しかし、優れた〝イギリス初〟の印刷物の多くは、一六世紀よりも一七世紀に登場した。その一因は、一五一三年にニュース本が出されたきっかけと同じ理由、つまりヨーロッパの平和と戦争にあった。一六一八年に勃発した三〇年戦争は、ヨーロッパで商売をするロンドンの商人たちに影響を及ぼした。さらに英語のニュース報道に関しては、一五八六年に出された禁令がまだ生きていた。したがって、一六二一年に発行された初めての英語の新聞は『クーラント：イタリア、ドイツ、ハンガリー、スペイン、フランスからのニュース』紙と呼ばれ、オランダ語から翻訳されたもので（印刷は現地で行なわれた）、内容には（タイトルが示すように）イギリスのニュースは含まれていなかった。イギリスのニュースが話題になるようになったのは、星室庁裁判所［一四八七～一六四一年イギリスにあった刑事裁判所。専断的な裁判で市民の反感を買っていた。］が（一六四一年に）解体されて、イギリス独自の市民戦争が始まってからのことだ。

イギリス初の「正式に認定された議会のニュース本」である『パーフェクト・ダイアナル（「毎日の」の意）』は一六四二年に発行され、初の広告だけの新聞『パブリック・アドバイザー』紙――紙面にはイギリスに登場し始めていたコーヒーハウスの広告も掲載されていた――は一六五七年に発行された。これらは大衆紙ブームの走りとなり、製造の中心となったのはもちろんフリート・ストリートだった。コミュニケーションのスピードもますます重要になり、その発展ぶりは『エクスプレス（速達便）』紙、『ディスパッチ（特報）』紙等、人気が高まりつつあった新聞の名前に反映されていた。

イギリス人は最新ニュースに飢えていたが、その飢餓感は自然とコーヒーハウスで満たされるようになっていったのである。

コーヒーハウスの存在は、紙の新聞という新しい文化にうまく適合した。そして、エールハウスやタヴァーンなどの居酒屋ほど下品ではなく、ニュースや政治に関して議論する場となった。一七世紀後半以降、コーヒーハウスはイギリスとフランスの両国に登場し、特にイギリスのコーヒーハウスでは、まるで〝大衆の議会〟のように、客がニュースや持論についての議論を繰り広げた。コーヒーハウスでは誰もが自由につきあい、自由に自己を表現して、広がりつつあった報道の自由を謳歌していた。早くも一七一二年には『ブリストル・マーキュリー』紙がコーヒーハウスについて次のような苦情を書いている。

一六九五年頃から出版社が再び稼働し、人のなかに最新の情報を求めてうずうずする気持ちが伝染病のように急激に広まった。店主や手工芸職人は日がな一日コーヒーハウスでニュースを聞いたり政治について話したりして時間を過ごし、妻と子どもは家でパンを欲しがっているのに商売はおざなりにし、刑務所にぶちこまれたり、軍隊という聖域に逃げ込んだりしているのだ。[118]

ロンドンを訪れる人はニュースに対するこの新しい執着がもたらす影響に目を丸くした。一七二〇年代にロンドンを訪れたスイスの日記作家セザール・ド・ソシュールは、コーヒーハウスは人が多く、煙が充満していて、ニュースや政治について読み上げる声であふれていたと書いている。人々の日常の出来事への関心の高まりによって、新聞は都市生活の中心に確固たる地位を築いた。そしてウィンキン・ド・ウォードが最初の出版社を置いたフリート・ストリートは、昨今メディアが流出するまでイギリス新聞業界の地理的中心地であり続けた。

一六七〇年代、『ツァイトゥング』紙（英語の〝タイムズ〟と同意）、〝新聞〟、〝ジャーナル〟といった言葉が出版用語に加わった。一七三一年に初めて登場した〝マガジン〟（雑誌）は、さまざまなものを蓄える武器倉庫を意味するアラビア語の〝マハーズィン〟からとられ、雑誌の内容が多岐にわたっていたことに由来する。けれども近代的な新聞が登場したのは、識字率が向上してからだった。日刊紙はイギリスで一八世紀前半にようやく登場し、アメリカで大量に供給されるようになったのは一九世紀中頃になってからだった。ニュースが人の手にわたるようになる背景には、何の権力も必要なかった。しかし適切な情報を入手できなければ、政治的問題に意味のある関わりをもつことは不可能だった。その一方で、情報を手に入れさえすれば、どんなに距離が遠くても参加できた。そこに、読者にも新聞にとっても、限りない可能性があった。

一六世紀末には、ユトレヒト同盟諸州［一五七九年のユトレヒト同盟で連合して、一五八一年にネーデルラント（オランダ）連邦共和国として独立を宣言したホランド、ジーランドなどオランダ北部の七州］はヨーロッパの知的出版におけるヴェネツィアのライバルだった。また一六二〇年には、アントワープがイギリス、フランス、スペイン、ポルトガル、ドイツ、イタリアに郵便を運ぶふたつの国際郵便システムの中心地になっていた。さらにオランダ独立戦争は印刷に好機をもたらした。一五六八年から北部の七州がスペイン王フェリペ二世とスペイン領ネーデルラントに反旗を翻し、カトリックが支配していた南部から多くの人が北に逃れたが、そのなかには印刷業者や書籍商もいた。

オランダ語出版業は、有利な経済条件（低い利率と潤沢に手に入る資本）と優れた商業用輸送システムのおかげで、一六世紀のオランダ語書籍の出版を支配していたアントワープを起点として、ユトレヒト同盟諸州一帯の都市で栄えた。加えて、同盟諸州には確立された政治的枠組みがあり、ヨーロッパのほかのどこよりも出版に関する規制が緩く、多くの場合、著作権は厚く保護されていた。議論と出版はともにオランダで栄え、論争を呼ぶ作品の著者たちはオランダの自由な市場において出版社を見つけることができた。またオランダの出版社は、千年にわたる製紙の歴史のなかでも最もすぐれた技術革新によっても支えられていた。それは、ホランダーと呼ばれるパルプ製造機である。一六八〇年にオランダで発明されたホランダーは、紙パルプをほぐす際に木製の杵だけではなく刃状の板を使い、それ以前のハンマー式の粉砕機が処理するのに、丸一日、あるいはそれ以上かかっていたのと同量のパルプを、一時間で製造することができた。紙の繊維は弱くなったが、製造の効率は見違えるほどよくなった。

一七〇〇年代中頃までに、オランダではデン・ハーグ、ライデン、ユトレヒト、フローニンゲンで独自の〝クーランテン〟（新聞）がつくられるようになっていた。一七世紀に同盟諸州に大量に移住んだフランスのユグノーに向けて、フランス語の新聞も発行されていた。[119] 万人のための教育と識字率の向上は、一九世紀になるまでは政治的な目標としてさほど認められていなかったが、一八世紀の西ヨーロッパ市民はますます、聞くだけではなく読む市民になりつつあり、ヨーロッパの出版社はこの変化の原動力となるとともに、変化に応えてもいた。オランダほどその変化が顕著なところはなく、一七世紀末にはヨーロッパのどの国よりも非識字率が低かった。一九六〇年代に、一六三〇年、一六八〇年、一七八〇年のアムステルダムで、それぞれ何人の花嫁と花婿が署名することができたかという調査が行なわれた。男性のうち署名した人の割合は五七、七〇、八五パーセントと変化し、花嫁の割合も三二、四四、六四パーセントと上がっていった。[120]

ユトレヒト同盟諸州は、技術、資金、ネットワーク、識字率の高さ、危険な政治的文書さえ大量生産できる政治的自由によってますますヨーロッパの出版業の中心地となり、オランダの自由思想と出版業こそが、特にフランスにおいて革命の重要な発射台となった。オランダの読者は国家の管理をまったく受けない出版物を読むことはなかったが、実際には異なる集団が支配する異なる州に住んでいた。権力が分散していたことにより、著者と出版社はたいてい書かれた内容が安全に印刷される地域を見つけることができたので、実質的な自由を得ることができた。カルヴァン主義の後押しを受けて、アムステルダムはプロテスタントの最新の著述の中心地となった。一六世紀オランダにおけるプロテスタントは、フランスのカルヴァン主義の著述から多くの議論を取り入れ、アントワープの出版社はフランスで起きていることに詳しかった。しかしフランスのプロテスタント関連の著述は一五六〇年代に頂点を超え、一五八〇年代までにはフランスの宗教的な著述はほとんどがローマカトリックによるものになっていた。

フランスのカルヴァン主義の哲学者、ピエール・ベールは、まずはジュネーヴに亡命し、一六七五年にフランスに戻り、一六八一年に再び亡命して今度はオランダに渡り、一七〇六年にオランダで死んだ。ロッテルダムから数多くの作品を出版し、一六八四〜一六八七年に文学雑誌『文芸共和国だより』誌を編集。一六八六～一六八八年には、宗教的弾圧に反対し寛容を評価する『哲学的注解』誌が、これもフランス語で出版された。ジュネーヴとロッテルダムはピエール・ベールを迫害の危険から自由にしたばかりでなく、自分の思想を自由に出版し、それを流通させてフランスにまで戻すことをも可能にしたのだった。

さらに象徴的なのは、ローマカトリック教会が作成した『禁書目録』で、これはヨーロッパじゅうのカトリック教徒に印刷することも読むことも禁じた書物のリストだった（カトリック国のなかにもリストに対してさまざまな反応があり、独自のリストを作成する国もあったが、往々にして同じ作品がリストに含まれていた）。したがって、一部の裕福な読者だけは不法にこれらの本を手に入れることができたが、出版社は訴えられ、多数の読者には広まらなかった。ユトレヒト同盟諸州では、当然ながらカトリックの目録はなんの効力ももたなかった。オランダのある出版社などは、禁書にされた本は特によく売れるだろうと踏んで、この目録をもとに出版計画を立てた[121]。このように、ユトレヒト同盟諸州は、不満を抱いたヨーロッパの思想家たちが自分の意見を大陸全土へ向けて公表するための出版の場を与えていた。こうした自由は、特にフランスの政治と社会（そしてそれらを支える理想）に関する意見の交換を可能にしたという点において重要だった。アムステルダムは特に開かれていて、宗教的寛容性が高く、少なくとも原理としては自由貿易を支持していたので、スペインのユダヤ人、フランスのユグノー、フランドルの商人、スペインの残されている南部の州から逃れてきた宗教難民を歓迎した。町は急速に商品と思想の天国となり、書籍と小冊子は必然的にここから流れ出た。

作品を出版するためにアムステルダムの自由を活用した革新者のひとりが、フランス宮廷に雇われた歴史家のアブラハム＝ニコラ・アムロ・ドゥ・ラ・ウーセ（一六三四〜一七〇六年）であった。人文主義の編集者で新聞発行人であったドゥ・ラ・ウーセは、当時の主要な歴史と修辞学の本数冊を出版した。出版の国際協定をばかにして従わず、秘密の条約の文章や大使館の書簡を売り、またフランス当局の仕事を赤裸々に表した自身の政治的著作を出した。ドゥ・ラ・ウーセは注釈入りの自著の出版を通して、政治的言説を大胆に発表したが、それは文書による批判が政治的批判のひとつの形だったからである。彼は革命の後押しこそしなかったものの、国家の所業を暴いてそれに注釈をつけることは、フランスの政治を外の世界の批評にさらすことを意味した。

ドゥ・ラ・ウーセは、一七〇六年に死去するまでに少なくとも五九の作品をフランスで出版し、その死後である一八世紀にもほぼ同じ数の作品が出版された。最も優れた作品はマキャベリの『君主論』の翻訳で、注釈をつけてアムステルダムで出版された。ドゥ・ラ・ウーセが翻訳した本はアムステルダムで彼の生前に少なくとも五回、一七〇〇年代には最低でも一五回は再編集された。一五三二年に初めて発行されたニコロ・マキャベリの『君主論』は、どうやって国家を守るかを示した作品であり、何よりも大切な教えは、結果は手段を正当化するということだった。現在では、この作品は政府のための処方箋というより風刺として書かれたとする評論家もいるが、当時は額面通り受けとられ、のちにナポレオンもスターリンもその内容を額面通りに受け取った。ナポレオンはその本のなかにメモを書き、スターリンは自分のもっていた本に注釈を書き込んだ。[122] マキャベリを擁護したドゥ・ラ・ウーセは、歴史を批判的に読むことを（そして書くことを）選び、それがのちの政治的改革の種となった

16⊙一七八九年の革命に続く出版の自由は多くの観察者の目には大混乱に映り、書物のテーマを卑しいものへと押しやっていくように思われた。解放されたフランス市民は、一部の人びとが望んだようにヴォルテールやルソーやモンテスキューにばかり熱中したわけではなかった。この絵が印刷された一七九七年には、検閲のない出版によってもたらされた社会的無秩序に、多くの人が絶望していた。群衆の後方で、活字を選び（右）、印刷機にインクを差し、圧盤を締め（中央）、印刷したページをはがし（左）、それをぶら下げて乾かす（上）という印刷の工程自体は粛々と続けられている。（C．フランス国立図書館）

のだ。

こうした作品はフランスにこっそり持ち込まれ、政府の検閲を免れた非公式の政治的、文化的論壇であるひそかな〝文芸共和国〟を築く手段となった。特に改革派はこれをうまくやり遂げていた。しかし当然ながら彼らは、フランスのみならず世界における、想像を超えた大きな流れに加わっていたのだ。その流れこそ、フランス革命の象徴的な力となった。出版物はその準備段階に携わっただけではない。特に改革派にとっては新しい自由な世界への希望となったのだ。しかしさらに重要だったのは、一七八九年には世界に対して理想的な紙文化の形が明確に示されたということだ。それは、自由な報道の文化であり、フランス共和国が最初の数十年間でどのように発展しようとそれは変わらなかった。


一七世紀フランスの出版業界は、本質的には独自のルールをもった出版社と書籍商の社交クラブだった。一六八六年、ルイ一四世はフランス出版界を支配する中心地、パリの出版社の数を三六社に固定した。一八世紀のパリはこの限定的なシステムを踏襲し、新しいメンバーは既存のメンバーが死んだときにしか、加わることができなかった。法的に取引をしていた出版者の未亡人以外は、女性が印刷、出版、書籍販売の仕事に携わることは禁止されていた。さらに出版社は王の庇護を受けた検閲官、警察等の大きなネットワークとつながっていた。このような構造のなかで、著者自身は絶対王政による認可を必要とする個人として存在していた。

書物の売買は三つの独立した機関によって監視されていたが、なかでも重要だったのは出版管理局で、出版の許可や著作権の前身のような〝特権〟を与えていた。著者がようやく自分の作品を出版して販売することを許されるようになったのは、一七七七年のことだ。要するに、すべての知識は神から生じ、国王の許可を通して実現するものだという考え方に由来するシステムだったのだ。これは伝統的な政治と宗教の考え方に都合のよい出版文化であり、国王の認可システムは、法的に試されることがないようにこの保守主義を守っていた。

しかし一八世紀のフランスでは、もうひとつ別のルートで書籍売買が行なわれていた。フランスの当局が本の出版を厳しく規制していたので、主にスイスやユトレヒト同盟諸州のフランスの国境近くに出版社が開設されるようになった。すると、税関の係員に賄賂をわたしたり、あるいは単純に他の商品に潜り込ませて、禁制本をたやすく密輸することができるようになった。特にルーアンの町は、オランダのプロテスタント教徒が啓蒙主義の書籍をフランス市場に供給していたので、密輸業者にとって重要な中継地となった。このもうひとつの不法な地下取引による書籍の売買は、著者を唯一の作品の出どころと見なし、ヴォルテール、ジャン＝ジャック・ルソー、ドニ・ディドロ、オノレ・ミラボーといった優れた啓蒙主義の思想家の考えを広めようと努めた。したがってヴォルテールの『全集』はドイツのケールで、ルソーの『全集』はジュネーヴで刊行された。（一七六二年に書かれたルソーの『社会契約論』はオランダの出版業者レイが刊行した作品だった。レイ自身はジュネーヴにフランス人ユグノーの息子として生まれ、オランダ語は生涯流暢に話せなかった。書籍市場が国境を越えて広がっていたことがよくわかる）。ディドロの代表作である『百科事典』（一七五一～七二年）のうち数巻はフランスで合法的に出版されたが、残りはパリで秘密裏に（ときには〝ヌーシャテル〟［スイスの町の名前］と刻印されて）印刷され、公式版とともに、ルッカ、リヴォルノ、ジュネーヴでつくられた海賊版に混じって売られていた。第三五巻がローザンヌで出版された一七八〇～八二年頃までに二五〇〇〇部が売れたが、その半分はフランスで売れたものである。ミラボーの小冊子はアヴィニョンで出版されたものもあったが、そのほかはベネルクス、特にアムステルダムや、リヨン、パリ郊外、パリのパレロワイヤル地区など王政の影響が比較的少ない地域で出版されていた。啓蒙主義の文化はフランス内外の密輸業者、商人、出版社、印刷所のネットワークによって、パリの社会に事実上広まっていた。

出版社や印刷所のなかには違法な商売をするところもあり、みずから発行した違法出版物が聖職者によって非難されるのを耳にしたり、焼かれるのを目の当たりにしたりする者もいた。しかし、説教によって出版物の流入を食い止めることはできず、過激な書物や政治や性に関する作品も徐々にフランスに入るようになってきた。こうした新しい本の流入を助けていたのは、文学一般の混乱状態だった。新しいジャンルが登場し、書籍市場は混乱していた。たとえばフランスの書店にはふつう「哲学書」というコーナーがあったが、そこにはヴォルテールのような作家の作品とともに「寝室の哲学」といったエロティックな本も並んでいた。自由と性的に放埓であることがしばしば結びつけて考えられ、優れたフランス啓蒙主義の作家までもがみずからエロティックな作品を書くこともあった。革命思想家を代表するオノレ・ミラボーは、大胆な政治的小冊子とポルノグラフィーの両方を執筆した。[123]

これらの作品は、直接フランスを革命へと推し進めたわけではなかったが、一般大衆の政治、性、ニュースに関する読み物への好奇心に応えるものだった。禁じられていたテーマについて読み、議論する力が変化の前兆だった。本を読める一般大衆が哲学書などを読むことによって、文学は新たな方法で大衆の意見をつくり出すことができた。文学は自由な市場と切っても切り離せなかった。王政を批判する印刷物は、一八世紀を通じてどんどん大胆になり、数も増えていき、王は本を読む国民の前で正当性を失った。ますます多くの文学と歴史が読み手に届くようになったという単純な事実により、人々は王室やその政府によって仲介されるものではなく、出版物によって仲介されるものを信じるようになっていった。ひいては社会的に保守的な読み物がますます疑問視されるようになった。

王室自体は出版業界をある程度自由にすることに全面的に反対していたわけではなかった。国内の書籍取引の規制を任されていたギヨーム＝クレティアン・ド・ラモワニョン・ド・マルゼルブは、合理的な人物であるのみならず驚くほどリベラルで、ディドロの『百科事典』の最初の出版を支援し、中央集権化に反対していた。一七八八年、王は「教育を受けた人物」に命令を発し、実効性を失っていたフランスの立法議会である全国三部会の開催を求める市民の声について、考えをまとめて出版するように求めた。パリの議会は同年、報道の自由も合法化した。しかし最も大きな影響を与えたのは、一七八九年の出来事だった。

一七八九年初頭、出版管理局は問題に直面していた。国王が三部会を招集して財政危機について話し合うことを求め、一方で出版についても討議にかけたのだ。大多数の人は、管理局が歴史的な役割を担い続けることを期待した。つまり、誰が三部会に関する記事を出版する権利があるか定めて政策をたてることが管理局に求められていた。しかし海賊版の書籍がますますパリに流入していた。公式な見解にもかかわらず、フランスじゅうの町の検閲官は、違法な出版物がはびこって制御できなくなっていると報告した。さらに中央政府は何を許可するかをはっきりと示すことに苦慮し、結局三部会の推薦とそれに対する王の反応を待つだけだった（王は三部会の報告が上がってくるまでは自身でガイドラインを定めることを拒んだ）。その結果、国内の多くの都市で検閲が事実上保留になった。実際、パリでは三つの大規模な全国紙に、三部会について「思慮深く」書かれた記事なら何でも掲載してよいという自由が与えられた。

王室から数か月間、不明瞭な出版政策が発せられたというだけでは、それほど破滅的な出来事のようには思えないかもしれないが、実際には、国王は政治的な事柄の判断を放棄していたのだ。出版管理局は解体し、地方の多くの検閲官が逃亡し、報告書を書くことをやめたり、単純に敗北を認めたりした。中央集権化したフランスの出版界は崩壊し、権力は王室から市場へと移っていった。

一七八九年七月九日、かつての全国三部会のあとを「国民が」継ぎ、国民議会が設立する。国民議会の最初の活動は、封建主義を正式に廃止し、王室、貴族、聖職者のさまざまな特権を一掃し、『人間と市民の権利の宣言』を発行することだった。宣言の第一一条には次のように書かれている。

思想および意見の自由な伝達は、人の最も貴重な権利の一である。したがって、すべての市民は、法律によって定められた場合にその自由の濫用について責任を負うほかは、自由に、話し、書き、印刷することができる。

（『新解説世界憲法集　第3版』初宿正典、辻村みよ子編、二〇一四年、三省堂より）

紙の物語においては、発言の自由、執筆の自由、出版の自由を守る護符ともいえるこの文章が、分岐点となった。この一文は、ただちにフランスの出版文化に影響を与えた。

一七八九年、フランスの出版業界は一気に爆発した。出版文化に対する王族の庇護はなくなり、出版は解放され、力を与えられたのである。一二月には、誰もが、村人でさえも、印刷所を開きたがっているようだと、王室の役人が苦情を述べていたほどだ。しかし、活動の中心地はパリだった。革命家たちは、自由な報道によってフランスが必要としていると信じるものがもたらされることを期待していた。彼らが思い描いていたのは、誰もがヴォルテールやディドロの作品に通じている、啓蒙主義の読者の共和国だった。

結果的にフランス絶対主義のまさに心臓部だった町、パリにおける出版業の拡大が起こった。いったん出版の自由が宣言されると、違法出版だったフランス啓蒙主義の世界が突如として公の舞台に躍り出た。郊外や、地下や牢獄から現れる出版業者もいた。しかし姿を現し始めたのは、地方や地下の出版社にとどまらなかった。一七八九年と一七九〇年に、大量の出版社が、かつて革命に関する作品を供給した町からパリに集まってきた。一七九〇年、ボーマルシェは出版業の拠点をドイツのケールからパリにを移すと発表した。『百科事典』は過去一〇年間パリの外で発行されていたが、いまや首都の印刷所で印刷されるようになった。ジュネーヴで出版されていたルソーの『全集』は、一七八九年以後、題名の書かれたページに出版地として「パリ」と記載するようになった。フランス啓蒙主義の出版社は、亡命を終え、いまや啓蒙主義の思想家と出版社のまごうことなき中心地となった首都パりにやってきたのだった。

劇的な変化は、革命の直後に訪れる。一七八八年には法律で認可された二二六の印刷所、出版社、書店がパリで営業しており、一七八九年からの一〇年間には一二二四社に増えた。この数字はナポレオンの時代に少し減るが、一八一一年までパリで生き延びた出版社の半数は一七八九〜一七九三年に設立されたものだった。同様に一七八八年のパリでは新聞はわずか四紙しか発行されていなかったが、一七八九年には一八四紙、一七九〇年には三三五紙に増えていた。[124] パリはそれまでも世界の知的首都だったが、一七八九年以降は印刷文化がそれに追いついたのだ。

ところが、パリは知的に卓越した存在であり続けたものの、一七八九年に続く出版文化の発展は、その勢いを保つことができなかった。代わりに、出版規制が取り払われたために出版物の価格が暴落し、小冊子やビラなど短命な印刷物が蔓延した。一七八九年の出版革命は、パリの出版社が新しい国と哲学者のリーダーたちにむけて優れた啓蒙主義の作品を大量生産するという結果には結びつかなかった。むしろ、革命に関する政治的なビラをつくる、小規模な印刷所がひしめく、出版業の中心地になったのだ。当時の目録や調査結果によると、一七八九年にパリには四七の印刷所があり、一七九〇年には二〇〇、一七九九年には二二三とその数を増やしていった。[125] それらの出版物は、一七八九年の勝利を導いた書物ではなく小冊子や雑誌であり、高度な学びではなく大衆に行きわたる情報だった。

新しいフランスの出版文化は、長続きしなかった。一七九〇年代末〜一八〇〇年代には数多くの印刷所が倒産し、著者にはなんの権利も残さず、創造的であると同時に破壊的な出版業界の大混乱を生んだ。これを受けて当局は初めて市場と著者を守るために出版物の統制を始めた。しかし（一七八九年以前のように）指導や庇護を統制の手段として使うのではなく、検閲と監視を手段として利用した。小説やその他の低級な文学の人気が大きくなりすぎるのを恐れて、国は徐々に最もふさわしいと思われる文学形態に資金援助をするにようになり、残りは市場にゆだねた。その結果、出版市場は一九世紀初頭には縮小する。また出版される本の題材もより保守的になった。一七八九年の『宣言』の基本原理が共和制の出版業界を暗示していたのに対し、ナポレオンのフランスは出版業界を家族経営的に運営した。これは著作権を著者――と配偶者――の死後二〇年間にまで延長したことに最もよく表れている。著者にとって作品をより価値のあるものにしたばかりでなく、まるで著者が公僕ででもあるかのように、本の所有権は人々には簡単には渡されないことが確認された。この点でいえば、貴重なチャンスが残念な結果につながったといえる。

さらに政府は自分たちの行動を正当化し、『宣言』で明確にした出版の自由を支持しなくてはいけなかった。紙の使用にとってこのことがもつ意味は、工業化の時代において生産にかかる時間と費用を大きく節約することを可能にした新しい技術よりも、さらに重要だった。一八世紀末にドイツで発明されたリトグラフは、続け書きの書体の印刷を可能にした。フランスで発明され、ロンドンで発展した長網抄紙機は一七九九年に初めて特許を得た。この機械はひと続きの長い紙を、多様な厚みと長さでつくることを可能にし、（今にいたるまで）世界中の製紙機械の基本となった。そして一八一〇年にロンドンのドイツ人発明家が初めて蒸気圧を使用したことにより、印刷機は人の手を使う必要がなくなった。一八一四年、『ザ・タイムズ』がフリードリヒ・ゴットローブ・ケーニヒの印刷機で初めて印刷され、新聞の新時代の到来を告げた。紙の価格も暴落し続け、オランダでは一九世紀末には半額に、それ以降はさらにわずかな金額まで下がった。今日では、紙は日用品のなかでも最も安い製品のひとつである。

技術がパートナーとなり、紙は社会の隅々にまで行きわたり、あらゆる人々に利用され、世界中に普及した。読み書き能力の一般的な普及運動が（ごく最近まで）紙によって繰り広げられていたことは、紙への高い評価と同時に、紙が手に入れられない人は生活するうえで不当に不利になるという感覚があることを、如実に表している。近代において紙がどこでも手に入ることは改めていうまでもないだろう。デジタル時代の到来まで、紙には競争相手はいなかった。

しかし、情報を広く届けることのできる紙の力と、個人の蔵書用に買うことができるほどの手軽な値段をもってしても、一七八九年に達成可能な目標を実現することはできなかった。メディアを〝プレス〟と呼ぶことには、紙の特性が反映されている。新聞や雑誌は安価で、短時間でつくられ、短時間で配達され、軽くて持ち運びもできる。これらの製品は、紙の独特な長所を具現化したものである。問題は、世界レベルで見ると、一七八九年に明確に示された戦いに勝利するには到っていないことだ。もちろん一七八九年以降の紙のパートナーは、官僚制度から個人の手紙、小説、何かのチケット、思想にいたるまで無数にある。しかし一七八九年の時点でヨーロッパの出版界の流れはあらゆる方向に向かって広がり始め、それは報道の自由を追求するという新たな理想の下で可能になった。一七一〇年のイギリス初の著作権法（著者の権利を認めた最初の法律のひとつ）の制定など、一七八九年以前にも重要な法律の改正はあったが、ほとんどのヨーロッパ諸国では一八世紀の終わりまで、検閲の文化や特定の集団を優遇する制度が絶えることはなかった。自由主義の思想が大陸中に最も効果的に広がったのが、フランス革命だったのだ（その後のフランスで起こることはともかくとして）。その思想は出版の自由を推進し、ひいては著作権の保護の改善へとつながり、著者は自由に発言することができるようになり、出版物に対するより強い権利を持てるようになった。

出版の自由に関する条項を含む『人間と市民の権利の宣言』は、一七八九年八月二六日に採択された。すぐさまヨーロッパじゅうで翻訳され、発言の自由と出版の自由を保護する法的に認められた護符となった（イギリスでもトマス・ペインが一七九一年の作品『人間の権利』のなかでフランス革命を擁護した）。

一方アメリカでは、革命と建国精神の成立を前に、出版を取り巻く、まったく違った雰囲気がただよっていた（一五七五年にメキシコに最初の工場ができてから、アメリカ大陸で次に工場ができたのは一六九〇年、フィラデルフィアだった）。アメリカ合衆国憲法が批准される以前に見られた出版をめぐる議論は、憲法に含まれるべき内容に関することだった。この議論は国中に広がったが、そこには新しいアメリカの基盤を築くうえで、特権的な影響を極力排除して、よく考え抜かれた議論をしたいという希望が表れていた。それがほかの何よりもはっきりと表現されていたのが、のちに建国の父となる、すでにアメリカじゅうに名を知られていたアレクサンダー・ハミルトンをはじめ、ジェイムズ・マディソン、ジョン・ジェイによって一七八七〜一七八八年に書かれた『ザ・フェデラリスト』である。『ザ・フェデラリスト』は八五編からなる、合衆国憲法の批准を支持する内容の連作論文である。

最初の論文で、ハミルトンは次のように書いた。

はたして人間の社会は熟慮と選択とを通じてよき政府を確立することができるのかどうか、あるいは人間の社会はその政治構造の決定を偶然と暴力とに永久に委ねざるをえないものなのか、という重大問題の決定が、このアメリカの人々の行動と実例とにかかっていることは、すでにしばしば指摘されているとおりである。

（『ザ・フェデラリスト』A・ハミルトン、J・ジェイ、J・マディソン、斎藤眞、中野勝郎訳、一九九九年、岩波書店より）

しかし著者たちはこの作品に名前を残さず、ローマの執政官に敬意を表して〝パブリアス〟という名前で署名した。これは、彼らの独自のアイディアではない。憲法をめぐる議論においては匿名の発言はよくあり、匿名であることによって、これは、優れた人物たちだけに属する、憲法を宣伝するための議論ではなく、国全体に関わることなのだという印象を与えた。理論は明確で、アメリカの将来に関する議論においては、理性のみが優遇されるべきだとされた。

一般市民の論争は、当然のことながら、投票の準備期間のなかで重要な役割を果たした。イギリスと同様にアメリカでも、出版物が世論の形成を助けた。しかし政治の中心がロンドンに確立していたイギリスと違い、アメリカには明らかな政治の中心都市がなかった。中心都市がないことから、アメリカではイギリスよりもさらに強い力が出版に与えられた。[126] 実際、国家的な議論を開始するために憲法が発表されたとき、憲法の条文は国内のあらゆる新聞に六週間以内に掲載されたようだ。すべての年代の人々が憲法を読み、話し合ったという報告が新聞に掲載された。『マサチューセッツ・ガゼット』紙に掲載された、セーレム郡からのある手紙にはつぎのような考えが綴られていた。

ここでは公的にも私的にも、新しい憲法のこと以外は何も話されていない。憲法の条文は誰もが読み、ほとんどの人が承認している。ただ注意深く、先入観なく読まれさえすれば、承認されるのだ。[127]

一七八七年に憲法が憲法制定会議を通過した過程に、紙面での議論は象徴されていた。自由に開かれた議論をしたいという欲求は憲法の内容にも当然反映され、著作物に関する著作権を独占的に著者に与えるという条項が盛り込まれていた。さらに、一七九一年に発行された『権利章典』は、憲法の修正第一条を含んでいたが、すべての権利のなかでも特に出版の自由を断固として擁護していた。

連邦議会は、国教を定めまたは自由な宗教活動を禁止する法律、言論または出版の自由を制限する法律、ならびに国民が平穏に集会する権利および苦痛の救済を求めて政府に請願する権利を制限する法律は、これを制定してはならない。[128]

ほんの二年の差でアメリカとフランスで出された出版の自由に関するふたつの声明は、今日までそれぞれの国で生き残り、他国でも模倣されてきた――熱心さと成功の度合いはさまざまだが。フランスとアメリカの憲法の一節は、紙の歴史のなかで、決定的な瞬間となった。そこで示された理想は、出版がもはや政府の道具ではなく、国家そのものよりも自由なものになる未来を示していた。出版物により、政府や政治的リーダーを問いただして攻撃することが、法的に認められ、期待されるようになったのだ。一七八〇年代から九〇年代にかけて起こった騒ぎののち、ヨーロッパ各国の政府は、出版業界からの支援を得ようと積極的に動くようになった。

しかし、ヨーロッパの（そして世界の）出版業界は、いまだ変化の過程にある。一七八九年と聞くと遠い昔のように思えるかもしれないが、『人間と市民の権利の宣言』の第一一条は、いまも世界規模の現実とはならず、広く理想として掲げられ続けている。出版の自由が勝利を宣言するまで、私たちはフランス共和国憲法とアメリカ合衆国憲法修正第一条で示された理想の陰にいるのである。印刷は新しい所有者、新しい保護者と出会い、いまでは、印刷に関する議論は政府に属するものではなく、政府を超えたものだと考えられている。

この新しい所有の形をより明確に示した、わかりやすい例がある。一七八九年、フランスの憲法制定議会はすべての宗教機関の所有権を国家に移行した。宗教機関付属の図書館の蔵書は新しい公共図書館の棚を埋めた。知識の所有権はこうして教会から一般読者へと明け渡されたのだ。

この一般読者こそが、紙の旅の最終目的地なのかもしれない（進歩主義的なモダニズムの論者であれば間違いなくそう指摘するだろう）。一九世紀、紙の使用法は多様化した。紙が運んだ思想の数はおびただしかった。紙は、大陸全域を結ぶ媒体となったのだ。

紙が普及した社会の多くは、以前より自由になった。もちろん印刷された本や新聞は、教育や、選挙や、国民を欺くのにも役立つので、全体主義国家にとってもすこぶる便利なものだった。だが、そのような思想教育でさえ、識字の一般化の重要さ、誰もが書物にアクセスできることの重要さを暗示しているといえよう。出版物の存在は、歴史上のほかのどんな例よりも、一般市民に対して政治におけるより主体的な役割を与えてきた。また出版物は、広く一般的に信じられているものに対して疑念をもつ人にも、一定の権利を与えることができる。エリート層の政治家が出版業界に強い影響力をもっていない国家を見つけるのは難しいだろう。それでも、どんな政府も、完全には出版業界を統制することはできない。地下出版される書物や新聞・雑誌を遠隔操作で撲滅することはできず、こうした出版物はたいてい、不満を抱いている人や、選挙権のない人、影響力を奪われた人などの手に届く道を見つけることができるのだ。

紙によって与えられた、文書を書く自由、批判する自由は、新しいヨーロッパを生み出した。言論の自由を助けたという事実と、出版の自由は未だその世界的な探求の成功を収めていないというふたつの事実が、一七八九年と一七九一年に、紙の物語に象徴的な力を与えてくれた。

この物語がいつ終わるのかはわからない。しかし、一七八九年と一七九一年の理想のなかに、紙は今日まで続くアイデンティティをみつけた。それは、一般読者という後継者と結びついたアイデンティティである。今日、紙はどこでも手に入り、手ごろな値段で持ち運びが簡単なので、そこに書かれていることを誰かが完全に独占するのは難しい。人間には個人の自由と他人の自由の統制というふたつの欲求があることを考えると、これは大きな強みである。紙はありがたいことに、完全に制限することが不可能な媒体なのだ。

エピローグ　消えゆく軌跡

一八四〇年、イギリスからやってきた入植者とマオリ族は、ニュージーランド北島の東海岸でワイタンギ条約を締結した。いまや紙はイギリス人が呼ぶところの〝対蹠地〟（もしくはより口語的には〝奥地の向こう〟）でも手に取られた。この呼び方はまったく不当なものでもない。ニュージーランドの地は、人類が最後に移り住んだ場所に数えられる。人類にとって最後なら、紙にとっても然りだ。

ワイタンギ条約は帝国の歴史のなかでも異例である。単にイギリスの規則をアオテオロア、テ・ワイポウナム、ラキウラの三つの島に押しつけているのではなく、二か国語の文書にイギリス人とマオリの双方が署名するように用意された。マオリ族はヨーロッパ人がやってきたときに初めて紙に書かれた文字を目にした。一八二〇～一八四〇年の二〇年間で、島の文化は口述から手書き文書へ、そして印刷へと変わっていった。[128] 一八三六年、コーンウォールのプロテスタント宣教師ウィリアム・コレンゾーがニュージーランドの独立宣言書を印刷し、一八三八年にはマオリ語の新約聖書が出版された。いまや紙は、双方が合意できる永続的な政治的和解を結ぶために使用された（コレンゾーは、条約のマオリ語版も印刷した）。欠点も多くあったが、ワイタンギ条約は、血を流すことなく双方が合意できる政治的和解を見つけようとしたという点で、注目すべき試みであった。条約文は島じゅうの主だった居住地に運ばれ、五〇〇人以上のマオリの族長らが署名をした。

条約の最大の欠点は、リテラシー（読み書きの能力）の時代ならではの、近代主義的な前提に立っていることである。まず、マオリ語の翻訳は質がまちまちで、重要なところが素人じみていた。よく書けているところでさえも、統治と支配に関してまったく意味の異なる英語とマオリ語の言葉を、同じ意味だろうと決めてかかっていた。その結果、英語版では大英帝国がニュージーランドの支配者であると宣言していたのに対し、マオリ語訳では最高の統治権は先住民であるポリネシア人が保持するとなっていた。今日のニュージーランドは、ヨーロッパ以前の遺産を帝国支配後の遺産よりもはるかに重んじ、誇りとしている。それにもかかわらず、ワイタンギ条約のお粗末な翻訳が障害となり、いまもってマオリとパケハ（ヨーロッパ人）の溝が埋められない。

条約はふたつ目の、さらに難しい疑問を提示している。ヨーロッパ人入植前のニュージーランドの部族は口述文化を生きていたのに、なぜ口頭の条約より紙に書かれた合意書のほうが重視されるのだろう？　紙の書類の使用はパケハのやり方かもしれないが、パケハはポリネシアの民が住んでいた土地に外からやってきたのだ。この土地の将来は、紙に書かれた言葉というヨーロッパからの輸入品によって決められるべきだろうか？　この実体も音もない言葉の形態は、本当に話された言葉よりも価値があるのだろうか？

ポリネシア諸島への紙の上陸は、最後の勝利となるはずだった。製紙は中国に始まり、東南アジア、中央アジア、イスラム教の地を旅した。イスラム教徒は紙文化の定着をインド亜大陸一帯に――数世紀前から紙が使われてはいたが――確実に広め、そしてヨーロッパに伝えた。スペイン人(そしてヨーロッパの後継者)はその後、製紙をアメリカに持ち込んだ。イスラム教、キリスト教、そして世界規模の貿易などの影響で、製紙はアフリカ沿岸部にも広まった。したがって南太平洋の島々は世界をめぐる紙の旅の最終目的地だったのだ。

ところがいま、紙の文書の偉大な勝利となるはずだったワイタンギ条約は、むしろ紙の欠点を明らかにしてしまった。この条約は、書かれた文字はほかより優れた情報伝達方法だという前提に立っている。文字のほうがより信頼できるというだけでなく、信頼すべきものだとも考えられている。しかし、ニュージーランドの歴史は、そうではないことを示唆し

17⊙最終段階。中国中部で、できたばかりの紙を圧搾して乾かしている。写真は1904～1914年に中国で活動していたイタリア人宣教師のレオーネ・ナニ神父による。(© Archivo PIME)

ている。あるいは、ニュージーランドのふたつの歴史——話された歴史と書かれた歴史——によると、真実はそれほど明確ではないということだろう。読み書きのできるヨーロッパ人が聖書をマオリの文化に導入したところ、すぐに人気になったという事実は、このふたつの歴史の違いを描きだしている。聖書自体に、ヘブライ語の口承で伝えられた歴史を書き起こした文書がたくさん含まれており、それらの物語の構造がヨーロッパの識字文化よりもマオリの文化的背景に近いので、マオリの人々はすぐに吸収することができたのだ。このことはニュージーランドの歴史を語るふたつの方法を反映している。たとえばロンゴファカアタ部族の子どもたちは、女性がつくるオリオリ（子守歌）を通して家族や部族の歴史を学ぶ。これは（男性が支配する）近代主義の歴史の伝承方法とはまったく異なり、また物語の構造も違う。紙には紙の、特性と限界があるのだ。

さらに最近になってから、紙の文書の優位性を揺るがすような、直接的な脅威がいくつか現れた。そのひとつは、家のソファーに座ったまま、遠くで話している人の声を聞くことができるラジオの発明である。しかしラジオは印刷された本と違って、お気に入りの番組を好きなときに聴くという選択ができない。一方、映像（写真、そして特に動画）は、印刷物をますます時代遅れにしてしまった。しかし少なくとも写真は、（出力されたものが紙と切り離されるようになるにつれ）印刷された文字ほどには効果的なコミュニケーション手段ではないことがわかった。写真やビデオには大きな欠点があり、スーザン・ソンタグの一九七七年の著書『写真論』にその概要が書かれている。第一に、写真は対象を「美化」せずにはいられず、したがってその対象に価値があるにせよないにせよ、なんらかの価値を与えてしまう。書物であれば、対象の価値が低いことを表現できるが、写真は美化しないようにするのが困難だ。これはカメラの優れた能力でもあると同時に、限界でもある。とはいえ、写真が絵画にもたらした影響、つまり見る側が絵画を見に行くのではなく写真が見る側の手元にやってくるようになったという現象は、[129] 活版印刷によって本が読者（少なくともそれまでよりずっと多くの読者）に届くようになったことと同じかもしれない。

文字の読者には映画の鑑賞者より優位な点もある。読者は自分のペースで読み進めることができるが、映画鑑賞者は映画の進む速さに縛られるからだ。読者には集中したりざっと読んだり、評価したり却下したりする自由がたっぷりとある。映画鑑賞者は、特に映画館で見る人はそうだが、そのほかのどんな環境においても、見続けるか、空想にふけるか、居眠りするか、立ち去るかの選択肢しかない。コミュニケーションの点でいえば、映画は本よりもずっと鑑賞者を束縛する。もちろん映画鑑賞は現実逃避の手軽な方法となり、リラックス法として好まれるが、書物は映画よりも受け手が主体的に関わることを求めるといえる。書物は相互作用的な形をとり、読者に読書経験をする場所、時間帯について大きな自由を与えている。映画は映画のやり方で、避けることの難しい視覚的な〝事実〟を使って表現するが、一方の書物は活字という抽象的な媒介を通すので、読者を懸命に説得しなくてはならない。

言葉の書かれた紙は、チラシ、チケット、ポスターのように、平凡だが重要といえるさまざまな形態をとることもある。また、特定の楽しみに対して特定の形を取ることもあるが、それは紙の旅が終盤に差しかかってからのことだ。大きな成功を収めているもののひとつがコミックだ。国外で最も売れているフランスの作家はデカルトでもヴォルテールでもバルザックでもなく、コミックシリーズ『アステリクス』の作者、ゴシニとユデルゾだ（『アステリクス』は、世界中で三億二〇〇〇万部以上売れている）。さらに最近では、長編コミックも評論家の評価と主流派の読者の両方を獲得してきている。

この紙特有の使用法は、同時に驚きを与える力をもたらし、予期せぬ結果を導く。マルティン・ルターがだれよりも鮮やかにそのことを描き出した。ルターはキリスト教のヨーロッパを改革し、その権威の源である聖書に立ち戻らせたが、結果的にヨーロッパを分断しただけでなく、ヨーロッパの近代主義の興隆に貢献した。もっとも、近代主義の人間至上の考え方と神を軽視する態度を、彼自身はきっと軽蔑しただろうが。紙の社会的なインパクトはあまりに遠くまで広がり、管理することはとても困難であった。紙には、最初に紙を使い始めた人々も予測しなかったほどの生産性があった。しかしこの予測の難しさと多機能性は、紙の競争相手であるデジタル書籍にも共通している。日々オンラインで届けられる製品（とその配達の形）を個人の希望に合わせることができるのは、デジタルで読む読者の大きな特権である。

驚くほど長く生き延びている紙の形態のひとつに大判の新聞があるが、これもとうとう姿を消しつつある。ロンドンで育つと見過ごしがちだが、電車の駅のプラットフォームやバス停の屋根の下に立つ人が――あるいは通りを歩いている人でさえ――車のフロントガラスほどの大きさの紙製品を読んでいるというのは、よく考えるとおかしな光景だ。たくさんの見出しと最小限のページ数からなるというだけでは、この風変わりな文化を説明できないだろう。大判の新聞より小さめのベルリナーや、さらにコンパクトなタブロイド判をもってしても、紙の新聞がデジタル版の便利さに対抗するのは難しい。言葉と音と映像を組み合わせた勢力のように、ニュースを即座に届けて、人々を惹きつけることは、紙の新聞には不可能だ。もちろん毎日のニュースがパッケージになっているのは素晴らしいが、画面に映り、リンクのクリックひとつで簡単に検索ができるのも、同様に素晴らしい。やがては〝ニュースペーパー（新聞）〟という言葉さえ、時代錯誤になってしまうだろう。

キンドル、iPad、タブレットは、当然のことながら物理的な本に取って代わるだろう。より便利で持ち運び可能な読書用端末が何冊もの本を提供してくれ、その機械の所有者は昼夜問わず好きなときに新しい本を追加できる。つまり書店に足を運び、書店の独自の分類に従って本を探す必要がない。しかも、言葉が直接読者に送信されるので、本の値段が安くなった。紙の本は著者ひとりの作品ではなく、エージェント、編集者、複数の作者、校閲者、デザイナー、イラストレーター、印刷所、製本業者、販売代理店、書店などのつながりやネットワークでつくられているが、デジタル書籍なら著者の役割が増す可能性がある。本は社会的な製品であり、著者から読者にまっすぐに届けられるものではない。しかし、紙の本から画面に移っていくことで、それが根本的に変わり、あいだに立つ仲介者が省略されていくかもしれない。

現時点では紙の本はいまだにデジタルより権威があり、作家から出版社、印刷所、製本業者、営業マンにいたるまでの生産チェーンの産物であり続けている。しかしそれさえも変わりつつある。新しい媒体は常に読者に認められるまでにある程度の時間がかかる。紙の本は当然、その美しさでデジタル書籍をしのぎ、近年、出版社も書籍の〝見た目〟にお金をかけるようになってきた。しかし、美しさは、本が生き延びる理由にはならない。書店や図書館はいまも、本の存在感と力を思い出させてくれる存在ではあるが、その減少は止まらない。本を救ってくれるのは書店へのノスタルジーではない。

おそらく航海に出たり山に登ったりでもしない限り、いまや、本は最も効果的な知識の貯蔵所とはいえないのだろう。だが、必要なものがそろった本は、ほかに代わるものがない存在である以上、今後も生き残っていくだろう。文明の定義のひとつは永続性への挑戦であり、本には間違いなくそれがある。CD－ROMなど本以外の貯蔵形態は変化し、使われなくなり、あっというまに同じ手段で見ることができなくなる。しかも、私たちが価値を置く文章や画像を物理的な形にすることはできない。せいぜい同じ端末上でテキストを入れ替えるくらいだ（そして世界の反対側にいる敵対する人々が、ひそかにそれを見ているかもしれない）。そして、物理的な形態をなくすということは、文章の重要性を示す、目に見える証拠を否定することにほかならない。

反対に、本は私たちに物語、思想、議論、詩を教えるだけでなく、それらを所有することを可能にしてくれる。本はそれらに実体を与えるので、私たちは指でめくり、植物からつくられた紙に光が落ちるのを楽しみ、コメントを書き、人に貸し、よく目につく本棚に置いたり、埃のかぶった隅っこに追いやったりすることができるのだ。

巻子本や竹簡も一種の本ではあるが、ここでいう本とはコデックスのことである。コデックスは三～四世紀に、まだ紙になじみのなかった地域でキリスト教の産物として発展した。内容によって形もさまざまで、キリスト教がそうであるように多言語であり、ギリシアやローマのみならずあらゆる伝統から広く学んだ。またコデックスは（相互参照に適していたので）記録することの重要さを人々に認識させ、それゆえに独立した知的権威をもつことになり、やがて公的な庇護から解放されることになった。紙は中東に到達したとき、コデックスが自分の素晴らしいパートナーになることに気付いた。また、コデックスであれば大量の紙を一冊にまとめておける。一点の文書と比較すると、小さな図書館のような存在だった。[130]

宗教改革のなかで、聖書のコデックスはヨーロッパじゅうにいきわたり、真実を一部のエリートの手から解き放ち、人々が真実を見極める力を手に入れる助けとなった。この置き換え効果は、ルネサンス、宗教改革、科学革命、啓蒙主義、フランス革命、そして普通選挙権と普通教育の広がりを通じて、紙の物語の特徴である。それらひとつひとつが、「与えられた知恵」、「構造的な不平等」、「制度的な権威」、あるいはそのすべてを覆えそうとして、紙によってつくられた運動であった。

書物は、おそらくこの物語のなかで最も偉大な表現手段であろう。書物が果たしてきた「情報を提供する」という役割は、パソコンでも果たすことができる。確かに、自動車のマニュアルをディスプレイで読むことはできるだろう。しかし、紙という物質がもつ表現力をディスプレイがもつことはない。書物には必ずしも正しいことだけが書かれているわけではないが、書物は個人的で永続性のあるモノである。そこに書かれていることをどう評価するかを決めるのは、あくまでもそれをもつ個人だ。また本は、一度読み終わっても、いつまでも持ち続けることもできる。

マルティン・ルターが発見したように、紙はそれを使う人物が望んだとおりにすべてを実現するわけではないが、それでも、数々の大変革をもたらしてきた。紙は、それが用いられる文化による制約を受けるが、それに対して疑問を呈することもできる（ワイタンギ条約の例がまさにそうだった）。デジタル時代において、文書としての紙の利用は深刻な脅威にさらされているかもしれない。だが、紙が文化的製品として、ほかの何にも代えがたい特殊な力をもっていることに変わりはない。なかでも、手にもつことができる、物理的に所有できるという特徴は、今後も重んじられることだろう。

だからこそ、書物を個人（所有者兼読者）のもとに届けることは、紙の最も重要な役割であり続けたのだ。二〇〇〇年以上前に中国で生まれた素材のおかげで、人間は、さまざまなニュース、物語、詩、通信に関わってきた。紙は、検閲を免れることも、プロパガンダを退けることもできないので、常に質の高い内容だけを届けるとはいえない。真実を届けるという保証すらない。それでも紙は、可能なことは何でもしてきた。そうすることで、声なき無数の読者に力を与えてきたのである。

訳者あとがき

本書『紙と人との歴史』は、二〇一四年五月にイギリスのペンギン・ブックスから刊行された *The Paper Trail: An Unexpected History of A Revolutionary Invention* の全訳である。

著者のアレクサンダー・モンローは、イギリス、ロンドン出身ながら中国を専門とするジャーナリストだ。ケンブリッジ大学と北京大学で中国語を学んだのち、タイムズ社の外信部とロイター社の上海支局で記者・ライターとして活動。フリーランスのライターとしても『タイムズ』紙、『サンデー・テレグラフ』紙、『ワシントン・ポスト』紙をはじめとするさまざまな新聞、雑誌に、中国に関する記事を寄せている。二〇一一年に王立文学協会のジャーウッド賞ノンフィクション部門［新人ノンフィクション作家の執筆活動を支援するための賞］を受賞し、その賞金でリサーチを進めて、初の著作である本書を完成させた。

「ページを繰る手が止まらない……見事な作品」（文芸評論誌『リテラリー・レビュー』）、「よい物語を見抜く目をもち、読み手を楽しませるスタイルを熟知した、素晴らしい作家である」（『タイムズ』紙）、「詳細で学術的な内容でありながらも流麗な文体で、紙が人類の文化にいかに大きな影響を及ぼしたかが綴られている」（作家、トリストラム・ハント）など、専門的な内容を読み物として楽しめる作品に仕上げたことで高い評価を受けている。世界各地にまたがる壮大な物語を、教科書的に概説するのではなく、連綿と続く大河小説のように描き出した著者の力量は見事としかいいようがない。

私たちの生活は紙なしには成り立たない。冷蔵庫を開ければ紙のカートンに入った牛乳やジュースがあり、財布には紙幣が入っている。インターネット（現在の紙の最大のライバル）で買い物をしたときも、商品はダンボール箱や封筒などの紙に包まれて届く。もちろんティッシュペーパー、トイレットペーパーも日常生活に欠かせない。

だが、本書でおもに描かれるのは、「文字を運び、人類の歴史を大きく動かした素材」としての紙の物語である。紙は誕生から二〇〇〇年以上にわたり、無数の信念や希望、発見、考察をのせて世界を駆け巡り、さまざまな知識、思想、宗教、学問を広める役割を果たしてきた。

中国の漢王朝で発明された紙は、「まるで紅葉が山々を染め上げていくように」中国全土へと広がった。やがてイスラム帝国に到達すると、科学と芸術の発信地、バグダードを経由してヨーロッパにたどり着き、ルネサンス、宗教改革、科学革命の原動力となった。近代に入り印刷機とタッグを組むと、紙はますますその数と伝搬の勢いを増し、各地で革命の引き金となる。

安価で持ち運びしやすい紙は、高価な羊皮紙、入手しづらいパピルス、かさばる甲骨や粘土板や木簡に取って代わり、さまざまな思想や情報を、書き手から遠く離れた場所で暮らす人々のもとへと運んだ。階級や性別を問わず誰もが新たな情報や知識や思想に触れられるようになったのも、大量生産が可能で安価な紙の力に負うところが大きい。

こうして紙というモノの足跡をたどっていくと、実際に目に見えるかたちの証拠があるからか、文化や宗教の歴史がぐっとリアルに感じられるからおもしろい。

だがいま、紙の役割が変わりつつある。

デジタルの媒体が一般的になったことで、紙は、情報を伝えたり保存したりするツールとしては、「最も便利」とも「最も効果的」ともいえなくなってしまった。より多くの情報をより速く伝えるという点では、紙はデジタル媒体にかなわない。人々を鼓舞して革命を起こすツール、声なき人々に声を与えるツールとしての役割も、ある程度はデジタルに譲ったといえよう。また、書き手から読み手までのあいだに仲介者を必要としないデジタルの媒体には、検閲を受けることなく〝生のまま〟の言葉を大勢に伝えられるというメリットもある。

とはいえ著者がいうように、紙には、知識、思想、物語、詩といった形のないものに実体を与えるという特別な力がある。そういったものを「物理的に所有する」ことから得られる喜びは何ものにも代えがたい。今後、世の中やテクノロジーがどのように変わっても、紙に記されたものであれば、いつでも手元に置き、好きなときに好きな箇所を読み、書き込むことができる。

二〇〇〇年以上の道のりを経て、私たちの手元に届いた紙。今後も役割は少しずつ変わっていくだろうが、それぞれの時代と場所に合わせた形態で、人類に寄り添い続けてくれるに違いない。紙の道は続いていくのだ。

なお、本書は二名の共訳であり、冒頭から九章までは御船、一〇章以降は加藤が訳出した。最後に、きめ細やかな編集作業をしてくださった原書房の大西奈己さんに心から感謝申し上げたい。

二〇一六年一二月

訳者

図説 金の文化史

レベッカ・ゾラック、マイケル・W・フィリップス・ジュニア
高尾菜つこ［訳］

古代エジプト人が金鉱の採掘を始めて以来、歴史を彩った金。貨幣や装飾品になり、金をめぐる神話が生まれ、錬金術からは科学が発展した。金と人類の関わりの文化史を、美しい写真とともに、世界各地の豊富な事例でひもとく。2800円（税別）

紙　二千年の歴史

ニコラス・A・バスベインズ
市中芳江、尾形正弘、御舩由美子［訳］

人間にとって「紙」とはなにか。「書く」「伝える」から「鼻をかむ」「折って遊ぶ」まで、紙の製造法や伝播はもちろん、紙幣、戦争、証明と偽造ほか、あらゆる人間の営みという大きな視点で描いた、人間と紙の文化の歴史。中国雲南省や福井県(越前和紙)他、世界中を取材して書いた労作。3900円（税別）

原書房好評既刊

紙と人との歴史

世界を動かしたメディアの物語

●

2017年2月7日　第1刷

著者……………アレクサンダー・モンロー
訳者……………御舩 由美子
加藤 晶
装幀……………村松道代（TwoThree）
発行者……………成瀬雅人
発行所……………株式会社原書房
〒160-0022 東京都新宿区新宿 1-25-13
電話・代表　03(3354)0685
http://www.harashobo.co.jp/
振替・00150-6-151594
印刷……………新灯印刷株式会社
製本……………東京美術紙工協業組合

ISBN 978-4-562-05369-8, printed in Japan

◆著者
アレクサンダー・モンロー　(Alexander Monro)
ロンドン生まれ。ダラム大学で現代ヨーロッパ言語を学ぶ。2002年中国留学を経たのち、ケンブリッジ大学修士課程で中国語と政治学を専攻。その後、上海のロイター通信で芸術や特集記事を執筆、ロンドンのトラスティッド・ソース社では中国担当の政治リスクコンサルタントだった。彼の記事は現在もタイムズ、サンデー・テレグラフ、ワシントン・ポスト、ニュー・サイエンティスト、AFP通信、ロイターなどに掲載されている。2002年にはチンギス・カンのルートを馬でたどる冒険で、キャプテン・スコット協会から冒険者賞を獲得した。また『The Seventy Great Journeys of History(2006)』でチンギス・カンの項目を執筆、中国王朝について書かれた『The Dragon Throne(2008)』では3つの章を担当した。中国および東洋の詩集も2冊編集している。2010年度、本書の執筆で英国王立文学協会のノンフィクション部門でジャーウッド賞を受賞した。

◆訳者
御舩由美子（みふね・ゆみこ）
ピアノ教師などを経て、書籍翻訳に携わる。訳書に『紙　二千年の歴史』(共訳、原書房）がある。第一～九章の翻訳を担当。

加藤晶（かとう・るり）
上智大学文学部卒。ウォーリック大学修士課程修了。訳書に『エーリヒ・クライバー』(共訳、アルファベータ)、『レアパフューム:21世紀の香水』(原書房）がある。第一〇章～エピローグの翻訳を担当。

カバー画像　仇英『人物故事図之八』

原注

1. Marco Polo, *The Travels*, trans. Ronald Latham (Harmondsworth: Penguin, 1958), p. 147.
2. マルコ・ポーロが北京を訪れたとされる年代には幅があり、いまだ限定はされていない。近年は、1274 年と 1275 年のふたつが最も有力視されている。
3. トルストイの作品の総数はこのように見積もられており、ロシアにおいて全集（すでに 90 巻までデジタル化されている）の編纂プロジェクトが進行中である。'Paperback Q & A: Rosamund Bartlett on *Tolstoy', Guardian*, 6 December 2011, accessed 30 July 2012, http://www.thegurdian.co.uk/books/2011/dec/06/paperback-q-a-rosamund-bartlett-tolstoy.
4. これ以前にも紙は数か国において外交書簡のために使われていたが、タリポットヤシのような書写媒体として使用されていた貝葉に取って代わるまでにはいたらなかった。
5. Gustave Flaubert, *Mamdame Bovary*, trans. Eleanor Marx-Aveling (Ware: Wordsworth Editions, 1994), p. 146.
6. 意見はさまざまあるが、本書において私は「文字」を表音的なものとして大まかに定義している。そのなかには母音のない文字はもちろん、音節のみを表す（単一の音ではない）文字も含まれる。
7. William V. Harris, *Ancient Literacy*(Cambridge, Mass.: Harvard University Press, 1989), pp. 114, 167-173.
8. Paul Saenger, *Space Between Words: The Origins of Silent Reading*(Stanford, Calif.: Stanford University Press, 1997).
9. Li Feng, 'Literacy and the social contexts of writing in the Western Zhou', in *Writing and Literacy in Early China*, ed. Li Feng and David Prader Banner (Seattle: University of Washington Press, 2011), pp. 271-301.
10. Alan Chan, 'Laozi', *Stanford Encyclopedia of Philosophy*, 2 May 2013, accessed 20 September 2013, http://Plato.stanford.edu/entries/laozi/.
11. Robin D. S. Yates, 'Soldiers, scribes and women: literacy among the lower orders in China', in *Writing and Literacy in Early China*, ed. Li Feng and David Prader Banner (Seattle: University of Washington Press, 2011), pp. 339-369.
12. Gordon Barrass, *The Art of Calligraphy in Modern China*(Berkeley and Los Angeles: University of California Press, 2002) p. 20.
13. Tsuen-Hsuin Tsien, *Written on Bamboo and Silk*(Chicago and London: University of Chicago Press, 2004)（『中国古代書籍史　竹帛に書す』銭存訓著、宇都木章

ほか訳、法政大学出版局、1980 年）

14. Richard Kurt Kraus, *Brushes With Power: Modern Politics and the Chinese Art of Calligraphy*(Berkeley and Los Angeles: University of California Press, 1991), p. 41.
15. Tsuen-Hsuin Tsien, *Collected Writings on Chinese Culture*(Hong Kong: The Chinese University of Hong Kong, 2011), p. 54.
16. Tsuen-Hsuin Tsien, *Written on Bamboo and Silk*, op. cit., p. 145.（『中国古代書籍史　竹帛に書す』銭存訓著、宇都木章ほか訳、法政大学出版局、1980 年）
17. 同上
18. 宦官は、周代より中国の宮廷生活において重要な存在だった。宮廷で出世すれば権力を手にできるため、子どもの頃に強制的に去勢されて宮中に上がる者も少なくはなかった。彼らは中国の正史において、しばしば悪役として描かれている。
19. Tsuen-Hsuin Tsien, *Written on Bamboo and Silk*, op. cit., p.152.（『中国古代書籍史　竹帛に書す』銭存訓著、宇都木章ほか訳、法政大学出版局、1980 年）
20. Antje Richter, *Letters and Epistolary Culture in Early Medieval China*(Seattle: University of Washington Press, 2013), p. 31. において引用されている。
21. Herrlee Creel, *Studies in Early Chinese Culture*(London: Johnson Press, 1938).
22. Osip Mandelstam, 'The Egyptian Stamp', in *The Noise of Time*(Princeton: Princeton University Press, 1965), p. 133.（『エジプトのスタンプ』「現代ロシア幻想小説」より、オシップ・マンデリシュターム著、工藤正弘訳、白水社、1971 年）
23. Aurel Stein, *On Ancient Central Asian Tracks*(London: Pantheon, 1941), p. 179.（『中央アジア踏査記』スタイン著、沢崎順之助訳、白水社、2004 年）
24. Jeanette Mirsky, *Sir Aurel Stein: Archaeological Explorer*(Chicago: University of Chicago Press, 1998), pp. 4-5.（『考古学探検家　スタイン伝』Ｊ・ミルスキー著、杉山二郎、伊吹寛子、瀧梢訳、六興出版、1984 年）
25. 消費者物価指数の公式のデータをもとに貨幣価値を算出できるオンラインサービス、WestEgg Inflation Calculator (www.westegg.com/inflation) で調べたところ、1910 年のアメリカの 200 ドルは、2010 年において 4620 ドル 52 セントに換算される。
26. Eric Zurcher, *The Buddhist Conquest of China : The Spread and Adaptation of Buddhism in Early Medieval China*(Leiden: Brill, 1959).
27. Tokiwa Daijo, in *Studies in Chinese Buddhism*, ed. Arthur F. Wright and Robert M. Somers (New Haven, Conn.: Yale University Press, 1990).
28. Lionel Giles, 'Dated Chinese Manuscripts in the Stein Collection', *Bulletin of the School of Oriental and African Studies 9 (4)*, 1939, pp.1023-1045.
29. Zha Pingqiu, 'The Substitution of paper for bamboo and the new trend of literary

development in the Han, Wei and early Jin dynasties', *Frontiers of Literary Studies in China 1 (1)*, 2007, pp. 26-49, DOI 10.1007/s11702-007-0002. を改作。

30. William T. Graham, 'Mi Heng's "Rhapsody on a Parrot"', *Harvard Journal of Asiatic Studies 31 (9)*, 1979, pp. 39-54.
31. Mark Edward Lewis, *China Between Empires*(Cambridge, Mass.: Belknap Press, 2009), pp.196-247.
32. Zha Pingqiu, 'The substitution of paper for bamboo', op. cit., p. 40. を改作。
33. 同上
34. 同上
35. 同上
36. J. D. Schmidt, *Harmony Garden*(London: Routledge-Curzon, 2003), p. 98.
37. Endymion Wilkinson, *Chinese History: A Manual*(Cambridge, Mass.: Harvard University Press, 2000), p. 445.
38. 年代には諸説あるが、404年以降であったとは考えにくい。Endymion Wilkinson (*Chinese History: A Manual*, p. 448) は、404年と断定し、*The Cambridge History of Chinese Literature*(p. 201) は402年、また別の出典では4世紀となっている。
39. Kang-I Sun Chang and Stephen Owen, *The Cambridge History of Chinese Literature: to 1375*(Cambridge: Cambridge University Press, 2010), p. 201.
40. Delmer M. Brown, *The Cambridge History of Japan, Volume 1: Ancient Japan*(Cambridge: Cambridge University Press, 1993), p. 393. を改作。
41. Richard Karl Payne, *Discourse and Ideology in Medieval Japanese Buddhism*(London: Routledge, 2006), p. 73.
42. Nicolas Bouvier, *L'Usage du monde*(Paris: Payot, 1952).(『世界の使い方』ニコラ・ブーヴィエ著、山田浩之訳、英治出版、2011年)
43. Jean Elizabeth Ward, *Po Chu-i: A Homage*(Lulu.com, 2008), p. 4. において引用されている。
44. Charles Benn, *China's Golden Age. Everyday Life in the Tang Dynasty*(Oxford: Oxford University Press, 2002).
45. この章における白居易の詩の英訳は著者自身によるものであるが、アーサー・ウェイリーやレウィ・アリー、バートン・ワトソン、デイヴィッド・ヒントンの英訳も参考にしている。
47. Lothar Ledderose, *Ten Thousand Things: Module and Mass Production in Chinese Art*(Princeton, NJ: Princeton University Press, 2000).
48. Wu Shuling, 'The development of poetry helped by the ancient postal service in the Tang dynasty', *Frontiers of Literary Study in China 4 (4)*, 2010, pp. 553-577.

49. Konrad Kessler, *Mani Forschungen über die manichäische Religion*(Berlin: G. Reimer, 1889), p. 336.
50. 10 世紀のアラブ人の学者、イブン・アル＝ナディームは、さらにもうひとつの作品を挙げ、賛美歌と祈祷集をひとつにまとめている。
51. これは、ベルリン・ブランデンブルク科学アカデミーでトゥルファン研究のリサーチコーディネーターを務めるデズモンド・ダーキン＝マイスターエルンスト教授の見解である（2011 年の著者との面談による）。
52. Hans-Joachim Klimkeit, *Gnosis on the Silk Road*(San Francisco: HarperCollins, 1992), p. 139. を改作。
53. アウグスティヌスは自伝である『告白』において、マニ教徒だった頃は欲望と虚栄を満たすことばかりにとらわれていたと記している。マニ教の司祭は、彼とその友人たちに食べ物を与えたが、それは天使を解き放ち、物質的な束縛や悪行から自由になるための宗教的な営みだった。
54. Philip Schaff, *A Select Library of the Nicene and Post-Nicene Fathers of the Christian Church*(Grand Rapids, Mich.: Eerdmans, 1956), p. 206.
55. 建築に使用される釉薬を施した陶器。
56. 実際にはもっと大きな紙がすでに別のところでつくられていた。ある 10 世紀の中国の作家によると、東方の街、恵州市の紙職人が船倉を製紙用の桶として、50 人の労働者が太鼓の音に合わせて一斉に紙を持ち上げ、仕上げに塊ができないように巨大な火鉢の上で乾かしていたという。
57. ヘラートに近郊にあった詩人で廷臣のジャーミーの邸宅では、毎年 10 万ディナールの所得があった。当時最も裕福だった人物ホージャ・アフラール長老の所得額は 50 万ディナールだった。Gulru Necipoglu, David J. Roxburgh (eds.) *Muqarnas: An Annual on the visual Culture of the Islamic World* (Leiden: Koninglijke Brill, 2000), p.32-3)
58. A. E. Cowley, 'The Samaritan Liturgy and Reading of the Law', *The Jewish Quarterly Review*, 7:1, October 1894, pp. 121–40, (p.123).
59. Gabriel Said Reynolds (ed.), *The Qur'an in its Historical Context*(Abingdon: Routledge, 2008), p. 15.
60. Christophe Luxenburg, *The Syro-Aramaic Reading of the Qur'an: A Contribution to the Decoding of the Language of the Koran*(Berlin: Verlag Hans Schiller, 2007).
61. Fred M. Donner, 'Islamic Furqan', *Journal of Semitic Studies*LII/2, Autumn 2007, pp. 279–300.
62. 同上
63. コロフォンは歴史的には書物の最後の奥付のことで、通常は一連の製作に関する詳細が記載される。現在では出版社のマークのことを指す。

64. Olga Pinto, 'The libraries of the Arabs in the time of the Abbasids', in *Islamic Culture 3*(Hyderabad: Academic and Cultural Publications Charitable Trust, 1929), pp. 210–43.
65. Adapted from Annemarie Schimmel, *Calligraphy and Islamic Culture*(Albany, NY: State University of New York Press, 1984).
66. Jonathan Bloom, *Paper Before Print*(New Haven, Conn.: Yale University Press, 2001).
67. N. G. Wilson, 'The history of the book in Byzantium', in *The Oxford Companion to the Book*, ed. Michael F. Suarez and H. R. Woudhuysen (Oxford: Oxford University Press, 2010), p. 37.
68. S. M. Imamuddin, *Arab Writing and Arab Libraries*(London: Ta-Ha Publishers, 1983).
69. Mark Edwards, *Printing, Propaganda and Martin Luther*(Minneapolis: Augsburg Fortress Publishers, 2005), p. xii.
70. Kenneth Hodge (University of Berkeley), Medieval Prices: http://faculty.goucher.edu/eng240/medieval_prices.html
71. M.T.Clanchy, 'Parchment and Paper: Manuscript Culture 1100-1500', from Eliot & Rose, *Companion to the History of the Book*
72. David Ganz, 'Carolingian manuscript culture and the making of the literary culture of the Middle Ages', in *Literary Cultures and the Material Book*, ed. Simon Eliot, Andrew Nash and Ian Willison (London: British Library Publishing, 2007), pp. 147–58.
73. Christopher de Hamel, 'The European Medieval Book', from Suarez and Woodhuysen, *The Oxford Companion to the Book*, p.43.
74. Jonathan Bloom, *Paper Before Print*, 前掲
75. Robert Burns, 'Paper comes to the West', in Uta Lindgren, *Europäische Technik im Mittelalter:800 bis 1400. Tradition und Innovation*(Berlin: Gebr. Mann Verlag, 1996), pp. 413–22.
76. Simon Eliot and Jonathan Rose, *A Companion to the History of the Book*(Oxford: Wiley-Blackwell, 2009), pp. 207–31.
77. Margaret M Marrion and Bernard J. Muir, *The Art of the Book: Its Place in Medieval Workshop*(Exeter: University of Exeter Press, 1998), p.134.
78. ペトラルカは14世紀のヨーロッパで最大の古典の私設図書館をもっていた。あるとき彼は愛するキケロの本（ルネサンスの読者一般から特に人気だった）を落としてしまい、本に謝罪をしてすべての本の一番上の棚に戻したという。

79. Martin Luther, *Luther's Works*, trans. Gottfried G. Krodel, Vol. 48, *Letters*(Philadelphia: Fortress Press, 1963), pp. 12–13.
80. Martin Luther, *Luther's Works*, ed. Harold J. Grimm and Helmut T. Lehmann, Vol. 31, *Career of the Reformer I*(Philadelphia: Fortress Press, 1999 (first published 1957)), pp. 25–33.
81. Michael Mullett, *Martin Luther*(London and New York: Routledge, 2004), pp. 67–74.
82. Mark Edwards, *Printing, Propaganda and Martin Luther*, 前掲 p.16.
83. 同 pp. 107.
84. Universal Short Title Catalogue, www.ustc.ac.uk, accessed 5 March 2014.
85. Mark Edwards, *Printing, Propaganda and Martin Luther*, 前掲 p.29.
86. 同 pp. 14–40.
87. Robert Scribner, *For the Sake of Simple Folk: Popular Propaganda for the German Reformation*(Oxford and New York: Oxford University Press, 1994).
88. Elizabeth Eisenstein, *The Printing Press as an Agent of Change*(Cambridge: Cambridge University Press, 1980), p. 131.
89. Diarmaid MacCulloch, *Reformation: Europe's House Divided, 1490–1700* (London: Penguin, 2004), p. 198.
90. Augustino Scarpinello to Francesco Sforza, Duke of Milan. From *Venice: December 1530, Calendar of State Papers Relating to English Affairs in the Archives of Venice, Volume 4: 1527–1533*(1871), pp. 265–73, http://www.british-history.ac.uk/report.aspx?compid=94613, accessed 20 June 2013.
91. David Daniell, *William Tyndale: A Biography*(New Haven, Conn.: Yale University Press, 2001).（『ウィリアム・ティンダル―ある聖書翻訳者の生涯』デイヴィド・ダニエル著、田川建三訳、勁草書房、2001 年）
92. Kari Konkola and Diarmaid MacCulloch, 'People of the Book: the success of the Reformation', *History Today*, October 2003, 53 (10).
93. Jean-François Gilmont, ed., *The Reformation and the Book*(Aldershot: Ashgate, 1998).
94. 教会史を通して、これらの書の評価が聖書の他の書に並ぶことはなかった。
95. Adrian Johns, *The Nature of the Book: Print and Knowledge in the Making*(Chicago: University of Chicago Press, 2000), p. 42.
96. Lucien Febvre and Henri-Jean Martin, *The Coming of the Book: The Impact of Printing, 1450–1800*(London: Verso, 2010), pp. 167–215.（『書物の出現　上下』リュシアン・フェーブル、アンリ＝ジャン・マルタン著、関根素子ほか訳、筑摩書房、1985 年）

97. Hans Belting, *Florence and Baghdad: Renaissance Art and Arab Science*(Cambridge, Mass.: Harvard University Press, 2011), esp. pp.90-99.

98. *Gerald P. Tyson and Sylvia Stoler Wagenheim, Print and Culture in the Renaissance: Essays on the Advent of Printing in Europe*(Newark, NJ: University of Delaware Press, 1986), pp. 222–45.

99. オペラとオーケストラ音楽が盛んになるにつれ、複数段の五線譜が必要になった。18 世紀になってピアノが登場すると、1 回の印刷で楽譜を刷ることはますます難しくなった。次なる重要な技術革新は、1750 年代に世界最古の音楽出版社ブライトコプフがウィーンで発明したモザイク活字印刷だった。これは音符を符頭（たま）、符幹（ぼう）、譜表に細分した 500 種類以上の活字の組み合わせを必要としたので、非常に複雑な技術であった。

100. Martin Luther, *Luther's Works*, ed. J. J. Pelikan, H. C. Oswald and H. T. Lehmann, Vol. 49 (Philadelphia: Fortress Press, 1972), pp. 427–8.

101. Piero Weiss and Richard Taruskin, *Music in the Western World: A History in Documents*(New York: Collier-Macmillan, 1984), pp. 135–7.

102. Andrew Pettegree, *The Book in the Renaissance*(New Haven, Conn. and London: Yale University Press, 2010), pp. 172–3.（『印刷という革命：ルネサンスの本と日常生活』アンドルー・ペティグリー著、桑木野幸司訳、白水社、2015 年）

103. Iain Fenlon, 'Music, print and society', in *European Music 1520–1640*, ed. James Haar (Woodbridge: The Boydell Press, 2006), p. 287.

104. Christoph Wolff, *Bach: Essays on his Life and Music*(Cambridge, Mass.: Harvard University Press, 1991), p. 93.

105. Terri Bourus, *Shakespeare and the London Publishing Environment: The Publisher and Printers of Q1 and Q2 Hamlet*, AEB, Analytical & Enumerative Bibliography 12 (DeKalb, Ill.: Bibliographical Society of Northern Illinois, 2001), pp. 206–22.

106. Anthony J. Cascardi, *The Cambridge Companion to Cervantes*(Cambridge: Cambridge University Press, 2002), p. 59.

107. Terry Eagleton, *The English Novel: An Introduction*(Oxford: Blackwell, 2005), p. 3.

108. Catherine M. Bauschatz, 'To choose ink and pen: French Renaissance women's writing', in *A History of Women's Writing in France*, ed. Sonya Stephens (Cambridge: Cambridge University Press, 2000), p. 47.

109. Terry Eagleton, *The English Novel*, 前掲 ., p. 8.

110. Charles Taylor, *The Sources of the Self*(Cambridge, Mass: Harvard University Press, 2009), p. 287.（『自我の源泉：近代的アイデンティティの形成』チャールズ・テイラー著、下川潔、桜井徹、田中智彦訳、名古屋大学出版会、2010 年）

111. S. Hull, *Chaste, Silent and Obedient: English Books for Women 1475–1640*(San

Marino, Calif.: Huntingdon Library, 1982).

112. Belinda Elizabeth Jack, *The Woman Reader*(New Haven, Conn.: Yale University Press, 2012), p. 265.

113. Peter L. Shillingsburg, *From Gutenberg to Google: Electronic Representations of Literary Texts*(Cambridge: Cambridge University Press, 2006)（『グーテンベルクからグーグルへ：文学テキストのデジタル化と編集文献学』ピーター・シリングスバーグ著、明星聖子、大久保譲、神崎正英訳、慶應義塾大学出版会、2009年）p. 128より、Gordon N. Ray, *Bibliographical Resource for the Study of Nineteenth Century Fiction*(Los Angeles: Clark Library, 1964) と John Sutherland, 'Victorian novelists: who were they?' in *Victorian Writers, Publishers, Readers*(New York: St Martin's Press, 1995) の引用。

114. Ann Blair, 'The rise of note-taking in early modern Europe', *Intellectual History Review*20 (3), 2010, pp. 303–16.

115. Paul Marcus Dover, 'Deciphering the archives of fifteenth-century Italy', *Archival Science 7*, 2007, p. 299.

116. 同上

117. Jacob Soll, *Publishing*The Prince: *History, Reading, and the Birth of Political Criticism*(Ann Arbor: University of Michigan Press, 2008).

118. *Bristol Mercury*, 2 August 1712.

119. Jeroen Blaak, *Literacy in Everyday Life: Reading and Writing in Early Modern Dutch Diaries*, trans. Beverley Jackson (Leiden: Koninklijke Brill, 2009), pp. 222–34.

120. S. Hart, *Geschrift en Getal*(Dordrecht: Historische Vereniging, 1976).

121. Elizabeth Eisenstein, *'Steal this Film'* interview, 'Steal this film' website, Washington DC, April, 2007, http://footage.stealthisfilm.com/video/4.

122. Robert Service, *Stalin. A Biography*(London: Macmillan, 2004), p. 10.

123. Robert Darnton, *The Forbidden Bestsellers of Pre-revolutionary France*(New York: Norton, 1995), p. 21.（『禁じられたベストセラー：革命前のフランス人は何を読んでいたか』ロバート・ダーントン著、近藤朱蔵訳、新曜社、2005年）

124. Robert Darnton, *Revolution in Print*(Berkeley: University of California Press, 1989), pp. 91–3.

125. Carla Hesse, *Publishing and Cultural Politics in Revolutionary Paris, 1789–1810*(Berkeley: University of California Press, 1991), p. 167.

126. Albert Furtwangler, *The Authority of Publius: A Reading of the Federalist Papers*(Ithaca, NY: Cornell University Press, 1984), pp. 87–93.

127. *Massachusetts Gazette*, 13 November 1787, p. 3.

128. Judith Binney, 'Maori oral narratives and Pakeha texts: two ways of telling history', *New Zealand Journal of History*27 (1), 2007, pp. 16–28.
129. John Berger, Ways of Seeing (Harmondsworth: Penguin, 1972).
130. Anthony Grafton and Megan Williams, *Christianity and the Transformation of the Book*(Cambridge, Mass.: Harvard University Press, 2006), pp. 1–21.